清清楚楚算钢筋　明明白白用软件
钢筋软件操作与实例详解

第 2 版·下册

张向荣　主编

中国建材工业出版社

第二章　钢筋的软件操作步骤和软件答案

在第一章里我们讲解了钢筋的计算原理。这一章我们通过一个实际工程（1号写字楼，以下简称"本图"），分别用软件和手工来计算一下钢筋，目的是让大家熟悉一下软件的操作步骤和调整方法，同时也想通过实际工程验证一下软件计算的准确性。

下面我们进入软件。

第一节　进入软件

单击"开始"→单击"所有程序"→单击"广联达建设工程造价管理整体解决方案"→单击"广联达钢筋抽样 GGJ2013"→单击"新建向导"进入"新建工程：第一步 工程名称"对话框→填写"工程名称"为"1号写字楼"，如图 2.1.1 所示。

单击"下一步"进入"新建工程：第二步 工程信息"对话框，根据"建施2"结构说明和"建施8"修改"结构类型"为"框架－剪力墙结构"；"抗震等级"为"二级抗震"；"设防烈度"和软件默认一样，不用修改（图 2.1.2）。

单击"下一步"进入"新建工程：第三步 编制信息"对话框，如图 2.1.3 所示（此对话框因为和计算钢筋没有关系，我们在这里不用填写）。

单击"下一步"进入"新建工程：第四步 比重设置"对话框，如图 2.1.4 所示（如果没有特殊要求，此对话框不用填写）。

单击"下一步"进入"新建工程：第五步 弯钩设置"对话框，如图 2.1.5 所示（如果没有特殊要求，此对话框不用填写）。

单击"下一步"进入"新建工程：第六步 完成"对话框，如图 2.1.6 所示（检查前面填写的信息是否正确，如果不正确，单击"上一步"返回，如果没有发现错误向下进行）。

单击"完成"进入"工程信息"界面。

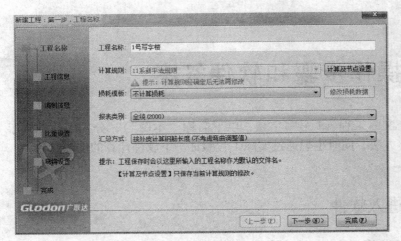

图 2.1.1

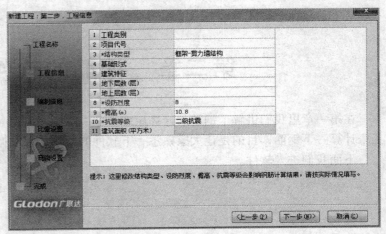

图 2.1.2

图 2.1.3

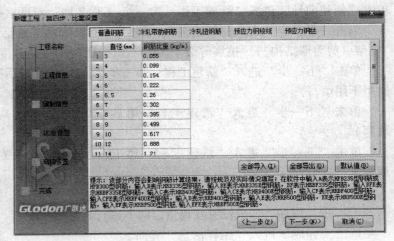

图 2.1.4

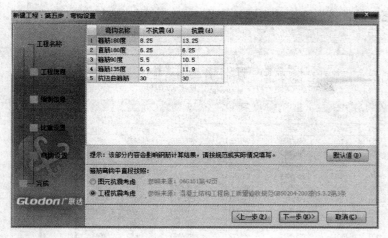

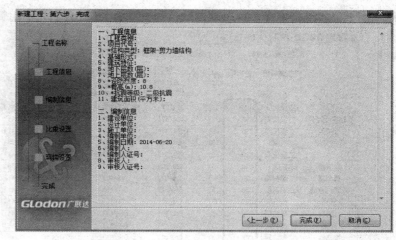

图 2.1.5   图 2.1.6

第二节　建立楼层

　　建立楼层，一般根据工程的剖面图建立，计算钢筋的层高＝上一层的结构标高－下一层的结构标高。基础层一般不含垫层，如果一时找不到某些层的层高数据，可以先画图，在做的过程中找到层高数据再填写也不迟。

　　下面我们建立"1号写字楼"的楼层。

　　单击"楼层设置"→单击"插入楼层"按钮三次（1号写字楼添加三次，其他工程根据实际情况决定添加次数）→填写"楼层定义"如图2.2.1所示［基础层层高＝0.6，首层层高＝3.55－（－1）＝4.55，2层层高＝7.15－3.55＝3.6，3层层高＝10.75－7.15＝3.6，屋面层层高＝11.35－10.75＝0.6。附录工程实例图是教学用图，在剖面图上标了结构标高（11.350），大部分图纸需要从

	编码	楼层名称	层高(m)	首层	底标高(m)	相同层数	板厚(mm)	建筑面积(m²)
1	4	屋面层	0.6	☐	10.75	1	120	
2	3	第3层	3.6	☐	7.15	1	120	
3	2	第2层	3.6	☐	3.55	1	120	
4	1	首层	4.55	☑	-1	1	120	
5	0	基础层	0.6	☐	-1.6	1	500	

图 2.2.1

419

结构图上寻找结构标高。这里软件默认的板厚为120，我们先不用管它，软件按后面画的板厚计算]→修改首层"底标高"为"–1"。

楼层默认钢筋设置(首层, -1.00m~3.55m)			锚固						搭接						保护层厚(mm)
	抗震等级	砼标号	HPB235(A)HPB300(A)	HRB335(B)HRB335E(BE)HRBF335(BF)HRBF335E(BFE)	HRB400(C)HRB400E(CE)HRBF400(CF)HRBF400E(CFE)RRB400(D)	HRB500(E)HRB500E(EE)HRBF500(EF)HRBF500E(EFE)	冷轧带肋	冷轧扭	HPB235(A)HPB300(A)	HRB335(B)HRB335E(BE)HRBF335(BF)HRBF335E(BFE)	HRB400(C)HRB400E(CE)HRBF400(CF)HRBF400E(CFE)RRB400(D)	HRB500(E)HRB500E(EE)HRBF500(EF)HRBF500E(EFE)	冷轧带肋	冷轧扭	
基础	(二级抗震)	C30	(35)	(34/37)	(41/45)	(50/55)	(41)	(35)	(49)	(48/52)	(58/63)	(70/77)	(58)	(49)	(40)
基础梁/承台梁	(二级抗震)	C30	(35)	(34/37)	(41/45)	(50/55)	(41)	(35)	(49)	(48/52)	(58/63)	(70/77)	(58)	(49)	(40)
框架梁	(二级抗震)	C30	(35)	(34/37)	(41/45)	(50/55)	(41)	(35)	(49)	(48/52)	(58/63)	(70/77)	(58)	(49)	(20)
非框架梁	(非抗震)	C30	(30)	(29/32)	(35/39)	(43/48)	(35)	(35)	(42)	(41/45)	(49/55)	(61/68)	(49)	(49)	(20)
柱	(二级抗震)	C30	(35)	(34/37)	(41/45)	(50/55)	(41)	(35)	(49)	(48/52)	(58/63)	(70/77)	(58)	(49)	(20)
现浇板	(非抗震)	C30	(30)	(29/32)	(35/39)	(43/48)	(35)	(35)	(42)	(41/45)	(49/55)	(61/68)	(49)	(49)	(15)
剪力墙	(二级抗震)	C30	(35)	(34/37)	(41/45)	(50/55)	(41)	(35)	(42)	(41/45)	(50/54)	(60/66)	(50)	(42)	(15)
人防门框墙	(二级抗震)	C30	(35)	(34/37)	(41/45)	(50/55)	(41)	(35)	(49)	(48/52)	(58/63)	(70/77)	(58)	(49)	(15)
墙梁	(二级抗震)	C30	(35)	(34/37)	(41/45)	(50/55)	(41)	(35)	(49)	(48/52)	(58/63)	(70/77)	(58)	(49)	(20)
墙柱	(二级抗震)	C30	(35)	(34/37)	(41/45)	(50/55)	(41)	(35)	(49)	(48/52)	(58/63)	(70/77)	(58)	(49)	(20)
圈梁	(二级抗震)	C25	(40)	(38/42)	(46/51)	(56/61)	(46)	(40)	(56)	(54/59)	(65/72)	(79/86)	(65)	(56)	20
构造柱	(二级抗震)	C25		(38/42)	(46/51)	(56/61)	(46)	(40)	(56)	(54/59)	(65/72)	(79/86)	(65)	(56)	20
其它	(非抗震)	C25	(34)	(33/37)	(40/44)	(48/53)	(40)	(40)	(48)	(47/52)	(56/62)	(68/75)	(56)	(56)	20

图 2.2.2

注意：这里注意可以修改"楼层名称"为"屋面层"，不能修改"楼层编码"。

根据"建施2"的结构说明修改"砼标号"和"保护层厚"，如图 2.2.2 所示→单击"楼层选择"出现"楼层选择"对话框（如图 2.2.3 所示，软件默认是所有楼层都有"√"，本图每层强度等级和保护层厚度一样，不用改）。→单击"确定"，楼层的"砼标号"和"保护层厚"就复制好了。

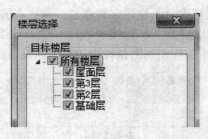

图 2.2.3

结构设计说明规定，钢筋直径≥18mm采用机械连接，我们要调整搭接设置。步骤：单击"计算设置"→单击"搭接设置"，调整"搭接设置"，如图2.2.4所示。

	钢筋直径范围	连接形式								墙柱垂直筋定尺	其余钢筋定尺
		基础	框架梁	非框架梁	柱	板	墙水平筋	墙垂直筋	其它		
1	⊟ HPB235,HPB										
2	├ 3~12	绑扎	绑扎	绑扎	绑扎	绑扎	绑扎	绑扎	绑扎	8000	10000
3	├ 14~16	绑扎	绑扎	绑扎	绑扎	绑扎	绑扎	绑扎	绑扎	10000	10000
4	├ 18~22	直螺纹连接	直螺纹连接	直螺纹连接	直螺纹连接	直螺纹连接	直螺纹连接	直螺纹连接	直螺纹连接	10000	10000
5	├ 25~32	直螺纹连接	直螺纹连接	直螺纹连接	直螺纹连接	直螺纹连接	直螺纹连接	直螺纹连接	直螺纹连接	10000	10000
6	⊟ HRB335,HRB										
7	├ 3~12	绑扎	绑扎	绑扎	绑扎	绑扎	绑扎	绑扎	绑扎	8000	10000
8	├ 14~16	绑扎	绑扎	绑扎	绑扎	绑扎	绑扎	绑扎	绑扎	10000	10000
9	├ 18~22	直螺纹连接	直螺纹连接	直螺纹连接	直螺纹连接	直螺纹连接	直螺纹连接	直螺纹连接	直螺纹连接	10000	10000
10	├ 25~50	直螺纹连接	直螺纹连接	直螺纹连接	直螺纹连接	直螺纹连接	直螺纹连接	直螺纹连接	直螺纹连接	10000	10000
11	⊟ HRB400,HRB										
12	├ 3~12	绑扎	绑扎	绑扎	绑扎	绑扎	绑扎	绑扎	绑扎	8000	10000
13	├ 14~16	绑扎	绑扎	绑扎	绑扎	绑扎	绑扎	绑扎	绑扎	10000	10000
14	├ 18~22	直螺纹连接	直螺纹连接	直螺纹连接	直螺纹连接	直螺纹连接	直螺纹连接	直螺纹连接	直螺纹连接	10000	10000
15	├ 25~50	直螺纹连接	直螺纹连接	直螺纹连接	直螺纹连接	直螺纹连接	直螺纹连接	直螺纹连接	直螺纹连接	10000	10000
16	⊟ 冷轧带肋钢										
17	├ 4~12	绑扎	绑扎	绑扎	绑扎	绑扎	绑扎	绑扎	绑扎	8000	10000
18	⊟ 冷轧扭钢筋										
19	├ 6.5~14	绑扎	绑扎	绑扎	绑扎	绑扎	绑扎	绑扎	绑扎	8000	10000

图2.2.4

第三节　建立轴网

建立轴网需要了解以下一些名词：

（1）下开间：就是图纸下边的轴号和轴距。

（2）上开间：就是图纸上边的轴号和轴距。

（3）左进深：就是图纸左边的轴号和轴距。

（4）右进深：就是图纸右边的轴号和轴距。

下面我们开始建立轴网。

建立下开间：单击"绘图输入"，进入"首层"绘图界面→单击"轴网"→单击"定义"按钮，进入轴网管理对话框→单击"新建"，进入"新建正交轴网"对话框→单击"下开间"→单击"轴距"，按照"建施3－首层平面图"，在轴距第一格填写6000→敲回车→

填写 6000→敲回车→填写 6900→敲回车→填写 3300→敲回车→填写 3000→敲回车→填写 6000→敲回车→填写结果，如图 2.3.1 所示。

建立左进深：单击"左进深"→在轴距第一格填写 6000→敲回车→填写 3000→敲回车→填写 1500→敲回车→将轴号 D 改为 C′→填写 4500→敲回车→将轴号 D′改为 D，如图 2.3.2 所示。

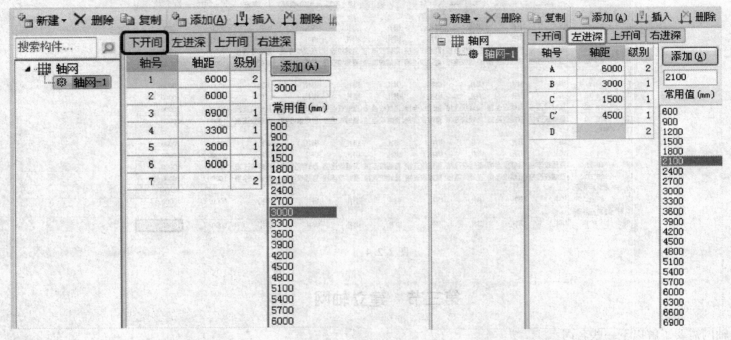

图 2.3.1   图 2.3.2

建立上开间：单击"上开间"→在轴距第一格填写 3000→敲回车→将轴号 2 改为 1′→填写 3000→敲回车→轴号 2′改为 2→填写 6000→敲回车→填写 6900→敲回车→填写 3300→敲回车→填写 3000→敲回车→填写 6000→敲回车→填写结果，如图 2.3.3 所示。

右进深和左进深相同时，不建右进深（图纸是相同的）。

左键双击"轴网 -1"，出现"请输入角度"对话框（本图与 x 方向的夹角为 0）→单击"确定"，轴网就建好了，如图 2.3.4 所示。

422

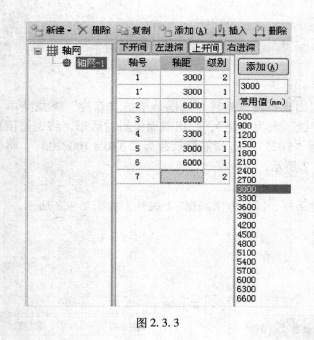

图 2.3.3

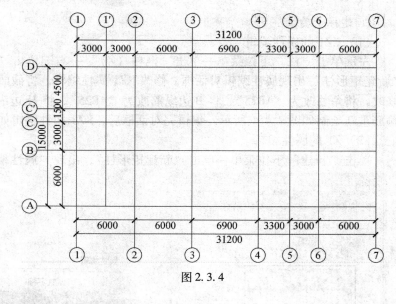

图 2.3.4

第四节 首层构件的属性、画法及其答案对比

轴网建好后我们进入画图阶段，先画哪一层是由效率决定的，如我们先画标准层再向上或向下复制就比先画基础层快，某一层先画哪个构件也是由效率决定的，一般画图顺序如下：

（1）框架结构一般顺序为：框架柱→框架梁→现浇板→砌块墙→门窗→过梁→零星。

（2）剪力墙结构一般顺序为：剪力墙→门窗洞口→暗柱→连梁→暗梁→零星。

（3）砖混结构一般顺序为：砖墙→构造柱→门窗洞口→过梁→圈梁→现浇板→零星。

这里只给一个参考顺序，在应用过程中完全可以根据自己的习惯去决定画图顺序。

本图属于框架剪力墙结果，根据本图的具体情况，确定如下绘图顺序：

首层顺序为：框架柱→墙（含剪力墙和砌块墙）→门窗洞口→过梁→端柱、暗柱→连梁→暗梁→框架梁→板→楼梯→墙体加筋，其他层按此顺序稍做修改。

一、首层框架柱的属性和画法

1. 建柱子属性

（1）KZ1 的属性编辑

左键单击"柱"下拉菜单→单击"框柱（Z）"→右键单击"定义"出现新建框架柱对话框→单击"新建"下拉菜单→单击"新建矩形柱"出现属性编辑对话框，修改 KZ1 属性编辑，将截面编辑"否"改为"是"，弹出截面编辑对话框，将钢筋信息进行修改，将角筋改为"4B25"，将 B 边纵筋改为"4B25"，将 H 边纵筋改为"3B25"，将箍筋信息改为"A10@100/200"，将错误的箍筋重新绘制如图 2.4.1 所示，编辑完对话框后，KZ1 属性编辑如图 2.4.2 所示。

（2）Z1 的属性编辑

单击"新建"下拉菜单→单击"新建矩形柱"，出现"属性编辑"对话框，同样方法编辑 Z1 属性，如图 2.4.3 所示。

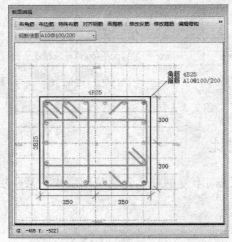

图 2.4.1

属性编辑

	属性名称	属性值	附加
1	名称	KZ1	
2	类别	框架柱	☐
3	截面编辑	是	
4	截面宽 (B边) (mm)	700	☐
5	截面高 (H边) (mm)	600	☐
6	全部纵筋	18Φ25	☐
7	柱类型	(中柱)	☐
8	其它箍筋		

图 2.4.2

属性编辑

	属性名称	属性值	附加
1	名称	Z1	
2	类别	框架柱	☐
3	截面编辑	是	
4	截面宽 (B边) (mm)	250	☐
5	截面高 (H边) (mm)	250	☐
6	全部纵筋	8Φ20	☐
7	柱类型	(中柱)	☐
8	其它箍筋		

图 2.4.3

单击"绘图"退出。

2. 画框架柱

（1）KZ1 的画法

单击"柱"下拉菜单→单击"柱"→选择 KZ1（前面的步骤如果没有切换构件可以不操作）→根据"结施2"分别单击 KZ1

所在的位置，画好的 KZ1 如图 2.4.4 所示。

（2）Z1 的画法

选择"Z1"→改"不偏移"为"正交"→根据图纸标注填写 $x=0$，$y=1225$→单击（4/A）交点→填写偏移值 $x=225$，$y=1225$→单击（5/A）交点→单击右键结束，画好的 Z1 如图 2.4.4 所示。

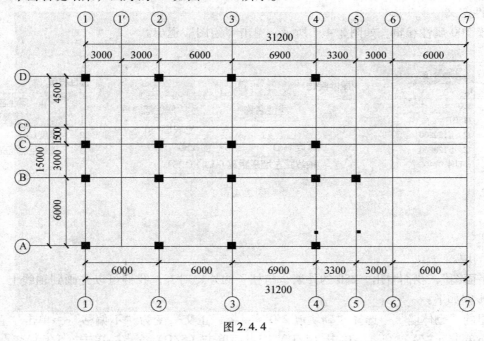

图 2.4.4

二、首层墙的属性和画法

1. 建立墙的属性

1）建剪力墙的属性

单击"墙"下拉菜单→单击"剪力墙"→单击"定义"→单击"新建"下拉菜单→单击"新建剪力墙"→根据"结施 11"的"剪力墙身表"建立剪力墙的"属性编辑"，如图 2.4.5 所示→单击"绘图"退出。

2）建陶粒砌块墙的属性

（1）砌块墙 250 的属性定义

单击"墙"下拉菜单→单击"砌体墙"→单击"定义构件"→单击"新建"下拉菜单→单击"新建砌体墙"→根据"建施3"改属性编辑，如图 2.4.6 所示。

（2）砌块墙 200 的属性定义

用同样的方法建砌块墙 200 属性编辑，如图 2.4.7 所示→单击"绘图"退出。

属性编辑

	属性名称	属性值
1	名称	Q1
2	厚度（mm）	300
3	轴线距左墙皮距离（mm）	(150)
4	水平分布钢筋	(2) Φ12@200
5	垂直分布钢筋	(2) Φ12@200
6	拉筋	Φ6@400*400

图 2.4.5

属性编辑

	属性名称	属性值
1	名称	砌块墙250
2	厚度（mm）	250
3	轴线距左墙皮距离（mm）	(125)

图 2.4.6

属性编辑

	属性名称	属性值
1	名称	砌块墙200
2	厚度（mm）	200
3	轴线距左墙皮距离（mm）	(100)
4	田 其他属性	

图 2.4.7

2. 画墙

1）画砌块墙

（1）画砌块墙 250 厚的墙

根据"建施3－首层平面图"，我们看出，250 的外墙全与柱子的外皮对齐，我们可以先画到轴线上，再用"对齐"的方法将其与柱子外皮对齐，操作步骤如下：

单击"墙"下拉菜单里的"砌体墙"→选择"砌块墙 250"→将"正交"变为"不偏移"→单击"直线"画法→单击（5/B）交点→单击（5/A）交点→单击（1/A）交点→单击（1/D）交点→单击（5/D）交点→单击（5/C）交点→单击右键结束。

（2）画砌块墙 200 厚的墙

选择"砌块墙 200"→单击"直线"画法→单击（1/C）交点→单击（5/C）交点→单击右键结束→单击（1/B）交点→单击（3/B）交点→单击右键结束→单击（1/C'）交点→单击（2/C'）交点→单击右键结束→单击（1'/C'）交点→单击（1'/D）交点→单击右键结束→单击（2/A）交点→单击（2/B）交点→单击右键结束→单击（2/C）交点→单击（2/D）交点→单击（3/A）交点→单击（3/B）交点→单击右键结束→单击（3/C）交点→单击（3/D）交点→单击右键结束→单击（4/A）交点→单击（4/B）交点→单击右键结束→单击（4/C）交点→单击（4/D）交点→单击右键结束。

2）画剪力墙

（1）画外墙剪力墙

根据"建施3"看出，A、D轴线的剪力墙全与柱外皮对齐，其余的剪力墙全在轴线上。先将墙画到轴线上，再用"对齐"的方法将"剪力墙"偏移到与柱子外皮对齐。

单击"墙"下拉菜单里的"剪力墙"→选择Q1→单击"直线"按钮→单击（5/D）交点→单击（7/D）交点→单击（7/A）交点→单击（5/A）交点→单击右键结束。

（2）画内墙剪力墙

单击（6/D）交点→单击（6/A）交点→单击右键结束→单击（5/C）交点→单击（7/C）交点→单击右键结束。

已经画好的剪力墙，如图2.4.8所示。

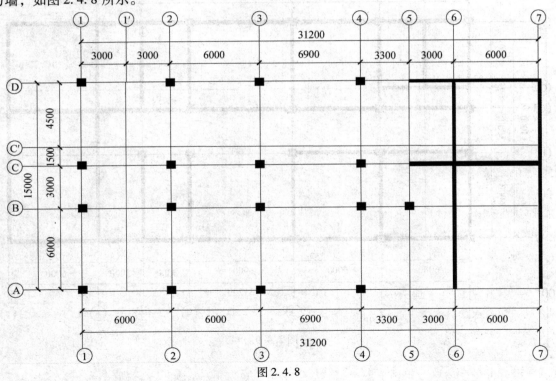

图2.4.8

427

3）设置外墙靠柱边

砌块墙和剪力墙虽然画好了，但是墙的位置不对，需要设置墙外皮和柱子外皮对齐，操作步骤如下：

单击"墙"下拉菜单里的"砌体墙"（或"剪力墙"）→单击"选择"按钮→从左向右拉框选择 D 轴线上的所有的墙→单击右键出现右键下拉菜单→单击"单图元对齐"→单击 D 轴线上柱子的上侧边线→单击墙外边线，这样 D 轴线上的墙就偏移好了。

用同样的方法偏移 A 轴线、1 轴线、5 轴线上的墙。偏移好的墙，如图 2.4.9 所示。

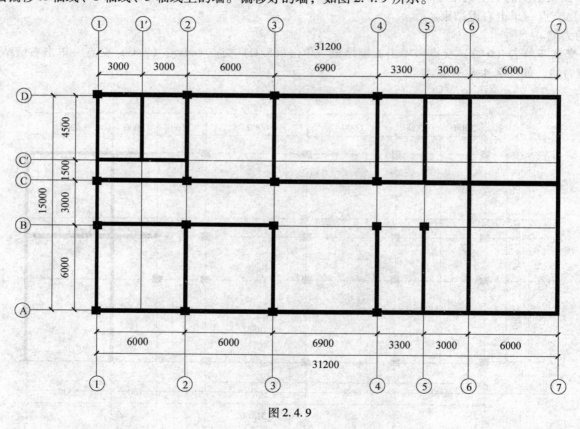

图 2.4.9

4）墙延伸

428

虽然按照图纸的要求墙和外墙对齐了，但是又出现了另一个问题：墙和墙之间不相交了，如图 2.4.10 所示。

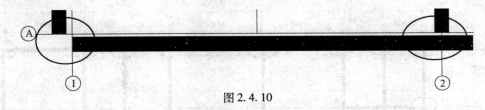

图 2.4.10

在英文状态下按"Z"键使柱子处于隐蔽状态，这会影响到布置板，需要用墙延伸的方法使墙相交，操作步骤如下：

单击"墙"下拉菜单里的"砌体墙"→单击"延伸"按钮→单击 D 轴线旁的砌块墙（或剪力墙）作为延伸的目的墙（注意不要选中 D 轴线）→单击 1 轴线墙靠近 D 轴线一端→用同样的方法单击 1′轴线、2 轴线、3 轴线、4 轴线、5 轴线、6 轴线、7 轴线的墙靠近 D 轴线一端→单击右键结束。

单击 A 轴线旁的砌块墙（或剪力墙）作为延伸的目的墙（注意不要选中 A 轴线）→分别单击 1 轴线、2 轴线、3 轴线、4 轴线、5 轴线、6 轴线、7 轴线的墙靠近 A 轴线一端→单击右键结束。

单击 1 轴线旁的墙作为延伸的目的线（注意不要选中 1 轴线）→分别单击 A 轴线、B 轴线、C 轴线、C′轴线、D 轴线上的墙靠近 1 轴线一段→单击右键结束。

延伸好的墙，如图 2.4.11 所示，注意检查图 2.4.11 中画椭圆的墙是否相交，如果不相交，需要再操作一次墙延伸。

三、首层窗的属性和画法

1. 建立门窗的属性
1) 建立门的属性
(1) M1 的属性编辑
单击"门窗洞"下拉菜单→单击"门"→单击"定义"→单击"新建"下拉菜单→单击"新建矩形门"→修改属性编辑，如图 2.4.12 所示。
注意：根据"建施08 1-1 剖面"我们可以看出门离地高度为 950mm。
计算公式为：（-0.05）-（-1）=0.95m
(2) M2 的属性编辑
单击"新建"下拉菜单→单击"新建矩形门"→修改属性编辑，如图 2.4.13 所示。

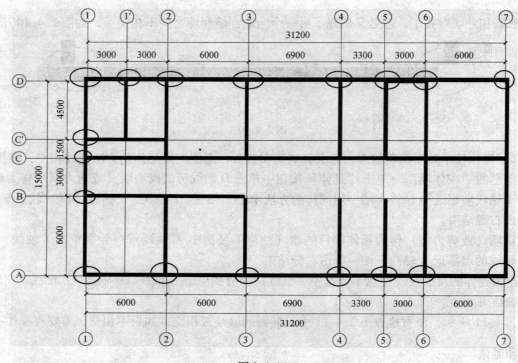

图 2.4.11

（3）M3 的属性编辑

单击"新建"下拉菜单→单击"新建矩形门"→修改属性编辑，如图 2.4.14 所示。

（4）M4 的属性编辑

单击"新建"下拉菜单→单击"新建矩形门"→修改属性编辑，如图 2.4.15 所示→单击"绘图"退出。

2）建立窗的属性

（1）C1 的属性编辑

单击"门窗洞"下拉菜单里的"窗"→单击"定义"→单击"新建"下拉菜单→单击"新建矩形窗"→修改属性编辑，如图 2.4.16 所示。

注意：根据"建施08 1－1 剖面"我们可以看出窗离地高度为 1850mm。

属性编辑 (M1)

	属性名称	属性值
1	名称	M1
2	洞口宽度(mm)	4200
3	洞口高度(mm)	2900
4	**离地高度**(mm)	950
5	洞口每侧加强筋	
6	斜加筋	
7	其他钢筋	
8	汇总信息	洞口加强筋

图 2.4.12

属性编辑 (M2)

	属性名称	属性值
1	名称	M2
2	洞口宽度(mm)	900
3	洞口高度(mm)	2400
4	**离地高度**(mm)	950
5	洞口每侧加强筋	
6	斜加筋	
7	其他钢筋	
8	汇总信息	洞口加强筋

图 2.4.13

属性编辑 (M3)

	属性名称	属性值
1	名称	M3
2	洞口宽度(mm)	750
3	洞口高度(mm)	2100
4	**离地高度**(mm)	950
5	洞口每侧加强筋	
6	斜加筋	
7	其他钢筋	
8	汇总信息	洞口加强筋

图 2.4.14

属性编辑 (M4)

	属性名称	属性值
1	名称	M4
2	洞口宽度(mm)	2100
3	洞口高度(mm)	2700
4	**离地高度**(mm)	950
5	洞口每侧加强筋	
6	斜加筋	
7	其他钢筋	
8	汇总信息	洞口加强筋

图 2.4.15

计算公式为：（-0.05）-（-1）+0.9=1.85m

（2）C2 的属性编辑

单击"新建"下拉菜单→单击"新建矩形窗"→修改属性编辑，如图 2.4.17 所示。

（3）C3 的属性编辑

单击"新建"下拉菜单→单击"新建矩形窗"→修改属性编辑，如图 2.4.18 所示→单击"绘图"退出。

属性编辑 (C1)

	属性名称	属性值
1	名称	C1
2	洞口宽度(mm)	1500
3	洞口高度(mm)	2000
4	**离地高度**(mm)	1850
5	洞口每侧加强筋	
6	斜加筋	
7	其他钢筋	
8	汇总信息	洞口加强筋

图 2.4.16

属性编辑 (C2)

	属性名称	属性值
1	名称	C2
2	洞口宽度(mm)	3000
3	洞口高度(mm)	2000
4	**离地高度**(mm)	1850
5	洞口每侧加强筋	
6	斜加筋	
7	其他钢筋	
8	汇总信息	洞口加强筋

图 2.4.17

属性编辑 (C3)

	属性名称	属性值
1	名称	C3
2	洞口宽度(mm)	3300
3	洞口高度(mm)	2000
4	**离地高度**(mm)	1850
5	洞口每侧加强筋	
6	斜加筋	
7	其他钢筋	
8	汇总信息	洞口加强筋

图 2.4.18

2. 画门窗

依据"建施3"首层平面图，画门窗洞口。

1）画门

（1）画 M1

在英文状态下按"Z"键使柱子处于显示状态→单击"门窗洞"下拉菜单里的"门"→选择 M1→单击"精确布置"按钮→单击 A 轴线砌块墙→单击（3/A）交点出现"请输入偏移值"对话框→输入偏移值＋（或－）1350（＋或－由箭头决定，如果门的位置和箭头的方向相同，就填写正值；如果门的位置和箭头的方向相反，就填写负值）→单击"确定"，M1 就画好了。

（2）画 M2

画（2/B）交点左 M2：选择 M2→单击"精确布置"按钮→单击 B 轴线砌块墙→单击（2/B）交点出现"请输入偏移值"对话框→输入偏移值＋（或－）350→单击"确定"，（2/B）交点左的 M2 就画好了。

复制 M2 到其他位置：单击"选择"按钮→单击已经画好的 M2→单击右键→单击"复制"→单击（2/B）交点→单击（3/B）交点→单击（2/C）交点→单击（3/C）交点→单击（4/C）交点→单击右键结束。

画（4/C）交点右 M2：单击"精确布置"按钮→单击 C 轴线砌块墙→单击（4/C）交点出现"请输入偏移值"对话框→输入偏移值＋（或－）350→单击"确定"，（4/C）交点右的 M2 就画好了。

画（6/C）交点左和上的 M2：单击"精确布置"按钮→单击 C 轴线剪力墙→单击（6/C）交点出现"请输入偏移值"对话框→输入偏移值＋（或－）450→单击"确定"，这样 5 ～6/C 轴线上的 M2 就画好了。

画 6 轴线上的 M2：单击 6 轴线剪力墙→单击（6/C）交点出现"请输入偏移值"对话框→输入偏移值＋（或－）450→单击"确定"，6 轴线上的 M2 就画好了。

（3）画 M3

选择 M3→单击"精确布置"按钮→单击 C′轴线上的砌块墙→单击（1′/C′）交点出现"请输入偏移值"对话框→输入偏移值＋（或－）220→单击"确定"，M3 就画好了，用同样的方法画另一个 M3。

（4）画 M4

选择 M4→单击"精确布置"按钮→单击 6 轴线剪力墙→单击（6/C）交点出现"请输入偏移值"对话框→输入偏移值＋（或－）450→单击"确定"，M4 就画好了。

2）画窗

（1）画 C1

画 1 轴线 C1：单击"门窗洞"下拉菜单里的"窗"→选择 C1→单击"精确布置"按钮→单击 1 轴线砌块墙→单击（1/B）交点出现"请输入偏移值"对话框→输入偏移值＋（或－）750→单击"确定"。

画 D/1 −1′的 C1：单击 D 轴线砌块墙→单击（1/D）交点出现"请输入偏移值"对话框→输入偏移值＋（或－）750→单击"确定"。

画 D/1′−2 的 C1：单击 D 轴线砌块墙→单击（2/D）交点出现"请输入偏移值"对话框→输入偏移值＋（或－）750→单击"确定"。

画 D/4 −5 的 C1：单击 D 轴线砌块墙→单击（4/D）交点出现"请输入偏移值"对话框→输入偏移值＋（或－）900→单击"确定"。

画 D/5 - 6 的 C1：单击 D 轴线剪力墙→单击（5/D）交点出现"请输入偏移值"对话框→输入偏移值 +（或 -）750→单击"确定"。

画 A/4 - 5 的 C1：单击 A 轴线砌块墙→单击（4/A）交点出现"请输入偏移值"对话框→输入偏移值 +（或 -）900→单击"确定"。

画 A/5 - 6 的 C1：单击 A 轴线剪力墙→单击（5/A）交点出现"请输入偏移值"对话框→输入偏移值 +（或 -）750→单击"确定"。

（2）画 C2

画 A/1 - 2 的 C2：单击"门窗洞"下拉菜单里的"窗"→选择 C2→单击"精确布置"按钮→单击 A 轴线砌块墙→单击（1/A）交点出现"请输入偏移值"对话框→输入偏移值 +（或 -）1500→单击"确定"。

画 A/2 - 3 的 C2：单击 A 轴线砌块墙→单击（2/A）交点出现"请输入偏移值"对话框→输入偏移值 +（或 -）1500→单击"确定"。

画 A/6 - 7 的 C2：单击 A 轴线剪力墙→单击（6/A）交点出现"请输入偏移值"对话框→输入偏移值 +（或 -）1500→单击"确定"。

画 D/2 - 3 的 C2：单击 D 轴线砌块墙→单击（2/D）交点出现"请输入偏移值"对话框→输入偏移值 +（或 -）1500→单击"确定"。

画 D/6 - 7 的 C2：单击 D 轴线剪力墙→单击（6/D）交点出现"请输入偏移值"对话框→输入偏移值 +（或 -）1500→单击"确定"。

（3）画 C3

画 D/3 - 4 的 C3：单击"门窗洞"下拉菜单里的"窗"→选择 C3→单击"精确布置"按钮→单击 D 轴线墙→单击（3/D）交点出现"请输入偏移值"对话框→输入偏移值 +（或 -）1800→单击"确定"。

四、首层过梁的属性、画法及其答案对比

查看本图只有 M2 和 M3 上有过梁，就分别建立 M2 和 M3 上的过梁。

1. GL - M2 的属性、画法及其答案对比

1）建立 GL - M2 的属性

单击"门窗洞"下拉菜单里的"过梁"→单击"定义"→单击"新建"下拉菜单→单击"新建矩形过梁"→单击"其他属性"前面的"+"号将其展开→单击"锚固搭接"前面的"+"号将其展开→根据"建施2"修改过梁的属性编辑，如图 2.4.19 所示。

	属性名称	属性值	附加
1	名称	GL-M2	
2	截面宽度 (mm)		
3	截面高度 (mm)	120	
4	全部纵筋	3Φ12	
5	上部纵筋		
6	下部纵筋		
7	箍筋		
8	肢数	2	
9	备注		
10	⊟ 其它属性		
11	─ 其它箍筋		
12	─ 侧面纵筋 (总配筋值)		
13	─ 拉筋	Φ6@200	
14	─ 汇总信息	过梁	
15	─ 保护层厚度 (mm)	(20)	
16	─ 起点伸入墙内长度 (mm)	250	
17	─ 终点伸入墙内长度 (mm)	250	
18	─ 位置	洞口上方	
19	─ 计算设置	按默认计算设置计	
20	─ 搭接设置	按默认搭接设置计	
21	─ 顶标高 (m)	洞口顶标高加过梁	
22	⊟ 锚固搭接		
23	─ 混凝土强度等级	(C25)	
24	─ 抗震等级	(二级抗震)	
25	─ HPB235 (A), HPB300 (A) 锚	(40)	
26	─ HRB335 (B), HRB335E (BE)	(38/42)	
27	─ HRB400 (C), HRB400E (CE)	(46/51)	
28	─ HRB500 (E), HRB500E (EE)	(56/61)	

属性编辑

图 2.4.19

→单击"绘图"退出。

注意：过梁属于非抗震构件，而过梁强度等级软件里需要在圈梁里调整，圈梁又属于抗震构件，所以需要在属性定义里直接调整过梁的锚固长度值为 27（查图集 C25 非抗震过梁的锚固长度为 27d）。

2）画 GL－M2

我们用布置的方法画 M2 上的过梁：单击"门窗洞"下拉菜单里的"过梁"→选择 GL－M2→单击"智能布置"下拉菜单→单击"门、窗、门联窗、墙洞、带形窗、带形洞"→单击"构件"下拉菜单→单击"批量选择"出现"批量选择构件图元对话框"→单击"M2"前方框→单击"确定"→单击右键结束（这样多布置了剪力墙上的两根过梁，需要删除）→分别单击 C 轴线和 6 轴线剪力墙上的过梁→单击右键→单击"删除"→单击"是"→单击右键结束。

3）GL－M2 钢筋答案软件手工对比

（1）GL－M2 钢筋的手工答案

GL－M2 钢筋的手工答案见表 2.4.1。

表 2.4.1　GL－M2 钢筋手工答案

构件名称:GL－M2,首层根数:6 根

序号	筋号	直径 d（mm）	级别	手工答案		长度（mm）	根数	软件答案	
					公式			长度（mm）	根数
1	过梁纵筋	12	一级钢	长度计算公式	$900 + 250 - 20 + 10d + 12.5d$	1400	3	1400	3
				长度公式描述	净长＋支座宽－保护层厚度＋锚固长度＋两倍弯钩				
2	过梁箍筋	6	一级钢	长度计算公式	$(200 - 2 \times 20) + 2 \times (75 + 1.9 \times 6)$	333		333	
				长度公式描述	（墙宽－2×保护层厚度）＋2×[max(75,10d)＋1.9d]				
				根数计算公式	[（900 + 250 - 20 - 50)/200]＋1		7		7
				根数公式描述	[（净跨＋支座宽－保护层厚度－起步距离)/箍筋间距]＋1				

（2）GL－M2 钢筋的软件答案

单击"汇总计算"按钮→单击"计算"→汇总完毕单击"确定"→单击"编辑钢筋"按钮→单击 GL－M2，软件计算结果见表 2.4.2。

表 2.4.2　GL－M2 钢筋软件计算结果

构件名称:GL－M2,软件计算单根重量:4.247kg,首层根数:6 根

序号	筋号	直径 d (mm)	级别	软件答案		长度 (mm)	根数	手工答案 长度 (mm)	根数
				公式					
1	过梁全部纵筋.1	12	一级钢	长度计算公式	$900 + 250 - 20 + 10d + 12.5d$	1400	3	1400	3
				长度公式描述	净长＋支座宽－保护层厚度＋锚固长度＋两倍弯钩				
2	过梁其他箍筋.1	6	一级钢	长度计算公式	$(200 - 2 \times 20) + 2 \times (75 + 1.9d)$	333		333	
				根数计算公式	$Ceil(1085/200) + 1$		7		7

由表 2.4.2 可以看出，GL－MZ 钢筋软件计算结果和手工答案一致。

2. GL－M3 的属性、画法及其答案对比

（1）建立 GL－M3 的属性

单击"门窗洞"下拉菜单里的"过梁"→单击"定义构件"→单击"新建"下拉菜单→单击"新建矩形过梁"→根据"建施 2"修改过梁的属性，如图 2.4.20 所示。

→单击"绘图"退出。

（2）画 GL－M3

我们用"点"式画法画 M3 上的过梁：单击"门窗洞"下拉菜单里的"过梁"→选择 GL－M3→单击"点"→单击 C′轴线上1′－2处的 M3→单击右键结束→单击"定义"按钮，修改 GL－M3 的属性，如图 2.4.21 所示→单击"绘图"退出→单击"点"→单击 C′轴线上 1－1′处的 M3→单击右键结束。

（3）GL－M3 钢筋答案软件手工对比

单击"汇总计算"→单击"计算"→汇总完毕，单击"确定"→单击"编辑钢筋"按钮使其显示（查看计算结果前都要汇总一次，以后此段文字省略）。GL－M3 钢筋的软件答案见表 2.4.3。

表 2.4.3　GL－M3 钢筋软件答案

构件名称:GL－M3,软件计算单根重量:4.061kg,首层根数:2 根

序号	筋号	直径 d (mm)	级别	单根软件答案		长度 (mm)	根数	手工答案 长度 (mm)	根数
				公式					
1	过梁全部纵筋.1	12	一级钢	长度计算公式	$1220 - 20 - 20 + 12.5d$	1330	3	1330	3
				长度公式描述	净长－保护层厚度－保护层厚度＋两倍弯钩				

构件名称:GL - M3,软件计算单根重量:4.036kg,首层根数:2 根

序号	筋号	直径 d (mm)	级别	公式		长度 (mm)	根数	长度 (mm)	根数
				单根软件答案				手工答案	
2	过梁其他箍筋.1	6	一级钢	长度计算公式	$(200 - 2 \times 20) + 2 \times (75 + 1.9d)$	333		333	
				根数计算公式	$Ceil(1085/200) + 1$		7		7

属性编辑

	属性名称	属性值	附加
1	名称	GL-M3	
2	截面宽度 (mm)		
3	截面高度 (mm)	120	
4	全部纵筋	3Φ12	
5	上部纵筋		
6	下部纵筋		
7	箍筋		
8	肢数	2	
9	备注		
10	⊟ 其它属性		
11	其它箍筋		
12	侧面纵筋(总配筋值)		
13	拉筋	Φ6@200	
14	汇总信息	过梁	
15	保护层厚度 (mm)	(20)	
16	起点伸入墙内长度 (mm)	220	
17	终点伸入墙内长度 (mm)	250	
18	位置	洞口上方	
19	计算设置	按默认计算设置计	
20	搭接设置	按默认搭接设置计	
21	顶标高 (m)	洞口顶标高加过梁	
22	⊟ 锚固搭接		
23	混凝土强度等级	(C25)	
24	抗震等级	(二级抗震)	
25	HPB235 (A), HPB300 (A)锚	(40)	
26	HRB335 (B), HRB335E (BE),	(38/42)	
27	HRB400 (C), HRB400E (CE),	(46/51)	
28	HRB500 (E), HRB500E (EE),	(56/61)	

图 2. 4. 20

属性编辑

	属性名称	属性值	附加
1	名称	GL-M3	
2	截面宽度 (mm)		
3	截面高度 (mm)	120	
4	全部纵筋	3Φ12	
5	上部纵筋		
6	下部纵筋		
7	箍筋		
8	肢数	2	
9	备注		
10	⊟ 其它属性		
11	其它箍筋		
12	侧面纵筋(总配筋值)		
13	拉筋	Φ6@200	
14	汇总信息	过梁	
15	保护层厚度 (mm)	(20)	
16	起点伸入墙内长度 (mm)	250	
17	终点伸入墙内长度 (mm)	220	
18	位置	洞口上方	
19	计算设置	按默认计算设置计	
20	搭接设置	按默认搭接设置计	
21	顶标高 (m)	洞口顶标高加过梁	
22	⊟ 锚固搭接		
23	混凝土强度等级	(C25)	
24	抗震等级	(二级抗震)	
25	HPB235 (A), HPB300 (A)锚	(40)	
26	HRB335 (B), HRB335E (BE),	(38/42)	
27	HRB400 (C), HRB400E (CE),	(46/51)	
28	HRB500 (E), HRB500E (EE),	(56/61)	

图 2. 4. 21

五、首层端柱、暗柱的属性和画法

1. 首层端柱、暗柱的属性

（1）DZ1 的属性编辑

单击"柱"下拉菜单→单击"端柱"→单击"定义"出现新建端柱对话框→单击"新建"下拉菜单→单击"新建参数化端柱"出现选择"参数化图形"对话框→选择"参数化截面类型"为"端柱"→选择图形号"DZ–a1"，如图 2.4.22 所示。

→根据图纸"剪力墙柱表"填写参数（将图纸转 90°填写更方便），如图 2.4.23 所示。

→单击"确定"出现端柱"属性编辑"对话框→将钢筋信息删除，将截面编辑"否"改为"是"，出现对话框，如图 2.4.24 所示。

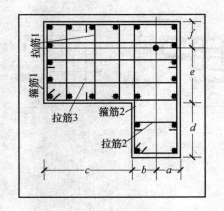

图 2.4.22

	属性名称	属性值
1	a (mm)	150
2	b (mm)	150
3	c (mm)	300
4	d (mm)	400
5	e (mm)	350
6	f (mm)	350

图 2.4.23

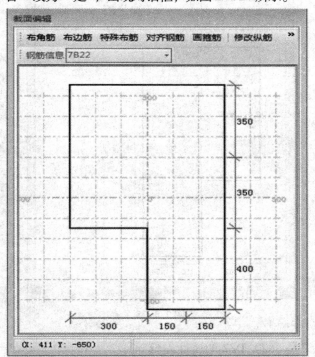

图 2.4.24

点"布角筋",在钢筋信息里输入"7B22",点击鼠标右键,这样角筋就布上了;再点"布边筋",在钢筋信息里输入"7B22",点击图 2.4.24 最上面左边(两点中间线),这个边筋就布上了,其他边筋同理;点击"画箍筋",在钢筋信息里输入"A10@100/200",点绘图箍筋里"矩形",按图纸把所有箍筋画上,如图 2.4.25 所示。

　　这样"属性编辑"就建好了,如图 2.4.26 所示。

　　DZ1 截面及配筋图如图 2.4.27 所示。

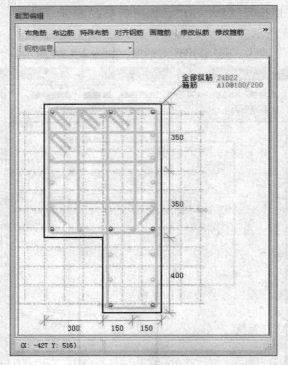

图 2.4.25

图 2.4.26

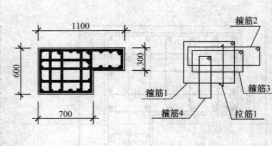

图 2.4.27

　　(2) DZ2 的属性编辑

　　单击"新建"下拉菜单→单击"新建矩形端柱"→根据"剪力墙柱表"修改属性编辑,如图 2.4.28 所示。

438

（3）AZ1 的属性编辑

单击"柱"下拉菜单里的"暗柱"→单击"定义构件"→单击"新建"下拉菜单→单击"新建参数化暗柱"进入"选择参数化图形"对话框→"参数化截面类型"选择"T 形"→选择"T－a 图形"→根据"剪力墙柱表"填写参数，如图 2.4.29 所示。

→单击"确定"进入暗柱属性编辑对话框→根据"剪力墙柱表"改"属性编辑"，如图 2.4.30 所示。

	属性名称	属性值	附加
1	名称	DZ2	
2	类别	端柱	☐
3	截面编辑	是	
4	截面宽(B边)(mm)	700	☐
5	截面高(H边)(mm)	600	☐
6	全部纵筋	18⌀25	☐
7	柱类型	(中柱)	☐
8	其它箍筋		
9	备注		☐
10	⊞ 芯柱		
15	⊞ 其它属性		
28	⊞ 锚固搭接		
43	⊞ 显示样式		

图 2.4.28

参数

	属性名称	属性值
1	a(mm)	600
2	b(mm)	300
3	c(mm)	300
4	d(mm)	300
5	e(mm)	300

图 2.4.29

	属性名称	属性值	附加
1	名称	AZ1	
2	类别	暗柱	☐
3	截面编辑	否	
4	截面形状	T－a形	☐
5	截面宽(B边)(mm)	1200	☐
6	截面高(H边)(mm)	600	☐
7	全部纵筋	24⌀18	☐
8	箍筋1	⌀10@100	☐
9	箍筋2	⌀10@100	☐
10	拉筋1	⌀10@100	☐
11	拉筋2		☐
12	其它箍筋		
13	备注		☐
14	⊞ 其它属性		
26	⊞ 锚固搭接		
41	⊞ 显示样式		

图 2.4.30

（4）AZ2 的属性编辑

单击"新建"下拉菜单→单击"新建参数化暗柱"进入"选择参数化图形"对话框→"参数化截面类型"选择"L 形"→选择"L－c 形"→根据"剪力墙柱表"填写参数，如图 2.4.31 所示。

→单击"确定"进入暗柱属性编辑对话框→根据"剪力墙柱表"改"属性编辑"，如图 2.4.32 所示。

（5）AZ3 的属性编辑

单击"新建"下拉菜单→单击"新建参数化暗柱"进入"选择参数化图形"对话框→"参数化截面类型"选择"一字形"→选择"一字形"→根据"剪力墙柱表"填写参数，如图 2.4.33 所示。

参数

	属性名称	属性值
1	a(mm)	300
2	b(mm)	300
3	c(mm)	300
4	d(mm)	300

	属性名称	属性值	附加
1	名称	AZ2	
2	类别	暗柱	□
3	截面编辑	否	
4	截面形状	L-c形	□
5	截面宽(B边)(mm)	600	□
6	截面高(H边)(mm)	600	□
7	全部纵筋	15Φ18	□
8	箍筋1	Φ10@100	□
9	箍筋2	Φ10@100	□
10	拉筋1		
11	拉筋2		
12	其它箍筋		
13	备注		□
14	⊞ 其它属性		
26	⊞ 锚固搭接		
41	⊞ 显示样式		

参数

	属性名称	属性值
1	b1(mm)	250
2	b2(mm)	250
3	h1(mm)	150
4	h2(mm)	150

图 2.4.31 　　　　　　　　　　　　　　　　图 2.4.32 　　　　　　　　　　　　　　　　图 2.4.33

→单击"确定"进入暗柱属性编辑对话框→根据"剪力墙柱表"改"属性编辑",如图2.4.34所示。

（6）AZ4 的属性编辑

单击"新建"下拉菜单→单击"新建参数化暗柱"进入"选择参数化图形"对话框→"参数化截面类型"选择"一字形"→选择"一字形"→根据"剪力墙柱表"填写参数,如图2.4.35所示。

→单击"确定"进入暗柱属性编辑对话框→根据"剪力墙柱表"改"属性编辑",如图2.4.36所示。

（7）AZ5 的属性编辑

单击"新建"下拉菜单→单击"新建参数化暗柱"进入"选择参数化图形"对话框→"参数化截面类型"选择"十字形"→选择"十字形"→根据"剪力墙柱表"填写参数,如图2.4.37所示。

→单击"确定"进入暗柱属性编辑对话框→根据"剪力墙柱表"改"属性编辑",如图2.4.38所示。

（8）AZ6 的属性编辑

单击"新建"下拉菜单→单击"新建参数化暗柱"进入"选择参数化图形"对话框→"参数化截面类型"选择"T形"→选择"T－b"形→根据"剪力墙柱表"填写参数,如图2.4.39所示。

→单击"确定"进入暗柱属性编辑对话框→根据"剪力墙柱表"改"属性编辑",如图2.4.40所示。

	属性名称	属性值	附加
1	名称	AZ3	
2	类别	暗柱	☐
3	截面编辑	否	
4	截面形状	一字形	☐
5	截面宽（B边）(mm)	500	☐
6	截面高（H边）(mm)	300	☐
7	全部纵筋	10Φ18	☐
8	箍筋1	Φ10@100	☐
9	拉筋1		☐
10	其它箍筋		
11	备注		☐
12	⊞ 其它属性		
24	⊞ 锚固搭接		
39	⊞ 显示样式		

图 2.4.34

参数

	属性名称	属性值
1	b1 (mm)	450
2	b2 (mm)	450
3	h1 (mm)	150
4	h2 (mm)	150

图 2.4.35

	属性名称	属性值	附加
1	名称	AZ4	
2	类别	暗柱	☐
3	截面编辑	否	
4	截面形状	一字形	☐
5	截面宽（B边）(mm)	900	☐
6	截面高（H边）(mm)	300	☐
7	全部纵筋	12Φ18	☐
8	箍筋1	Φ10@100	☐
9	拉筋1	Φ10@100	☐
10	其它箍筋		
11	备注		☐
12	⊞ 其它属性		
24	⊞ 锚固搭接		
39	⊞ 显示样式		

图 2.4.36

参数

	属性名称	属性值
1	a (mm)	300
2	b (mm)	300
3	c (mm)	300
4	d (mm)	300
5	e (mm)	300
6	f (mm)	300

图 2.4.37

	属性名称	属性值	附加
1	名称	AZ5	
2	类别	暗柱	☐
3	截面编辑	否	
4	截面形状	十字形	☐
5	截面宽（B边）(mm)	900	☐
6	截面高（H边）(mm)	900	☐
7	全部纵筋	24Φ18	☐
8	箍筋1	Φ10@100	☐
9	箍筋2	Φ10@100	☐
10	拉筋1		☐
11	拉筋2		☐
12	其它箍筋		
13	备注		☐
14	⊞ 其它属性		
26	⊞ 锚固搭接		
41	⊞ 显示样式		

图 2.4.38

参数

	属性名称	属性值
1	a (mm)	300
2	b (mm)	300
3	c (mm)	300
4	d (mm)	300
5	e (mm)	300

图 2.4.39

	属性名称	属性值	附加
1	名称	AZ6	
2	类别	暗柱	☐
3	截面编辑	否	
4	截面形状	T-b形	☐
5	截面宽（B边）(mm)	600	☐
6	截面高（H边）(mm)	900	☐
7	全部纵筋	19Φ18	☐
8	箍筋1	Φ10@100	☐
9	箍筋2	Φ10@100	☐
10	拉筋1		☐
11	拉筋2		☐
12	其它箍筋		
13	备注		☐
14	⊞ 其它属性		
26	⊞ 锚固搭接		
41	⊞ 显示样式		

图 2.4.40

2. 画首层端柱和暗柱

画首层端柱和暗柱依据"结施 2"柱子定位图。

（1）DZ1 的画法

单击"墙"下拉菜单里的"端柱"→选择"DZ1"→单击"旋转点"按钮→单击（5/C）交点→单击（5/D）交点→单击右键结束，DZ1 就画好了，但是位置不对，我们需要将其移动到（5/D）交点。操作步骤如下：

选中画好的 DZ1→单击右键出现右键菜单→选择"移动"按钮→选择（5/C）交点→单击（5/D）交点→单击右键结束，但这样 DZ1 位置还不对，需要和外墙皮对齐，我们后面再讲解对齐的方法。

（2）DZ2 的画法

单击"墙"下拉菜单里的"端柱"→选择"DZ2"→单击（5/C）交点→单击右键结束。

（3）AZ1 的画法

单击"墙"菜单里的"暗柱"→选择"AZ1"→单击"点"按钮→单击（6/D）交点→单击右键结束。

（4）AZ2 的画法

单击"墙"菜单里的"暗柱"→选择"AZ2"→单击"点"按钮→单击（7/D）交点→单击右键结束。

（5）AZ3 的画法（D 轴线）

单击"墙"下拉菜单里的"暗柱"→选择"AZ3"→单击"按墙位置绘制柱"下拉菜单→单击"自适应布置柱"→单击 D/6 – 7 轴 C2 两边和 C/5 – 6 轴线 M2 左侧以及 6 轴线 M2 上侧→单击右键结束。

（6）AZ4 的画法

选择"AZ4"→单击"按墙位置绘制柱"下拉菜单→单击"自适应布置柱"→单击 M4 下侧→单击右键结束。

（7）AZ5 的画法

选择"AZ5"→单击"点"按钮→单击（6/C）交点→单击右键结束。

（8）AZ6 的画法

选择"AZ6"→单击"点"按钮→单击（7/C）交点→单击右键结束。

（9）柱子靠墙边

虽然将柱子画好了，但是 D 轴线上的 DZ1、AZ1、AZ2 的位置都不对，用"对齐"的方法将柱和墙外皮对齐，操作步骤如下：

单击"墙"下拉菜单里的"暗柱"→单击"选择"按钮→分别选中 D 轴线要偏移的柱→单击右键，出现右键菜单→单击"批量对齐"→单击 D 轴线剪力墙外侧边线→单击右键结束。

（10）柱子镜像

从图纸中可以看出，D 轴线上的 DZ1、AZ1、AZ2、AZ3，在 A 轴线上也有，而且是镜像关系，下面我们用镜像的方法将其镜像到 A 轴线上，操作步骤如下：

镜像需要对称轴，我们先来做一条对称轴，对称轴距离 B 轴线 1500mm。

单击"轴线"下拉菜单→单击"辅助轴线"→单击"平行"按钮→单击 B 轴线（注意不要选择交点）→输入"偏移距离"1500mm→单击"确定"。

单击"墙"下拉菜单里的"暗柱"或"端柱"→单击"选择"按钮→按住左键从左到右拉框选择 D 轴线要镜像的柱→单击"镜像"按钮→单击对称轴上的任意两个轴线交点，会出现"确认"对话框，问"是否删除原来的图元"→单击"否"→单击右键结束，这样就把 D 轴线的柱镜像到 A 轴线。

六、首层连梁的属性、画法及其答案对比

1. LL1 – 300 × 1600 的属性、画法及其答案对比

（1）建立 LL1 – 300 × 1600 属性

单击"门窗洞"下拉菜单→单击"连梁"→单击"定义"→单击"新建"下拉菜单→单击"新建矩形连梁"→根据"结施 11"连梁表修改 LL1 – 300 × 1600 属性编辑，如图 2.4.41 所示。

说明：连梁拉筋排数为水平筋排数的一半，计算如下：水平筋排数 = ［（1600 – 15 × 2）/200］ – 1 = 6.85（取 7 排），拉筋排数 = 7/2 = 3.5（取 4 排）。

（2）画 LL1 – 300 × 1600 连梁

单击"门窗洞"下拉菜单里的"连梁"→选择"LL1 – 300 × 1600"→单击"点"按钮→单击 A/5 – 6 上的 C1→单击 D/5 – 6 上的 C1→单击右键结束。

（3）LL1 – 300 × 1600 钢筋答案软件手工对比

汇总计算后查看 LL1 – 300 × 1600 钢筋的软件答案见表 2.4.4。

	属性名称	属性值	附加
1	名称	LL1-300*1600	
2	截面宽度(mm)	300	☐
3	截面高度(mm)	1600	☐
4	轴线距梁左边线距	(150)	☐
5	全部纵筋		☐
6	上部纵筋	4Φ22	☐
7	下部纵筋	4Φ22	☐
8	箍筋	Φ10@100(2)	☐
9	肢数	2	
10	拉筋	4Φ6	☐
11	备注		☐
12	☐ 其它属性		
13	├ 侧面纵筋(总配)		☐
14	├ 其它箍筋		
15	├ 汇总信息	连梁	
16	├ 保护层厚度(mm)	(20)	☐
17	├ 顶层连梁	否	
18	├ 对角斜筋		
19	├ 折线筋		
20	├ 暗撑箍筋宽度(mm)		
21	├ 暗撑箍筋高度(mm)		
22	├ 暗撑纵筋		
23	├ 暗撑箍筋		
24	├ 暗撑拉筋		☐
25	├ 计算设置	按默认计算设置计算	
26	├ 节点设置	按默认节点设置计算	
27	├ 搭接设置	按默认搭接设置计算	
28	├ 起点顶标高(m)	洞口顶标高加连梁高度	☐
29	└ 终点顶标高(m)	洞口顶标高加连梁高度	☐

图 2.4.41

表 2.4.4 LL1－300×1600 钢筋软件答案

构件名称:LL1－300×1600,位置:A/5－6、D/5－6,软件计算单构件钢筋重量:110.392kg,数量:2 根

序号	筋号	直径 d (mm)	级别	公式		长度 (mm)	根数	长度 (mm)	根数
								手工答案	
1	连梁上部纵筋.1	22	二级	长度计算公式	$1500+34d+34d$	2996	4	2996	4
				长度公式描述	净长＋直锚长度＋直锚长度				
2	连梁下部纵筋.1	22	二级	长度计算公式	$1500+34d+34d$	2996	4	2996	4
				长度公式描述	净长＋直锚长度＋直锚长度				
3	连梁箍筋.1	10	一级	长度计算公式	$2\times[(300-2\times20)+(1600-2\times20)]+2\times11.9d$	3878		3878	
				根数计算公式	$Ceil[(1500-100)/100]+1$		15		15
4	连梁拉筋.1	6	一级	长度计算公式	$(300-2\times20)+2\times(75+1.9d)$	433		433	
				根数计算公式	$4\times[Ceil(1500-100/200)+1]$		32		32

2. LL2－300×1600 的属性、画法及其答案对比

（1）建立 LL2－300×1600 属性

单击"门窗洞"下拉菜单里的"连梁"→单击"定义"→单击"新建"下拉菜单→单击"新建矩形连梁"→根据结施 11 连梁表修改 *LL2－300×1600* 属性编辑,如图 2.4.42 所示。

（2）画 LL2－300×1600 连梁

选择"LL2－300×1600"→单击"点"按钮→单击 *A/6－7* 上的 C2→单击右键结束。

（3）LL2－300×1600 钢筋答案软件手工对比

汇总计算后查看 LL2－300×1600 钢筋的软件答案见表 2.4.5。

	属性名称	属性值	附加
1	名称	LL2-300*1600	
2	截面宽度(mm)	300	
3	截面高度(mm)	1600	
4	轴线距梁左边线距	(150)	
5	全部纵筋		
6	上部纵筋	4Φ22	
7	下部纵筋	4Φ22	
8	箍筋	Φ10@100 (2)	
9	肢数	2	
10	拉筋	4Φ6	
11	备注		
12	其它属性		
13	侧面纵筋(总配)		
14	其它箍筋		
15	汇总信息	连梁	
16	保护层厚度(mm)	(20)	
17	顶层连梁	否	
18	对角斜筋		
19	折线筋		
20	暗撑箍筋宽度(mm)		
21	暗撑箍筋高度(mm)		
22	暗撑纵筋		
23	暗撑箍筋		
24	暗撑拉筋		
25	计算设置	按默认计算设置计算	
26	节点设置	按默认节点设置计算	
27	搭接设置	按默认搭接设置计算	
28	起点顶标高(m)	洞口顶标高加连梁高度	
29	终点顶标高(m)	洞口顶标高加连梁高度	

图 2.4.42

表 2.4.5　LL2 −300×1600 钢筋软件答案

构件名称:LL2 −300×1600,位置:A/6 −7、D/6 −7,软件计算单构件钢筋重量:185.118kg,数量:2 根

序号	筋号	直径 d (mm)	级别	公式		长度 (mm)	根数	长度 (mm)	根数
								手工答案	
1	连梁上部纵筋.1	22	二级	长度计算公式	$3000 + 34d + 34d$	4496	4	4496	4
				长度描述公式	净长 + 直锚长度 + 直锚长度				
2	连梁下部纵筋.1	22	二级	长度计算公式	$3000 + 34d + 34d$	4496	4	4496	4
				长度描述公式	净长 + 直锚长度 + 直锚长度				
3	连梁箍筋.1	10	一级	长度计算公式	$2 \times [(300 - 2 \times 20) + (1600 - 2 \times 20)] + 2 \times 11.9d$	3878		3878	
				根数计算公式	$\mathrm{Ceil}(3000 - 100/100) + 1$		30		30
4	连梁拉筋.1	6	一级	长度计算公式	$(300 - 2 \times 20) + 2 \times (75 + 1.9d)$	433		433	
				根数计算公式	$4 \times [\mathrm{Ceil}(3000 - 100/200) + 1]$		64		64

	属性名称	属性值	附加
1	名称	LL3-300*900	
2	截面宽度(mm)	300	
3	截面高度(mm)	900	
4	轴线距梁左边线距	(150)	
5	全部纵筋		
6	上部纵筋	4Φ22	
7	下部纵筋	4Φ22	
8	箍筋	Φ10@100 (2)	
9	肢数	2	
10	拉筋	2Φ6	
11	备注		
12	其它属性		
13	侧面纵筋(总配)		
14	其它箍筋		
15	汇总信息	连梁	
16	保护层厚度(mm)	(20)	
17	顶层连梁	否	
18	对角斜筋		
19	折线筋		
20	暗撑箍筋宽度(		
21	暗撑箍筋高度(		
22	暗撑纵筋		
23	暗撑箍筋		
24	暗撑拉筋		
25	计算设置	按默认计算设置计算	
26	节点设置	按默认节点设置计算	
27	搭接设置	按默认搭接设置计算	
28	起点顶标高(m)	洞口顶标高加连梁高度	
29	终点顶标高(m)	洞口顶标高加连梁高度	

图 2.4.43

3. LL3 −300×900 的属性、画法及其答案对比

(1) 建立 LL3 −300×900 属性

单击"门窗洞"下拉菜单里的"连梁"→单击"定义"→单击"新建"下拉菜单→单击"新建矩形连梁"→根据连梁表修改 LL3 −300×900 属性编辑, 如图 2.4.43 所示。

→单击"绘图"退出。

(2) 画 LL3 −300×900 连梁

选择"LL3 −300×900"→单击"点"按钮→单击 6/A −C 间的 M4→单击右键结束。

(3) LL3 −300×900 钢筋答案软件手工对比

汇总计算后查看 LL3 −300×900 钢筋的软件答案见表 2.4.6。

表 2.4.6 LL3 - 300 × 900 钢筋软件答案

构件名称:LL3 - 300 × 900,位置:6/A - C,软件计算单构件钢筋重量:119.951kg,数量:1 根

序号	筋号	直径 d (mm)	级别	公式		长度 (mm)	根数	长度 (mm)	根数
						软件答案		手工答案	
1	连梁上部纵筋.1	22	二级	长度计算公式	$2100 + 34d + 34d$	3596	4	3596	4
				长度公式描述	净长 + 直锚长度 + 直锚长度				
2	连梁下部纵筋.1	22	二级	长度计算公式	$2100 + 34d + 34d$	3596	4	3596	4
				长度公式描述	净长 + 直锚长度 + 直锚长度				
3	连梁箍筋.1	10	一级	长度计算公式	$2 \times [(300 - 2 \times 20) + (900 - 2 \times 20)] + 2 \times 11.9d$	2478		2478	
				根数计算公式	$\text{Ceil}(2100 - 100/100) + 1$		21		21
4	连梁拉筋.1	6	一级	长度计算公式	$(300 - 2 \times 20) + 2 \times (75 + 1.9d)$	433		433	
				根数计算公式	$2 \times [\text{Ceil}(2100 - 100/200) + 1]$		22		22

	属性名称	属性值	附加
1	名称	LL4-300*1200	
2	截面宽度 (mm)	300	□
3	截面高度 (mm)	1200	□
4	轴线距梁左边线距	(150)	□
5	全部纵筋		
6	上部纵筋	4Φ22	□
7	下部纵筋	4Φ22	□
8	箍筋	Φ10@100 (2)	□
9	肢数	2	
10	拉筋	3Φ6	□
11	备注		□
12	其它属性		
13	侧面纵筋(总配		□
14	其它箍筋		
15	汇总信息	连梁	□
16	保护层厚度 (mm)	(20)	□
17	顶层连梁	否	□
18	对角斜筋		□
19	折线筋		□
20	暗撑箍筋宽度(		□
21	暗撑箍筋高度(		□
22	暗撑纵筋		□
23	暗撑箍筋		□
24	暗撑拉筋		□
25	计算设置	按默认计算设置计算	
26	节点设置	按默认节点设置计算	
27	搭接设置	按默认搭接设置计算	
28	起点顶标高 (m)	洞口顶标高加连梁高度	□
29	终点顶标高 (m)	洞口顶标高加连梁高度	□

4. LL4 - 300 × 1200 的属性、画法及其答案对比

(1) 建立 LL4 - 300 × 1200 属性

单击"门窗洞"下拉菜单里的"连梁"→单击"定义"→单击"新建"下拉菜单→单击"新建矩形连梁"→根据连梁表修改 LL4 - 300 × 1200 属性编辑,如图 2.4.44 所示。

(2) 画 LL4 - 300 × 1200 连梁

单击"门窗洞"下拉菜单里的"连梁"→选择"LL4 - 300 × 1200"→单击"点"按钮→单击 C/5 - 6 上的 M2,单击 6/C - D 上的 M2→单击右键结束。

(3) LL4 - 300 × 1200 钢筋答案软件手工对比

汇总计算后查看 LL4 - 300 × 1200 钢筋的软件答案见表 2.4.7。

图 2.4.44

446

表 2.4.7　LL4 - 300 × 1200 钢筋软件答案

构件名称:LL4 - 300 × 1200,位置:C/5 - 6、6/C - D,软件计算单构件钢筋重量:75.655kg,数量:2 根

序号	筋号	直径 d (mm)	级别	公式		软件答案 长度 (mm)	软件答案 根数	手工答案 长度 (mm)	手工答案 根数
1	连梁上部纵筋.1	22	二级	长度计算公式	$900 + 34d + 34d$	2396	4	2396	4
				长度公式描述	净长 + 直锚长度 + 直锚长度				
2	连梁下部纵筋.1	22	二级	长度计算公式	$900 + 34d + 34d$	2396	4	2396	4
				长度公式描述	净长 + 直锚长度 + 直锚长度				
3	连梁箍筋.1	10	一级	长度计算公式	$2 \times [(300 - 2 \times 20) + (1200 - 2 \times 20)] + 2 \times 11.9d$	3078		3078	
				根数计算公式	$Ceil(900 - 100/100) + 1$		9		9
4	连梁拉筋.1	6	一级	长度计算公式	$(300 - 2 \times 20) + 2 \times (75 + 1.9d)$	433		433	
				根数计算公式	$3 \times [Ceil(900 - 100/200) + 1]$		15		15

	属性名称	属性值	附加
1	名称	LL1-300*500	
2	截面宽度(mm)	300	
3	截面高度(mm)	500	
4	轴线距梁左边线距	(150)	
5	全部纵筋		
6	上部纵筋	4Φ22	
7	下部纵筋	4Φ22	
8	箍筋	Φ10@150 (2)	
9	肢数	2	
10	拉筋	Φ6	
11	备注		
12	▣ 其它属性		
13	── 侧面纵筋(总配		
14	── 其它箍筋		
15	── 汇总信息	连梁	
16	── 保护层厚度(mm)	(20)	
17	── 顶层连梁	否	
18	── 对角斜筋		
19	── 折线筋		
20	── 暗撑箍筋宽度(		
21	── 暗撑箍筋高度(		
22	── 暗撑纵筋		
23	── 暗撑箍筋		
24	── 暗撑拉筋		
25	计算设置	按默认计算设置计算	
26	节点设置	按默认节点设置计算	
27	搭接设置	按默认搭接设置计算	
28	起点顶标高(m)	洞口底标高	
29	终点顶标高(m)	洞口底标高	

图 2.4.45

5. LL1 - 300 × 500 的属性、画法及其答案对比

(1) 建立 LL1 - 300 × 500 属性

单击"门窗洞"下拉菜单里的"连梁"→单击"定义"→单击"新建"下拉菜单→单击"新建矩形连梁"→根据连梁表修改 LL1 - 300 × 500 属性编辑,如图 2.4.45 所示。

注意:将起点顶标高和终点顶标高修改为洞口底标高,否则将因与 LL1 - 300 × 1600 重复而无法布置。

(2) 画 LL1 - 300 × 500 连梁

选择"LL1 - 300 × 500"→单击"点"按钮→单击 A/5 - 6 上的 C1,单击 D/5 - 6 上的 C1→单击右键结束。

(3) LL1 - 300 × 500 钢筋答案软件手工对比

汇总计算后在"动态观察"状态下选中 LL1 - 300 × 500,查看 LL1 - 300 × 500 钢筋的软件答案见表 2.4.8。

447

表 2.4.8 LL1－300×500 钢筋软件答案

构件名称:LL1－300×500,位置:A/5－6、D/5－6,软件计算单构件钢筋重量:83.39kg,数量:2 根

序号	筋号	直径 d (mm)	级别	公式		长度 (mm)	根数	长度 (mm)	根数
						软件答案		手工答案	
1	连梁上部纵筋.1	22	二级	长度计算公式	$1500+34d+34d$	2996	4	2996	4
				长度公式描述	净长＋直锚长度＋直锚长度				
2	连梁下部纵筋.1	22	二级	长度计算公式	$1500+34d+34d$	2996	4	2996	4
				长度公式描述	净长＋直锚长度＋直锚长度				
3	连梁箍筋.1	10	一级	长度计算公式	$2\times[(300-2\times20)+(500-2\times20)]+2\times11.9d$	1678		1678	
				根数计算公式	$Ceil[(1500-100)/150]+1$		11		11
4	连梁拉筋.1	6	一级	长度计算公式	$(300-2\times20)+2\times(75+1.9d)$	423		423	
				根数计算公式	$Ceil(1500-100/300)+1$		6		6

	属性名称	属性值	附加
1	名称	LL2-300*500	
2	截面宽度(mm)	300	
3	截面高度(mm)	500	
4	轴线距梁左边线距	(150)	
5	全部纵筋		
6	上部纵筋	4Φ22	
7	下部纵筋	4Φ22	
8	箍筋	Φ10@150(2)	
9	肢数	2	
10	拉筋	Φ6	
11	备注		
12	其它属性		
13	侧面纵筋(总配		
14	其它箍筋		
15	汇总信息	连梁	
16	保护层厚度(mm)	(20)	
17	顶层连梁	否	
18	对角斜筋		
19	折线筋		
20	暗撑箍筋宽度(		
21	暗撑箍筋高度(		
22	暗撑纵筋		
23	暗撑箍筋		
24	暗撑拉筋		
25	计算设置	按默认计算设置计算	
26	节点设置	按默认节点设置计算	
27	搭接设置	按默认搭接设置计算	
28	起点顶标高(m)	洞口底标高	
29	终点顶标高(m)	洞口底标高	

6. LL2－300×500 的属性、画法及其答案对比

（1）建立 LL2－300×500 属性

单击"门窗洞"下拉菜单里的"连梁"→单击"定义"→单击"新建"下拉菜单→单击"新建矩形连梁"→根据连梁表修改 LL2－300×500 属性编辑，如图 2.4.46 所示。

（2）画 LL2－300×500 连梁

选择"LL2－300×500"→单击"点"按钮→单击 A/6－7 上的 C2→单击 D/6－7 上的 C2→单击右键结束。

（3）LL2－300×500 钢筋答案软件手工对比

汇总计算后在"动态观察"状态下选中 LL2－300×500，查看 LL2－300×500 钢筋的软件答案见表 2.4.9。

图 2.4.46

表 2.4.9   LL2 – 300 × 500 钢筋软件答案

构件名称:LL2 – 300 × 500,位置:A/6 – 7、D/6 – 7,软件计算单构件钢筋重量:129.984kg,数量:2 根

序号	筋号	直径 d (mm)	级别	公式		长度 (mm)	根数	长度 (mm)	根数
						软件答案		手工答案	
1	连梁上部纵筋.1	22	二级	长度计算公式	$3000 + 34d + 34d$	4496	4	4496	4
				长度公式描述	净长 + 直锚长度 + 直锚长度				
2	连梁下部纵筋.1	22	二级	长度计算公式	$3000 + 34d + 34d$	4496	4	4496	4
				长度公式描述	净长 + 直锚长度 + 直锚长度				
3	连梁箍筋.1	10	一级	长度计算公式	$2 \times [(300 - 2 \times 20) + (500 - 2 \times 20)] + 2 \times 11.9d$	1678		1678	
				根数计算公式	$Ceil(3000 - 100/150) + 1$		21		21
4	连梁拉筋.1	6	一级	长度计算公式	$(300 - 2 \times 20) + 2 \times (75 + 1.9d)$	433		433	
				根数计算公式	$Ceil(3000 - 100/300) + 1$		11		11

7. LL3 – 300 × 500 的属性、画法

(1) 建立 LL3 – 300 × 500 属性

单击"门窗洞"下拉菜单里的"连梁"→单击"定义"→单击"新建"下拉菜单→单击"新建矩形连梁"→根据连梁表修改 LL3 – 300 × 500 属性编辑,如图 2.4.47 所示。

(2) 画 LL3 – 300 × 500 连梁

选择"LL3 – 300 × 500"→单击"点"按钮→单击 6/A – C 上的 M4→单击右键结束。

8. LL4 – 300 × 500 的属性、画法

(1) 建立 LL4 – 300 × 500 属性

单击"门窗洞"下拉菜单里的"连梁"→单击"定义"→单击"新建"下拉菜单→单击"新建矩形连梁"→根据连梁表修改 LL4 - 300×500 属性编辑,如图 2.4.48 所示。

	属性名称	属性值	附加
1	名称	LL3-300*500	
2	截面宽度(mm)	300	☐
3	截面高度(mm)	500	☐
4	轴线距梁左边线距	(150)	☐
5	全部纵筋		☐
6	上部纵筋	4Φ22	☐
7	下部纵筋	4Φ22	☐
8	箍筋	Φ10@100 (2)	☐
9	肢数	2	
10	拉筋	Φ6	☐
11	备注		☐
12	⊟ 其它属性		
13	— 侧面纵筋(总配		☐
14	— 其它箍筋		
15	— 汇总信息	连梁	☐
16	— 保护层厚度(mm)	(20)	☐
17	— 顶层连梁	否	
18	— 对角斜筋		
19	— 折线筋		
20	— 暗撑箍筋宽度(		
21	— 暗撑箍筋高度(		
22	— 暗撑纵筋		
23	— 暗撑箍筋		
24	— 暗撑拉筋		
25	— 计算设置	按默认计算设置计算	
26	— 节点设置	按默认节点设置计算	
27	— 搭接设置	按默认搭接设置计算	
28	— 起点顶标高(m)	洞口底标高	☐
29	— 终点顶标高(m)	洞口底标高	☐

图 2.4.47

	属性名称	属性值	附加
1	名称	LL4-300*500	
2	截面宽度(mm)	300	☐
3	截面高度(mm)	500	☐
4	轴线距梁左边线距	(150)	☐
5	全部纵筋		☐
6	上部纵筋	4Φ22	☐
7	下部纵筋	4Φ22	☐
8	箍筋	Φ10@100 (2)	☐
9	肢数	2	
10	拉筋	Φ6	☐
11	备注		☐
12	⊟ 其它属性		
13	— 侧面纵筋(总配		☐
14	— 其它箍筋		
15	— 汇总信息	连梁	☐
16	— 保护层厚度(mm)	(20)	☐
17	— 顶层连梁	否	
18	— 对角斜筋		
19	— 折线筋		
20	— 暗撑箍筋宽度(		
21	— 暗撑箍筋高度(		
22	— 暗撑纵筋		
23	— 暗撑箍筋		
24	— 暗撑拉筋		
25	— 计算设置	按默认计算设置计算	
26	— 节点设置	按默认节点设置计算	
27	— 搭接设置	按默认搭接设置计算	
28	— 起点顶标高(m)	洞口底标高	☐
29	— 终点顶标高(m)	洞口底标高	☐

图 2.4.48

(2) 画 LL4 - 300×500 连梁

450

选择"LL4 – 300×500"→单击"点"按钮→单击 C/5 – 6 上的 M2，单击 6/C – D 上的 M2→单击右键结束。

LL3 – 300×500、LL4 – 300×500 因为顶标高在基础层内，需要在基础层里对这两个连梁的钢筋量，这里暂不汇总。

七、首层暗梁的属性、画法及其答案对比

1. 建立首层暗梁属性

单击"墙"下拉菜单→单击"暗梁"→单击"定义"→单击"新建"下拉菜单→单击"新建暗梁"→根据"结施 11"暗梁表建立首层暗梁的属性，如图 2.4.49。

2. 画首层暗梁

单击"墙"下拉菜单里的"暗梁"→选择"AL1 – 250×500"→分别单击 A、C、D、6、7 轴线的剪力墙→单击右键结束。

3. 首层暗梁钢筋答案软件手工对比

（1）A、D 轴线暗梁

汇总计算后查看首层 A、D 轴线暗梁钢筋的软件答案见表 2.4.10。

	属性名称	属性值
1	名称	AL1
2	类别	暗梁
3	截面宽度(mm)	300
4	截面高度(mm)	500
5	轴线距梁左边线距离(mm)	(150)
6	上部钢筋	4Φ20
7	下部钢筋	4Φ20
8	箍筋	Φ10@150
9	肢数	2
10	拉筋	
11	起点为顶层暗梁	否
12	终点为顶层暗梁	否
13	备注	
14	⊞ 其它属性	
24	⊞ 锚固搭接	

图 2.4.49

表 2.4.10 首层 A、D 轴线暗梁钢筋软件答案

构件名称:A、D 轴线暗梁,软件计算单构件钢筋重量:224.296kg,数量:2 段

序号	筋号	直径 d (mm)	级别	软件答案		长度 (mm)	根数	搭接	手工答案		
									长度 (mm)	根数	搭接
1	暗梁上部纵筋.1	20	二级	长度计算公式	$7800+600-20+15d+34d$	9360	4		9360	4	
				长度公式描述	净长 + 支座宽 – 保护层厚度 + 弯折 + 锚固长度						
2	暗梁下部纵筋.1	20	二级	长度计算公式	$7800+600-20+15d+34d$	9360	4		9360	4	
				长度公式描述	净长 + 支座宽 – 保护层厚度 + 弯折 + 锚固长度						
3	暗梁箍筋.1	10	一级	长度计算公式	$2×[(300-2×20)+(500-2×20)]+2×11.9d$	1678			1678		
				根数计算公式	Ceil(550 – 75 – 75/150) + 1 + Ceil(3000 – 75 – 75/150) + 1 + Ceil(550 – 75 – 75/150) + 1 + Ceil(1500 – 75 – 75/150) + 1		38			38	

（2）C 轴线暗梁

汇总计算后查看首层 C 轴线暗梁钢筋的软件答案见表 2.4.11。

表 2.4.11　首层 C 轴线暗梁钢筋软件答案

构件名称：C 轴线暗梁，软件计算单构件钢筋重量：224.865kg，数量：1 段

序号	筋号	直径 d（mm）	级别	软件答案		长度（mm）	根数	搭接	手工答案		
					公式				长度（mm）	根数	搭接
1	暗梁上部纵筋.1	20	二级	长度计算公式	$552 + 34d + 48d$	2192	4		2192	4	
				长度公式描述	净长 + 锚固长度 + 搭接长度						
2	暗梁上部纵筋.2	20	二级	长度计算公式	$5252 + 48d + 600 - 20 + 15d$	7092	4		7092	4	
				长度公式描述	净长 + 搭接长度 + 支座宽 - 保护层厚度 + 弯折						
3	暗梁下部纵筋.1	20	二级	长度计算公式	$552 + 34d + 48d$	2192	4		2192	4	
				长度公式描述	净长 + 锚固长度 + 搭接长度						
4	暗梁下部纵筋.2	20	二级	长度计算公式	$5252 + 48d + 600 - 20 + 15d$	7092	4		7092	4	
				长度公式描述	净长 + 搭接长度 + 支座宽 - 保护层厚度 + 弯折						
5	暗梁箍筋.1	10	一级	长度计算公式	$2 \times [(300 - 2 \times 20) + (500 - 2 \times 20)] + 2 \times 11.9d$	1678			1678		
				根数计算公式	$Ceil(800 - 75 - 75/150) + 1 + Ceil(5100 - 75 - 75/150) + 1$		40			40	

（3）6 轴线暗梁

汇总计算后查看首层 6 轴线暗梁钢筋的软件答案见表 2.4.12。

表 2.4.12　首层 6 轴线暗梁钢筋软件答案

构件名称：6 轴线暗梁，软件计算单构件钢筋重量：313.791kg，数量：1 段

序号	筋号	直径 d（mm）	级别	软件答案		长度（mm）	根数	搭接	手工答案		
					公式				长度（mm）	根数	搭接
1	暗梁上部纵筋.1	20	二级	长度计算公式	$3602 + 48d + 600 - 20 + 15d$	5442	4		5442	4	
				长度公式描述	净长 + 锚固长度 + 支座宽 - 保护层厚度 + 弯折						

序号	筋号	直径 d (mm)	级别	公式		长度 (mm)	根数	搭接	长度 (mm)	根数	搭接
									手工答案		
2	暗梁上部纵筋.2	20	二级	长度计算公式	$5402+600-20+15d+48d$	7242	4		7242	4	
				长度公式描述	净长+支座宽-保护层厚度+弯折+锚固长度						
3	暗梁下部纵筋.1	20	二级	长度计算公式	$3602+48d+600-20+15d$	5442	4		5442	4	
				长度公式描述	净长+锚固长度+支座宽-保护层厚度+弯折						
4	暗梁下部纵筋.2	20	二级	长度计算公式	$5402+600-20+15d+48d$	7242	4		7242	4	
				长度公式描述	净长+支座宽-保护层厚度+弯折+锚固长度						
5	暗梁箍筋.1	10	一级	长度计算公式	$2\times\left[(300-2\times20)+(500-2\times20)\right]+2\times(11.9\times d)$	1678			1678		
				根数计算公式	$Ceil(3850-75-75/150)+1+Ceil(5250-75-75/150)+1$		61			61	

（4）7 轴线暗梁

汇总计算后查看首层 7 轴线暗梁钢筋的软件答案见表 2.4.13。

表 2.4.13 首层 7 轴线暗梁钢筋软件答案

构件名称:7 轴线暗梁,软件计算单构件钢筋重量:412.501kg,数量:1 段

序号	筋号	直径 d (mm)	级别	公式		长度 (mm)	根数	搭接	长度 (mm)	根数	搭接
				软件答案					手工答案		
1	暗梁上部纵筋.1	20	二级	长度计算公式	$14400+600-20+15d+600-20+15d$	16160	4	1	16160	4	1
				长度公式描述	净长+支座宽-保护层厚度+弯折+支座宽-保护层厚度+弯折						
2	暗梁下部纵筋.2	20	二级	长度计算公式	$14400+600-20+15d+600-20+15d$	16160	4	1	16160	4	1
				长度公式描述	净长+支座宽-保护层厚度+弯折+支座宽-保护层厚度+弯折						
3	暗梁箍筋.1	10	一级	长度计算公式	$2\times\left[(300-2\times20)+(500-2\times20)\right]+2\times11.9d$	1678			1678		
				根数计算公式	$Ceil(5250-75-75/150)+1+Ceil(8250-75-75/150)+1$		90			90	

八、首层梁的属性、画法及其答案对比

1. KL1 -300×700 的属性、画法及其答案对比

（1） KL1 -300×700 的属性编辑

453

单击"梁"下拉菜单→单击"梁"→单击"定义"→单击"新建"下拉菜单→单击"新建矩形梁"→根据"结施3"填写 KL1-300×700 的属性编辑,如图2.4.50所示。

→单击"绘图"退出。

（2）KL1-300×700 的画法

画梁：单击"梁"下拉菜单里的"梁"→选择 KL1-300×700→单击"直线"画法→单击（1/A）交点→单击（5/A）交点→单击右键结束。

对齐：单击"选择"按钮→单击画好的 KL1-300×700→单击右键出现右键菜单→单击"单图元对齐"→单击 A 轴线的任意一根柱下侧外边线→单击 KL1 下侧外边线→单击右键结束。

找支座：单击"重提梁跨"→单击画好的 KL1-300×700（如果画面遮住 KL1-300×700，按住滚轮移动整个图形，使 KL1-300×700 显示出来）→单击右键结束。

（3）KL1-300×700 钢筋答案软件手工对比

汇总计算后查看 KL1-300×700 钢筋的软件答案见表2.4.14。

	属性名称	属性值	附加
1	名称	KL1-300*700	
2	类别	楼层框架梁	☐
3	截面宽度(mm)	300	☐
4	截面高度(mm)	700	☐
5	轴线距梁左边线距离(mm)	(150)	☐
6	跨数量		☐
7	箍筋	Φ10@100/200(2)	☐
8	肢数	2	
9	上部通长筋	4Φ25	☐
10	下部通长筋	4Φ25	☐
11	侧面构造或受扭筋(总配筋值)		☐
12	拉筋		☐
13	其它箍筋		☐
14	备注		☐

图 2.4.50

表 2.4.14 KL1-300×700 钢筋软件答案

				软件答案					手工答案		
序号	筋号	直径 d (mm)	级别	公式		长度 (mm)	根数	搭接	长度 (mm)	根数	搭接
1	1 跨. 上通长筋.1	25	二级	长度计算公式	$700-20+15d+21500+34d$	23405	4	2	23405	4	2
				长度公式描述	支座宽-保护层厚度+弯折+净长+直锚长度						
2	1 跨. 下通长筋1	25	二级	长度计算公式	$700-20+15d+21500+34d$	23405	4	2	23405	4	2
				长度公式描述	支座宽-保护层厚度+弯折+净长+直锚长度						
3	1 跨. 箍筋1	10	一级	长度计算公式	$2\times[(300-2\times20)+(700-2\times20)]+2\times11.9d$	2078			2078		
				根数计算公式	$2\times[Ceil(1000/100)+1]+Ceil(3200/200)-1$		37			37	
4	2 跨. 箍筋1	10	一级	长度计算公式	$2\times[(300-2\times20)+(700-2\times20)]+2\times11.9d$	2078			2078		
				根数计算公式	$2\times[Ceil(1000/100)+1]+Ceil(3200/200)-1$		37			37	

构件名称:KL1-300×700,软件计算单构件钢筋重量:900.372kg,数量:1 根

454

序号	筋号	直径 d (mm)	级别		公式	长度 (mm)	根数	搭接	长度 (mm)	根数	搭接
					软件答案				手工答案		
5	3 跨. 箍筋1	10	一级	长度计算公式	$2 \times [(300 - 2 \times 20) + (700 - 2 \times 20)] + 2 \times 11.9d$	2078			2078		
				根数计算公式	$2 \times [Ceil(1000/100) + 1] + Ceil(4100/200) - 1$		42			42	
6	4 跨. 箍筋1	10	一级	长度计算公式	$2 \times [(300 - 2 \times 20) + (700 - 2 \times 20)] + 2 \times 11.9d$	2078			2078		
				根数计算公式	$2 \times [Ceil(1000/100) + 1] + Ceil(500/200) - 1$		24			24	

2. KL2 − 300 × 700 的属性、画法及其答案对比

（1）KL2 − 300 × 700 的属性编辑

用同样的方法建立 KL2 − 300 × 700 的属性编辑，如图 2.4.51 所示。

（2）KL2 − 300 × 700 的画法

画梁：单击"梁"下拉菜单里的"梁"→选择 KL2 − 300 × 700→单击"直线"画法→单击（1/B）交点→单击（5/B）交点→单击右键结束。

找支座：单击"重提梁跨"→单击画好的 KL2 − 300 × 700→单击右键结束。

原位标注：单击"原位标注"下拉菜单→单击"梁平法表格"→单击画好的 KL2 − 300 × 700→填写原位标注见表 2.4.15。

表 2.4.15　KL2 − 300 × 700 的原位标注

跨号	上部钢筋		
	左支座钢筋	跨中钢筋	右支座钢筋
1	4 Φ25		
2	4 Φ25		
3	4 Φ25		4 Φ25
4		4 Φ25	

填写完毕后单击右键结束。

注意：要填写第三跨右支座或第四跨左支座。

	属性名称	属性值	附加
1	名称	KL2-300*700	
2	类别	楼层框架梁	
3	截面宽度(mm)	300	
4	截面高度(mm)	700	
5	轴线距梁左边线距离(mm)	(150)	
6	跨数量		
7	箍筋	Φ10@100/200 (2)	
8	肢数	2	
9	上部通长筋	2 Φ25	
10	下部通长筋	4 Φ25	
11	侧面构造或受扭筋(总配筋值)		
12	拉筋		
13	其它箍筋		
14	备注		

图 2.4.51

（3）KL2－300×700 钢筋答案软件手工对比

汇总计算后查看 KL2－300×700 钢筋的软件答案见表 2.4.16。

表 2.4.16　KL2－300×700 钢筋软件答案

构件名称：KL2－300×700,软件计算单构件钢筋重量：865.891kg,数量：1 根

序号	筋号	直径 d (mm)	级别	软件答案		长度 (mm)	根数	搭接	手工答案		
					公式				长度 (mm)	根数	搭接
1	1 跨.上通长筋 1	25	二级	长度计算公式	$700-20+15d+21500+700-20+15d$	23610	2	2	23590	2	2
				长度公式描述	支座宽 - 保护层厚度 + 弯折 + 净长 + 支座宽 - 保护层厚度 + 弯折						
2	1 跨.左支座筋 1	25	二级	长度计算公式	$700-20+15d+(5300/3)$	2822	2		2822	2	
				长度公式描述	支座宽 - 保护层厚度 + 弯折 + 伸入跨中长度						
3	1 跨.右支座筋 1	25	二级	长度计算公式	$(5300/3)+700+(5300/3)$	4234	2		4234	2	
				长度公式描述	伸入跨中长度 + 支座宽 + 伸入跨中长度						
4	1 跨.下通长筋 1	25	二级	长度计算公式	$700-20+15d+21500+700-20+15d$	23610	4	2	23590	4	2
				长度公式描述	支座宽 - 保护层厚度 + 弯折 + 净长 + 支座宽 - 保护层厚度 + 弯折						
5	1 跨.箍筋 1	10	一级	长度计算公式	$2\times[(300-2\times20)+(700-2\times20)]+2\times11.9d$	2078			2078		
				根数计算公式	$2\times[\text{Ceil}(1000/100)+1]+\text{Ceil}(3200/200)-1$		37			37	
6	2 跨.右支座筋 1	25	二级	长度计算公式	$(6200/3)+700+(6200/3)$	4834	2		1834	2	
				长度公式描述	伸入跨中长度 + 支座宽 + 伸入跨中长度						
7	2 跨.箍筋 1	10	一级	长度计算公式	$2\times[(300-2\times20)+(700-2\times20)]+2\times11.9d$	2078			2078		
				根数计算公式	$2\times[\text{Ceil}(1000/100)+1]+\text{Ceil}(3200/200)-1$		37			37	
8	3 跨.箍筋 1	10	一级	长度计算公式	$2\times[(300-2\times20)+(700-2\times20)]+2\times11.9d$	2078			2078		
				根数计算公式	$2\times[\text{Ceil}(1000/100)+1]+\text{Ceil}(4100/200)-1$		42			42	
9	4 跨.跨中筋 1	25	二级	长度计算公式	$(6200/3)+700+2600+700-20+15d$	6422	2		6412	2	
				长度公式描述	伸入跨中长度 + 支座宽 + 净长 + 支座宽 - 保护层厚度 + 弯折						

				软件答案				手工答案		
序号	筋号	直径 d（mm）	级别	公式		长度（mm）	根数	搭接	长度（mm）	根数	搭接
10	3 跨 . 右支座筋1	10	一级	长度计算公式	$2 \times [(300 - 2 \times 30) + (700 - 2 \times 30)] + 2 \times 11.9d$	2078			2078		
				根数计算公式	$2 \times [\text{Ceil}(1000/100) + 1] + \text{Ceil}(500/200) - 1$		24			24	

3. KL3 − 300 × 700 的属性、画法及其答案对比

（1）KL3 − 300 × 700 的属性编辑

KL3 − 300 × 700 的属性编辑如图 2.4.52 所示。

（2）KL3 − 300 × 700 的画法

画梁：单击"梁"下拉菜单里的"梁"→选择 KL3 − 300 × 700→单击（1/C）交点→单击（5/C）交点→单击右键结束。

找支座：单击"重提梁跨"→单击画好的 KL3 − 300 × 700→单击右键结束。

原位标注：单击"原位标注"下拉菜单→单击"梁平法表格"→单击画好的 KL3 − 300 × 700→填写原位标注见表 2.4.17。

表 2.4.17　KL3 − 300 × 700 的原位标注

跨号	上部钢筋		
	左支座钢筋	跨中钢筋	右支座钢筋
1	6 Φ25 4/2		
2	6 Φ25 4/2		
3	6 Φ25 4/2		6 Φ25 4/2
4		6 Φ25 4/2	

	属性名称	属性值	附加
1	名称	KL3-300*700	
2	类别	楼层框架梁	☐
3	截面宽度 (mm)	300	☐
4	截面高度 (mm)	700	☐
5	轴线距梁左边线距离 (mm)	(150)	☐
6	跨数量		☐
7	箍筋	Φ10@100/200 (2)	☐
8	肢数	2	
9	上部通长筋	2Φ25	☐
10	下部通长筋	4Φ25	☐
11	侧面构造或受扭筋(总配筋值)		☐
12	拉筋		☐
13	其它箍筋		☐
14	备注		☐

图 2.4.52

填写完毕后单击右键结束。

注意：要填写第三跨右支座或第四跨左支座。

（3）KL3 − 300 × 700 钢筋答案软件手工对比

汇总计算后查看 KL3 − 300 × 700 钢筋的软件答案见表 2.4.18。

表 2.4.18　KL3 −300×700 钢筋软件答案

构件名称:KL3 −300×700,软件计算单构件钢筋重量:999.756kg,数量:1 根

序号	筋号	直径 d（mm）	级别		公式	软件答案 长度（mm）	软件答案 根数	软件答案 搭接	手工答案 长度（mm）	手工答案 根数	手工答案 搭接
1	1. 上通长筋1	25	二级	长度计算公式	$700−20+15d+21500+700−20+15d$	23610	2	2	23610	2	2
				长度公式描述	支座宽−保护层厚度+弯折+净长+支座宽−保护层厚度+弯折						
2	1. 左支座筋1	25	二级	长度计算公式	$700−20+15d+(5300/3)$	2822	2		2822	2	
				长度公式描述	支座宽−保护层厚度+弯折+伸入跨中长度						
3	1. 右支座筋1	25	二级	长度计算公式	$(5300/3)+700+(5300/3)$	4234	2		4234	2	
				长度公式描述	伸入跨中长度+支座宽+伸入跨中长度						
4	1. 左支座筋2	25	二级	长度计算公式	$700−30+15d+(5300/4)$	2370	2		2370	2	
				长度公式描述	支座宽−保护层厚度+弯折+伸入跨中长度						
5	1. 右支座筋2	25	二级	长度计算公式	$(5300/4)+700+(5300/4)$	3350	2		3350	2	
				长度公式描述	伸入跨中长度+支座宽+伸入跨中长度						
6	1. 下通长筋1	25	二级	长度计算公式	$700−20+15d+21500+700−20+15d$	23610	4	2	23610	4	2
				长度公式描述	支座宽−保护层厚度+弯折+净长+支座宽−保护层厚度+弯折						
7	1. 箍筋1	10	二级	长度计算公式	$2×[(300−2×20)+(700−2×20)]+2×11.9d$	2078			2078		
				根数计算公式	$2×[Ceil(1000/100)+1]+Ceil(3200/200)−1$		37			37	
8	2. 右支座筋1	25	二级	长度计算公式	$(6200/3)+700+(6200/3)$	4834	2		4834	2	
				长度公式描述	伸入跨中长度+支座宽+伸入跨中长度						
9	2. 右支座筋2	25	二级	长度计算公式	$(6200/4)+700+(6200/4)$	3800	2		3800	2	
				长度公式描述	伸入跨中长度+支座宽+伸入跨中长度						
10	2. 箍筋1	10	一级	长度计算公式	$2×[(300−2×20)+(700−2×20)]+2×11.9d$	2078			2078		
				根数计算公式	$2×[Ceil(1000/100)+1]+Ceil(3200/200)−1$		37			37	
11	3. 箍筋1	10	一级	长度计算公式	$2×[(300−2×20)+(700−2×20)]+2×11.9d$	2078			2078		
				根数计算公式	$2×[Ceil(1000/100)+1]+Ceil(4100/200)−1$		42			42	

序号	筋号	直径 d（mm）	级别	公式		长度（mm）	根数	搭接	长度（mm）	根数	搭接
				软件答案					手工答案		
12	3跨.右支座筋1	25	二级	长度计算公式	$(6200/3)+700+2600+700-20+15d$	6422	2		6422	2	
				长度公式描述	伸入跨中长度+支座宽+净长+支座宽-保护层厚度+弯折						
13	3跨.右支座筋2	25	二级	长度计算公式	$(6200/4)+700+2600+700-20+15d$	5905	2		5905	2	
				长度公式描述	伸入跨中长度+支座宽+净长+支座宽-保护层厚度+弯折						
14	4.箍筋1	10	一级	长度计算公式	$2\times[(300-2\times20)+(700-2\times20)]+2\times11.9d$	2078			2078		
				根数计算公式	$2\times[Ceil(1000/100)+1]+Ceil(500/200)-1$		24			24	

4. KL4 – 300×700 的属性、画法及其答案对比

（1）KL4 – 300×700 的属性编辑

KL4 – 300×700 的属性编辑如图2.4.53所示。

（2）KL4 – 300×700 的画法

画梁：单击"梁"下拉菜单里的"梁"→选择 KL4 – 300×700→单击（1/D）交点→单击（5/D）交点→单击右键结束。

对齐：单击右键结束画梁状态→单击画好的 KL4 – 300×700→单击"单图元对齐"→单击 D 轴线的任意一根柱上侧外边线→单击 KL4 上侧外边线→单击右键结束。

找支座：单击"重提梁跨"→单击画好的 KL4 – 300×700→单击右键结束。

原位标注：单击"原位标注"下拉菜单→单击"梁平法表格"→单击画好的 KL4 – 300×700→填写原位标注见表2.4.19。

表 2.4.19　KL4 – 300×700 的原位标注

跨号	上部钢筋			下部钢筋		次梁宽度	吊筋
	左支座钢筋	跨中钢筋	右支座钢筋	通长筋	下部钢筋	250	2 Φ18
1	6 Φ25 4/2				6 Φ25 2/4		
2	6 Φ25 4/2				6 Φ25 2/4		
3	6 Φ25 4/2		6 Φ25 4/2		6 Φ25 2/4		
4		6 Φ25 4/2			4 Φ25		

	属性名称	属性值	附加
1	名称	KL4-300*700	
2	类别	楼层框架梁	□
3	截面宽度(mm)	300	□
4	截面高度(mm)	700	□
5	轴线距梁左边线距离(mm)	(150)	□
6	跨数量		□
7	箍筋	Φ10@100/200 (2)	□
8	肢数	2	□
9	上部通长筋	2 Φ25	□
10	下部通长筋		□
11	侧面构造或受扭筋(总配筋值)		□
12	拉筋		□
13	其它箍筋		
14	备注		□

图 2.4.53

填写完毕后单击右键结束。

注意：填写吊筋一定要填写次梁宽度。

（3）KL4 - 300 × 700 钢筋答案软件手工对比

汇总计算后查看 KL4 - 300 × 700 钢筋的软件答案见表 2.4.20。

表 2.4.20　KL4 - 300 × 700 钢筋软件答案

构件名称:KL4 - 300 × 700,软件计算单构件钢筋重量:1240.725kg,数量:1 根

序号	筋号	直径 d (mm)	级别	软件答案		长度 (mm)	根数	搭接	手工答案		
					公式	长度 (mm)	根数	搭接	长度 (mm)	根数	搭接
1	1 跨.上通长筋 1	25	二级	长度计算公式	$700 - 20 + 15d + 21500 + 34d$	23405	2	2	23405	2	2
				长度公式描述	支座宽 - 保护层厚度 + 弯折 + 净长 + 直锚长度						
2	1 跨.左支座筋 1	25	二级	长度计算公式	$700 - 20 + 15d + (5300/3)$	2822	2		2822	2	
				长度公式描述	支座宽 - 保护层厚度 + 弯折 + 伸入跨中长度						
3	1 跨.右支座筋 1	25	二级	长度计算公式	$(5300/3) + 700 + (5300/3)$	4234	2		4234	2	
				长度公式描述	伸入跨中长度 + 支座宽 + 伸入跨中长度						
4	1 跨.左支座筋 2	25	二级	长度计算公式	$700 - 20 + 15d + (5300/4)$	2380	2		2380	2	
				长度公式描述	支座宽 - 保护层厚度 + 弯折 + 伸入跨中长度						
5	1 跨.右支座筋 2	25	二级	长度计算公式	$(5300/4) + 700 + (5300/4)$	3350	2		3350	2	
				长度公式描述	伸入跨中长度 + 支座宽 + 伸入跨中长度						
6	1 跨.下部钢筋 1	25	二级	长度计算公式	$700 - 20 + 15d + 5300 + 34d$	7205	4		7205	4	
				长度公式描述	支座宽 - 保护层厚度 + 弯折 + 净长 + 直锚长度						
7	1 跨.下部钢筋 2	25	二级	长度计算公式	$700 - 20 + 15d + 5300 + 34d$	7205	2		7205	2	
				长度公式描述	支座宽 - 保护层厚度 + 弯折 + 净长 + 直锚长度						
8	1 跨.吊筋 1	18	二级	长度计算公式	$250 + 2 \times 50 + 2 \times 20d + 2 \times 1.414 \times (700 - 2 \times 30)$	2880	2		2882	2	
				长度公式描述	次梁宽度 + 2 × 50 + 2 × 吊筋锚固 + 2 × 斜长						
9	1 跨.箍筋 1	10	一级	长度计算公式	$2 \times [(300 - 2 \times 20) + (700 - 2 \times 20)] + 2 \times 11.9d$	2078			2078		
				根数计算公式	$2 \times [\text{Ceil}(1000/100) + 1] + \text{Ceil}(3200/200) - 1$		37			37	

序号	筋号	直径 d（mm）	级别	软件答案		长度（mm）	根数	搭接	手工答案 长度（mm）	根数	搭接
10	2跨.右支座筋1	25	二级	长度计算公式	$(6200/3)+700+(6200/3)$	4834	2		4834	2	
				长度公式描述	伸入跨中长度+支座宽+伸入跨中长度						
11	2跨.右支座筋2	25	二级	长度计算公式	$(6200/4)+700+(6200/4)$	3800	2		3800	2	
				长度公式描述	伸入跨中长度+支座宽+伸入跨中长度						
12	2跨.下部钢筋1	25	二级	长度计算公式	$34d+5300+34d$	7000	4		7000	4	
				长度公式描述	直锚长度+净长+直锚长度						
13	2跨.下部钢筋2	25	二级	长度计算公式	$34d+5300+34d$	7000	2		7000	2	
				长度公式描述	直锚长度+净长+直锚长度						
14	2跨.箍筋1	10	二级	长度计算公式	$2\times[(300-2\times20)+(700-2\times20)]+2\times11.9d$	2078			2078		
				根数计算公式	$2\times[\mathrm{Ceil}(1000/100)+1]+\mathrm{Ceil}(3200/200)-1$		37			37	
15	3跨.下部钢筋1	25	二级	长度计算公式	$34d+6200+34d$	7900	4		7900	4	
				长度公式描述	直锚长度+净长+直锚长度						
16	3跨.下部钢筋2	25	二级	长度计算公式	$34d+6200+34d$	7900	2		7900	2	
				长度公式描述	直锚长度+净长+直锚长度						
17	3跨.箍筋1	10	一级	长度计算公式	$2\times[(300-2\times30)+(700-2\times30)]+2\times11.9d$	2078			2078		
				根数计算公式	$2\times[\mathrm{Ceil}(1000/100)+1]+\mathrm{Ceil}(4100/200)-1$		42			42	
18	4跨.跨中筋1	25	二级	长度计算公式	$(6200/3)+700+2600+34d$	6217	2		6217	2	
				长度公式描述	伸入跨中长度+支座宽+净长+直锚长度						
19	4跨.跨中筋2	25	二级	长度计算公式	$(6200/4)+700+2600+34d$	5700	2		5700	2	
				长度公式描述	伸入跨中长度+支座宽+净长+直锚长度						
20	4跨.下部钢筋1	25	二级	长度计算公式	$34d+2600+34d$	4300	4		4300	4	
				长度公式描述	直锚长度+净长+直锚长度						
21	4跨.箍筋1	10	一级	长度计算公式	$2\times[(300-2\times20)+(700-2\times20)]+2\times11.9d$	2078			2078		
				根数计算公式	$2\times[\mathrm{Ceil}(1000/100)+1]+\mathrm{Ceil}(500/200)-1$		24			24	

5. KL5 – 300 × 700 的属性、画法及其答案对比

（1）KL5 – 300 × 700 的属性编辑

KL5 – 300 × 700 的属性编辑如图 2.4.54 所示。

单击"绘图"退出。

（2）KL5 – 300 × 700 的画法

画梁：单击"梁"下拉菜单里的"梁"→选择 KL5 – 300 × 700→单击"直线"画法→单击（1/A）交点→单击（1/D）交点→单击右键结束。

对齐：单击"选择"按钮→单击画好的 KL5 – 300 × 700→单击右键出现右键菜单→单击"单图元对齐"→单击 1 轴线的任意一根柱的外侧边线→单击 KL5 外边线→单击右键结束。

找支座：单击"重提梁跨"→单击画好的 KL5 – 300 × 700→单击右键结束。

原位标注：单击"原位标注"下拉菜单→单击"梁平法表格"→单击画好的 KL4 – 300 × 700→填写原位标注见表 2.4.21。

	属性名称	属性值	附加
1	名称	KL5-300*700	
2	类别	楼层框架梁	☐
3	截面宽度（mm）	300	☐
4	截面高度（mm）	700	☐
5	轴线距梁左边线距离（mm）	(150)	☐
6	跨数量		☐
7	箍筋	Φ10@100/200(4)	☐
8	肢数	4	
9	上部通长筋	2Φ25+(2Φ12)	☐
10	下部通长筋		☐
11	侧面构造或受扭筋(总配筋值)		☐
12	拉筋		☐
13	其它箍筋		
14	备注		☐

图 2.4.54

表 2.4.21　KL5 – 300 × 700 的原位标注

跨号	上部钢筋			下部钢筋		次梁宽度	次梁附加
	左支座钢筋	跨中钢筋	右支座钢筋	通长筋	下部钢筋		
1	6Φ25 4/2	(2Φ12)			6Φ25 2/4		
2	6Φ25 4/2	6Φ25 4/2	6Φ25 4/2		4Φ25		
3		(2Φ12)	6Φ25 4/2		6Φ25 2/4	250	8Φ10

填写完毕后单击右键结束。

注意：要填写第二跨的左支座和第二跨的右支座（或第一跨的右支座和第三跨的左支座），次梁宽度输入 250，次梁加筋输入 8Φ10，附加箍筋肢数不用输入，软件默认为梁箍筋的肢数。

（3）KL5 – 300 × 700 钢筋答案软件手工对比

汇总计算后查看 KL5 – 300 × 700 钢筋的软件答案见表 2.4.22。

462

表 2.4.22 KL5 - 300 × 700 钢筋软件答案

构件名称:KL5 - 300 × 700,软件计算单构件钢筋重量:984.377kg,数量:1 根

序号	筋号	直径 d (mm)	级别	软件答案		长度 (mm)	根数	搭接	手工答案 长度 (mm)	根数	搭接
				公式							
1	1 跨 . 上通长筋1	25	二级	长度计算公式	$600 - 20 + 15d + 14400 + 600 - 20 + 15d$	16310	2	1	16310	2	1
				长度公式描述	支座宽 - 保护层厚度 + 弯折 + 净长 + 支座宽 - 保护层厚度 + 弯折						
2	1 跨 . 左支座筋1	25	二级	长度计算公式	$600 - 20 + 15d + (5400/3)$	2755	2		2755	2	
				长度公式描述	支座宽 - 保护层厚度 + 弯折 + 伸入跨中长度						
3	1 跨 . 左支座筋2	25	二级	长度计算公式	$600 - 20 + 15d + (5400/4)$	2305	2		2305	2	
				长度公式描述	支座宽 - 保护层厚度 + 弯折 + 伸入跨中长度						
4	1 跨 . 下部钢筋1	25	二级	长度计算公式	$600 - 20 + 15d + 5400 + 34d$	7200	4		7200	4	
				长度公式描述	支座宽 - 保护层厚度 + 弯折 + 净长 + 直锚长度						
5	1 跨 . 下部钢筋2	25	二级	长度计算公式	$600 - 20 + 15d + 5400 + 34d$	7200	2		7200	2	
				长度公式描述	支座宽 - 保护层厚度 + 弯折 + 净长 + 直锚长度						
6	1 跨 . 架立筋1	12	二级	长度计算公式	$150 - (5400/3) + 5400 + 150 - (5400/3)$	2100	2		2100	2	
				长度公式描述	搭接 - 端部伸出长度 + 净长 + 搭接 - 端部伸出长度						
7	1 跨 . 箍筋1	10	一级	长度计算公式	$2 \times [(300 - 2 \times 20) + (700 - 2 \times 20)] + 2 \times 11.9d$	2078			2078		
				根数计算公式	$2 \times [Ceil(1000/100) + 1] + Ceil(3300/200) - 1$		38			38	
8	1 跨 . 箍筋2	10	一级	长度计算公式	$2 \times [(300 - 2 \times 20 - 25/3 \times 1 + 25) + (700 - 2 \times 20)] + 2 \times 11.9d$	1791			1792		
				根数计算公式	$2 \times [Ceil(1000/100) + 1] + Ceil(3300/200) - 1$		38			38	
9	1 跨 . 右支座筋1	25	二级	长度计算公式	$(5400/3) + 600 + 2400 + 600 + (5400/3)$	7200	2		7200	2	
				长度公式描述	伸入跨中长度 + 支座宽 + 净长 + 支座宽 + 伸入跨中长度						
10	1 跨 . 右支座筋2	25	二级	长度计算公式	$(5400/4) + 600 + 2400 + 600 + (5400/4)$	6300	2		6300	2	
				长度公式描述	伸入跨中长度 + 支座宽 + 净长 + 支座宽 + 伸入跨中长度						
11	2 跨 . 下部钢筋1	25	二级	长度计算公式	$34d + 2400 + 34d$	4100	4		4100	4	
				长度公式描述	直锚长度 + 净长 + 直锚长度						

				软件答案		长度（mm）	根数	搭接	手工答案 长度（mm）	根数	搭接
序号	筋号	直径 d（mm）	级别		公式						
12	2跨.箍筋1	10	一级	长度计算公式	$2 \times [(300 - 2 \times 20) + (700 - 2 \times 20)] + 2 \times 11.9d$	2078			2078		
				根数计算公式	$2 \times [\text{Ceil}(1000/100) + 1] + \text{Ceil}(300/200) - 1$		23			23	
13	2跨.箍筋2	10	一级	长度计算公式	$2 \times [(300 - 2 \times 20 - 25/3 \times 1 + 25) + (700 - 2 \times 20)] + 2 \times 11.9d$	1791			1792		
				根数计算公式	$2 \times [\text{Ceil}(1000/100) + 1] + \text{Ceil}(300/200) - 1$		23			23	
14	3跨.右支座筋1	25	二级	长度计算公式	$(5400/3) + 600 - 20 + 15d$	2755	2		2755	2	
				长度公式描述	伸入跨中长度 + 支座宽 - 保护层厚度 + 弯折						
15	3跨.右支座筋2	25	二级	长度计算公式	$(5400/4) + 600 - 20 + 15d$	2305	2		2305	2	
				长度公式描述	伸入跨中长度 + 支座宽 - 保护层厚度 + 弯折						
16	3跨.下部钢筋1	25	二级	长度计算公式	$34d + 5400 + 600 - 20 + 15d$	7205	4		7205	4	
				长度公式描述	直锚长度 + 净长 + 支座宽 - 保护层厚度 + 弯折						
17	3跨.下部钢筋2	25	二级	长度计算公式	$34d + 5400 + 600 - 20 + 15d$	7205	2		7205	2	
				长度公式描述	直锚长度 + 净长 + 支座宽 - 保护层厚度 + 弯折						
18	3跨.次梁加筋1	10	一级	长度计算公式	$2 \times [(300 - 2 \times 20) + (700 - 2 \times 20)] + 2 \times 11.9d$	2078	8		2078	8	
19	3跨.次梁加筋2	10	一级	长度计算公式	$2 \times [(300 - 2 \times 20 - 25/3 \times 1 + 25) + (700 - 2 \times 20)] + 2 \times 11.9d$	1791	8		1792	8	
20	3跨.架立筋1	12	二级	长度计算公式	$150 - (5400/3) + 5400 + 150 - (5400/3)$	2100	2		2100	2	
				长度公式描述	搭接长度 - 端部伸出长度 + 净长 + 搭接长度 - 端部伸出长度						
21	3跨.箍筋1	10	一级	长度计算公式	$2 \times [(300 - 2 \times 20) + (700 - 2 \times 20)] + 2 \times 11.9d$	2078			2078		
				根数计算公式	$2 \times [\text{Ceil}(1000/100) + 1] + \text{Ceil}(3300/200) - 1$		38			38	
22	3跨.箍筋2	10	一级	长度计算公式	$2 \times [(300 - 2 \times 20 - 25/3 \times 1 + 25) + (700 - 2 \times 20)] + 2 \times 11.9d$	1791			1792		
				根数计算公式	$2 \times [\text{Ceil}(1000/100) + 1] + \text{Ceil}(3300/200) - 1$		38			38	

6. KL6 - 300 × 700 的属性、画法及其答案对比

（1）KL6 - 300 × 700 的属性编辑

KL6 - 300 × 700 的属性编辑如图 2.4.55 所示。

单击"绘图"退出。

（2）KL6 – 300×700 的画法

画梁：单击"梁"下拉菜单里的"梁"→选择 KL6 – 300×700→单击"直线"画法→单击（2/A）交点→单击（2/D）交点→单击右键结束。

找支座：单击"重提梁跨"→单击画好的 KL6 – 300×700→单击右键结束。

原位标注：单击"原位标注"下拉菜单→单击"梁平法表格"→单击画好的 KL4 – 300×700→填写原位标注见表 2.4.23。

表 2.4.23　KL6 – 300×700 的原位标注

跨号	上部钢筋			下部钢筋		次梁宽度	次梁附加
	左支座钢筋	跨中钢筋	右支座钢筋	通长筋	下部钢筋		
1	6 Φ25 4/2				6 Φ25 2/4		
2	6 Φ25 4/2	6 Φ25 4/2	6 Φ25 4/2		4 Φ25		
3			6 Φ25 4/2		6 Φ25 2/4	250	8 Φ10

	属性名称	属性值	附加
1	名称	KL6-300*700	
2	类别	楼层框架梁	□
3	截面宽度 (mm)	300	□
4	截面高度 (mm)	700	□
5	轴线距梁左边线距离 (mm)	(150)	□
6	跨数量		□
7	箍筋	Φ10@100/200 (2)	□
8	肢数	2	
9	上部通长筋	2 Φ25	□
10	下部通长筋		□
11	侧面构造或受扭筋(总配筋值)	G4 Φ16	□
12	拉筋	(Φ6)	□
13	其它箍筋		□
14	备注		□

图 2.4.55

填写完毕后单击右键结束。

注意：要填写第一跨的右支座和第三跨左支座或者第二跨的左右支座，次梁加筋输入 8 Φ10。

（3）KL6 – 300×700 钢筋答案软件手工对比

汇总计算后查看 KL6 – 300×700 钢筋的软件答案见表 2.4.24。

表 2.4.24　KL6 – 300×700 钢筋软件答案

构件名称:KL6 – 300×700,软件计算单构件钢筋重量:961.349kg,数量:1 根

序号	筋号	直径 d (mm)	级别	软件答案		长度 (mm)	根数	搭接	手工答案		
					公式				长度 (mm)	根数	搭接
1	1 跨 . 上通长筋 1	25	二级	长度计算公式	$600 - 20 + 15d + 14400 + 600 - 20 + 15d$	16310	2	1	16310	2	1
				长度公式描述	支座宽 - 保护层厚度 + 弯折 + 净长 + 支座宽 - 保护层厚度 + 弯折						
2	1 跨 . 左支座筋 1	25	二级	长度计算公式	$600 - 20 + 15d + (5400/3)$	2755	2		2755	2	
				长度公式描述	支座宽 - 保护层厚度 + 弯折 + 伸入跨中长度						

序号	筋号	直径 d (mm)	级别	软件答案		长度 (mm)	根数	搭接	长度 (mm)	根数	搭接
					公式				手工答案		
3	1跨.左支座筋2	25	二级	长度计算公式	$600-20+15d+(5400/4)$	2305	2		2305	2	
				长度公式描述	支座宽－保护层厚度＋弯折＋伸入跨中长度						
4	1跨.下部钢筋1	25	二级	长度计算公式	$600-20+15d+5400+34d$	7205	4		7205	4	
				长度公式描述	支座宽－保护层厚度＋弯折＋净长＋直锚长度						
5	1跨.下部钢筋2	25	二级	长度计算公式	$600-20+15d+5400+34d$	7205	2		7205	2	
				长度公式描述	支座宽－保护层厚度＋弯折＋净长＋直锚长度						
6	1跨.侧面构造筋1	16	二级	长度计算公式	$15d+14400+15d$	14880	4	1	14880	4	1
				长度公式描述	锚固长度＋净长＋锚固长度						
7	1跨.箍筋1	10	一级	长度计算公式	$2\times[(300-2\times20)+(700-2\times20)]+2\times11.9d$	2078			2078		
				根数计算公式	$2\times[\mathrm{Ceil}(1000/100)+1]+\mathrm{Ceil}(3300/200)-1$		38			38	
8	1跨.拉筋1	6	一级	长度计算公式	$(300-2\times20)+2\times(75+1.9d)$	433			433		
				根数计算公式	$2\times[\mathrm{Ceil}(5300/400)+1]$		30			30	
9	1跨.右支座筋1	25	二级	长度计算公式	$(5400/3)+600+2400+600+(5400/3)$	7200	2		7200	2	
				长度公式描述	伸入跨中长度＋支座宽＋净长＋支座宽＋伸入跨中长度						
10	1跨.右支座筋2	25	二级	长度计算公式	$(5400/4)+600+2400+600+(5400/4)$	6300	2		6300	2	
				长度公式描述	伸入跨中长度＋支座宽＋净长＋支座宽＋伸入跨中长度						
11	2跨.下部钢筋1	25	二级	长度计算公式	$34d+2400+34d$	4100	4		4100	4	
				长度公式描述	直锚长度＋净长＋直锚长度						
12	2跨.箍筋1	10	一级	长度计算公式	$2\times[(300-2\times20)+(700-2\times20)]+2\times11.9d$	2078			2078		
				根数计算公式	$2\times[\mathrm{Ceil}(1000/100)+1]+\mathrm{Ceil}(300/200)-123$		23			23	
13	2跨.箍筋2	10	一级	长度计算公式	$(300-2\times20)+2\times(75+1.9d)$	433			433		
				根数计算公式	$2\times[\mathrm{Ceil}(2300/400)+1]$		14			14	
14	3跨.右支座筋1	25	二级	长度计算公式	$(5400/3)+600-20+15d$	2755	2		2755	2	
				长度公式描述	伸入跨中长度＋支座宽－保护层厚度＋弯折						
15	3跨.右支座筋2	25	二级	长度计算公式	$(5400/4)+600-20+15d$	2305	2		2305	2	
				长度公式描述	伸入跨中长度＋支座宽－保护层厚度＋弯折						

序号	筋号	直径 d (mm)	级别	公式		软件答案 长度 (mm)	根数	搭接	手工答案 长度 (mm)	根数	搭接
16	3跨.下部钢筋1	25	二级	长度计算公式	$34d+5400+600-20+15d$	7205	4		7205	4	
				长度公式描述	直锚长度+净长+支座宽-保护层厚度+弯折						
17	3跨.下部钢筋2	25	二级	长度计算公式	$34d+5400+600-20+15d$	7205	2		7205	2	
				长度公式描述	直锚长度+净长+支座宽-保护层厚度+弯折						
18	3跨.次梁加筋1	10	一级	长度计算公式	$2\times\left[(300-2\times20)+(700-2\times20)\right]+2\times11.9d$	2078			2078		
				附加箍筋根数			8			8	
19	3跨.箍筋1	10	一级	长度计算公式	$2\times\left[(300-2\times20)+(700-2\times20)\right]+2\times11.9d$	2078			2078		
				根数计算公式	$2\times\left[\text{Ceil}(1000/100)+1\right]+\text{Ceil}(3300/200)-1$		38			38	
20	3跨.拉筋1	6	一级	长度计算公式	$(300-2\times20)+2\times(75+1.9d)$	433			433		
				根数计算公式	$2\times\left[\text{Ceil}(5300/400)+1\right]$		30			30	

7. KL7 -300×700 的属性、画法及其答案对比

（1）KL7 -300×700 的属性编辑

KL7 -300×700 的属性编辑如图 2.4.56 所示。

单击"绘图"退出。

（2）KL7 -300×700 的画法

画梁：单击"梁"下拉菜单里的"梁"→选择 KL7 -300×700→单击"直线"画法→单击（3/A）交点→单击（3/D）交点→单击右键结束。

找支座：单击"重提梁跨"→单击画好的 KL7 -300×700→单击右键结束。

原位标注：单击"原位标注"下拉菜单→单击"梁平法表格"→单击画好的 KL7 -300×700→填写原位标注见表 2.4.25。

表 2.4.25　KL7 -300×700 的原位标注

跨号	上部钢筋			下部钢筋	
	左支座钢筋	跨中钢筋	右支座钢筋	通长筋	下部钢筋
1	6Φ25 4/2				6Φ25 2/4
2	6Φ25 4/2	6Φ25 4/2	6Φ25 4/2		4Φ25
3			6Φ25 4/2		6Φ25 2/4

	属性名称	属性值	附加
1	名称	KL7-300*700	
2	类别	楼层框架梁	☐
3	截面宽度(mm)	300	☐
4	截面高度(mm)	700	☐
5	轴线距梁左边线距离(mm)	(150)	☐
6	跨数量		☐
7	箍筋	Φ10@100/200(2)	☐
8	肢数	2	☐
9	上部通长筋	2Φ25	☐
10	下部通长筋		☐
11	侧面构造或受扭筋(总配筋值)	N4Φ16	☐
12	拉筋	(Φ6)	☐
13	其它箍筋		☐
14	备注		☐

图 2.4.56

467

填写完毕后单击右键结束。

（3）KL7－300×700 钢筋答案软件手工对比

汇总计算后查看 KL7－300×700 钢筋的软件答案见表2.4.26。

表2.4.26　KL7－300×700 钢筋软件答案

构件名称:KL7－300×700,软件计算单构件钢筋重量:963.125kg,数量:1 根

序号	筋号	直径 d（mm）	级别	软件答案		长度（mm）	根数	搭接	长度（mm）	根数	搭接
					公　式				手工答案		
1	1跨.上通长筋1	25	二级	长度计算公式	$600-20+15d+14400+600-20+15d$	16310	2	1	16310	2	1
				长度公式描述	支座宽－保护层厚度＋弯折＋净长＋支座宽－保护层厚度＋弯折						
2	1跨.左支座筋1	25	二级	长度计算公式	$600-20+15d+(5400/3)$	2755	2		2755	2	
				长度公式描述	支座宽－保护层厚度＋弯折＋伸入跨中长度						
3	1跨.左支座筋2	25	二级	长度计算公式	$600-30+15d+(5400/4)$	2305	2		2305	2	
				长度公式描述	支座宽－保护层厚度＋弯折＋伸入跨中长度						
4	1跨.下部钢筋1	25	二级	长度计算公式	$600-20+15d+5400+34d$	7205	4		7205	4	
				长度公式描述	支座宽－保护层厚度＋弯折＋净长＋直锚长度						
5	1跨.下部钢筋2	25	二级	长度计算公式	$600-20+15d+5400+34d$	7205	2		7205	2	
				长度公式描述	支座宽－保护层厚度＋弯折＋净长＋直锚长度						
6	1跨.侧面受扭筋1	16	二级	长度计算公式	$34d+14400+34d$	15488	4	1	15488	4	1
				长度公式描述	直锚长度＋净长＋直锚长度						
7	1跨.箍筋1	10	一级	长度计算公式	$2\times[(300-2\times20)+(700-2\times20)]+2\times11.9d$	2078			2078		
				根数计算公式	$2\times[\text{Ceil}(1000/100)+1]+\text{Ceil}(3300/200)-1$		38			38	
8	1跨.拉筋1	6	一级	长度计算公式	$(300-2\times20)+2\times(75+1.9d)$	433			433		
				根数计算公式	$2\times[\text{Ceil}(5300/400)+1]$		30			30	
9	1跨.右支座筋1	25	二级	长度计算公式	$5400/3+600+2400+600+5400/3$	7200	2		7200	2	

序号	筋号	直径 d (mm)	级别	公式		长度 (mm)	根数	搭接	长度 (mm)	根数	搭接
					软件答案				手工答案		
9	1跨.右支座筋1	25	二级	长度公式描述	伸入跨中长度+支座宽+净长+支座宽+伸入跨中长度						
10	1跨.右支座筋2	25	二级	长度计算公式	(5400/4)+600+2400+600+(5400/4)	6300	2		6300	2	
				长度公式描述	伸入跨中长度+支座宽+净长+支座宽+伸入跨中长度						
11	2跨.下部钢筋1	25	二级	长度计算公式	$34d+2400+34d$	4100	4		4100	4	
				长度公式描述	直锚长度+净长+直锚长度						
12	2跨.箍筋1	10	一级	长度计算公式	$2\times[(300-2\times20)+(700-2\times20)]+2\times11.9d$	2078			2078		
				根数计算公式	$2\times[\mathrm{Ceil}(1000/100)+1]+\mathrm{Ceil}(300/200)-1$		23			23	
13	2跨.拉筋1	6	一级	长度计算公式	$(300-2\times20)+2\times(75+1.9d)$	433			433		
				根数计算公式	$2\times[\mathrm{Ceil}(2300/400)+1]$		14			14	
14	3跨.右支座筋1	25	二级	长度计算公式	$(5400/3)+600-20+15d$	2755	2		2755	2	
				长度公式描述	伸入跨中长度+支座宽-保护层厚度+弯折						
15	3跨.右支座筋2	25	二级	长度计算公式	$(5400/4)+600-20+15d$	2305	2		2305	2	
				长度公式描述	伸入跨中长度+支座宽-保护层厚度+弯折						
16	3跨.下部钢筋1	25	二级	长度计算公式	$34d+5400+600-20+15d$	7205	4		7205	4	
				长度公式描述	直锚长度+净长+支座宽-保护层厚度+弯折						
17	3跨.下部钢筋2	25	二级	长度计算公式	$34d+5400+600-20+15d$	7205	2		7205	2	
				长度公式描述	直锚长度+净长+支座宽-保护层厚度+弯折						
18	3跨.箍筋1	10	一级	长度计算公式	$2\times[(300-2\times20)+(700-2\times20)]+2\times11.9d$	2078			2078		
				根数计算公式	$2\times[\mathrm{Ceil}(1000/100)+1]+\mathrm{Ceil}(3300/200)-1$		38			38	
19	3跨.拉筋2	6	一级	长度计算公式	$(300-2\times20)+2\times(75+1.9d)$	433			433		
				根数计算公式	$2\times[\mathrm{Ceil}(5300/400)+1]$		30			30	

8. KL8 - 300 × 700 的属性、画法及其答案对比

（1）KL8 - 300 × 700 的属性编辑

KL8 - 300 × 700 的属性编辑如图 2.4.57 所示。

单击"绘图"退出。

（2）KL8 - 300 × 700 的画法

画梁：单击"梁"下拉菜单里的"梁"→选择 KL8 - 300 × 700→单击（4/A）交点→单击（4/D）交点→单击右键结束。

找支座：单击"重提梁跨"→单击画好的 KL8 - 300 × 700→单击右键结束。找支座结束后，软件会默认为 Z1 为 KL8 - 300 × 700 的支座，我们需要把这个支座删除，操作步骤如下。

删除 Z1 点支座：单击"选择"按钮→单击画好的 KL8 - 300 × 700→单击"重提梁跨"下拉菜单→单击"删除支座"→单击 Z1 处的梁支座"×"→单击右键出现"是否删除支座"对话框→单击"是"出现"提示"对话框→单击"确定"就删除了 Z1 的梁支座。

	属性名称	属性值	附加
1	名称	KL8-300*700	
2	类别	楼层框架梁	☐
3	截面宽度(mm)	300	☐
4	截面高度(mm)	700	☐
5	轴线距梁左边线距离(mm)	(150)	☐
6	跨数量		
7	箍筋	Φ10@100/200 (2)	
8	肢数	2	
9	上部通长筋	2Φ25	☐
10	下部通长筋		☐
11	侧面构造或受扭筋(总配筋值)		☐
12	拉筋		☐
13	其它箍筋		☐
14	备注		☐

图 2.4.57

原位标注：单击"原位标注"下拉菜单→单击"梁平法表格"→单击画好的 KL8 - 300 × 700→填写原位标注见表 2.4.27。

表 2.4.27　KL8 - 300 × 700 的原位标注

跨号	上部钢筋			下部钢筋	
	左支座钢筋	跨中钢筋	右支座钢筋	通长筋	下部钢筋
1	6 Φ 25 4/2		6 Φ 25 4/2		6 Φ 25 2/4
2	4 Φ 25	4 Φ 25	4 Φ 25		4 Φ 25
3	6 Φ 25 4/2		6 Φ 25 4/2		6 Φ 25 2/4

填写完毕后单击右键结束。

注意：要填写第二跨的左、中、右支座。

（3）KL8 - 300 × 700 钢筋答案软件手工对比

汇总计算后查看 KL8 - 300 × 700 钢筋的软件答案见表 2.4.28。

表 2.4.28 KL8 −300×700 钢筋软件答案

构件名称:KL8 −300×700,软件计算单构件钢筋重量:831.788kg,数量:1 根

序号	筋号	直径 d (mm)	级别	公 式		长度 (mm)	根数	搭接	长度 (mm)	根数	搭接
					软件答案				手工答案		
1	1跨.上通长筋1	25	二级	长度计算公式	$600 − 20 + 15d + 14400 + 600 − 20 + 15d$	16310	2	1	16310	2	1
				长度公式描述	支座宽 − 保护层厚度 + 弯折 + 净长 + 支座宽 − 保护层厚度 + 弯折						
2	1跨.左支座筋1	25	二级	长度计算公式	$600 − 20 + 15d + (5400/3)$	2755	2		2755	2	
				长度公式描述	支座宽 − 保护层厚度 + 弯折 + 伸入跨中长度						
3	1跨.左支座筋2	25	二级	长度计算公式	$600 − 20 + 15d + (5400/4)$	2305	2		2305	2	
				长度公式描述	支座宽 − 保护层厚度 + 弯折 + 伸入跨中长度						
4	1跨.右支座筋1	25	二级	长度计算公式	$600 − 20 + 15d + (5400/4)$	2305	2		2305	2	
				长度公式描述	支座宽 − 保护层厚度 + 弯折 + 伸入跨中长度						
5	1跨.右支座筋1	25	二级	长度计算公式	$600 − 20 + 15d + 5400 + 34d$	7205	4		7205	4	
				长度公式描述	支座宽 − 保护层厚度 + 弯折 + 净长 + 直锚长度						
6	1跨.下部钢筋2	25	二级	长度计算公式	$600 − 20 + 15d + 5400 + 34d$	7205	2		7205	2	
				长度公式描述	支座宽 − 保护层厚度 + 弯折 + 净长 + 直锚长度						
7	1跨.箍筋1	10	一级	长度计算公式	$2 × [(300 − 2 × 20) + (700 − 2 × 20)] + 2 × 11.9d$	2078			2078		
				根数计算公式	$2 × [Ceil(1000/100) + 1] + Ceil(3300/200) − 1$		38			38	
8	2跨.跨中筋1	25	二级	长度计算公式	$(5400/3) + 600 + 2400 + 600 + (5400/3)$	7200	2		7200	2	
				长度公式描述	伸入跨中长度 + 支座宽 + 净长 + 支座宽 + 伸入跨中长度						
9	2跨.下部钢筋1	25	二级	长度计算公式	$34d + 2400 + 34d$	4100	4		4100	4	
				长度公式描述	直锚长度 + 净长 + 直锚长度						
10	2跨.箍筋1	10	一级	长度计算公式	$2 × [(300 − 2 × 20) + (700 − 2 × 20)] + 2 × 11.9d$	2078			2078		
				根数计算公式	$2 × [Ceil(1000/100) + 1] + Ceil(300/200) − 1$		23			23	
11	3跨.右支座筋1	25	二级	长度计算公式	$(5400/3) + 600 − 20 + 15d$	2755	2		2755	2	
				长度公式描述	伸入跨中长度 + 支座宽 − 保护层厚度 + 弯折						

序号	筋号	直径 d (mm)	级别		公 式	长度 (mm)	根数	搭接	长度 (mm)	根数	搭接
					软件答案				**手工答案**		
12	3 跨．左支座筋1	25	二级	长度计算公式	$600-20+15d+(5400/4)$	2305	2		2305	2	
				长度公式描述	支座宽－保护层厚度＋弯折＋伸入跨中长度						
13	3 跨．右支座筋2	25	二级	长度计算公式	$(5400/4)+600-20+15d$	2305	2		2305	2	
				长度公式描述	伸入跨中长度＋支座宽－保护层厚度＋弯折						
14	3 跨．下部钢筋1	25	二级	长度计算公式	$34d+5400+600-20+15d$	7205	4		7205	4	
				长度公式描述	直锚长度＋净长＋支座宽－保护层厚度＋弯折						
15	3 跨．下部钢筋2	25	二级	长度计算公式	$34d+5400+600-20+15d$	7205	2		7205	2	
				长度公式描述	直锚长度＋净长＋支座宽－保护层厚度＋弯折						
16	3 跨．箍筋1	10	一级	长度计算公式	$2\times[(300-2\times20)+(700-2\times20)]+2\times11.9d$	2078			2078		
				根数计算公式	$2\times[\mathrm{Ceil}(1000/100)+1]+\mathrm{Ceil}(3300/200)-1$		38			38	

9. KL9 -300×700 的属性、画法及其答案对比

（1）KL9 -300×700 的属性编辑

KL9 -300×700 的属性编辑如图 2.4.58 所示，单击："绘图" 退出。

（2）KL9 -300×700 的画法

画梁：单击 "梁" 下拉菜单里的 "梁" →选择 KL9 -300×700 →单击 "直线" 画法→单击（5/A）交点→单击（5/D）交点→单击右键结束。

对齐：单击 "选择" 按钮→单击画好的 KL9 -300×700 →单击右键出现右键菜单→单击 "单图元对齐" →单击 5 轴线的任意一根柱的右外侧外边线→单击 KL9 右侧外边线→单击右键结束。

找支座：单击 "重提梁跨" →单击画好的 KL9 -300×700 →单击右键结束。

删除 Z1 点支座：单击 "选择" 按钮→单击画好的 KL9 -300×700 →单击 "重提梁跨" 下拉菜单→单击 "删除支座" →单击 Z1 处的梁支座

	属性名称	属性值	附加
1	名称	KL9-300*700	
2	类别	楼层框架梁	
3	截面宽度 (mm)	300	
4	截面高度 (mm)	700	
5	轴线距梁左边线距离 (mm)	(150)	
6	跨数量		
7	箍筋	Φ10@100/200 (2)	
8	肢数	2	
9	上部通长筋	2Φ25	
10	下部通长筋		
11	侧面构造或受扭筋 (总配筋值)		
12	拉筋		
13	其它箍筋		
14	备注		

图 2.4.58

"×"→单击右键出现"是否删除支座"对话框→单击"是"出现"提示"对话框→单击"确定"就删除了 Z1 的梁支座。

原位标注：单击"原位标注"下拉菜单→单击"梁平法表格"→单击画好的 KL9 – 300 × 700→填写原位标注见表 2.4.29。

表 2.4.29　KL9 – 300 × 700 的原位标注

跨号	上部钢筋			下部钢筋	
	左支座钢筋	跨中钢筋	右支座钢筋	通长筋	下部钢筋
1	2 Φ 25 + 2 Φ 22				6 Φ 25 2/4
2	2 Φ 25 + 2 Φ 22	2 Φ 25 + 2 Φ 22	2 Φ 25 + 2 Φ 22		4 Φ 25
3		2 Φ 25 + 2 Φ 22			6 Φ 25 2/4

填写完毕后单击右键结束。

注意：要填写第二跨的左、中、右支座。

（3）KL9 – 300 × 700 钢筋答案软件手工对比

汇总计算后查看 KL9 – 300 × 700 钢筋的软件答案见表 2.4.30。

表 2.4.30　KL9 – 300 × 700 钢筋软件答案

构件名称:KL9 – 300 × 700,软件计算单构件钢筋重量:731.752kg,数量:1 根

序号	筋号	直径 d (mm)	级别	软件答案		长度 (mm)	根数	搭接	手工答案		
					公　式				长度 (mm)	根数	搭接
1	1 跨 . 上通长筋 1	25	二级	长度计算公式	$600 - 20 + 15d + 14400 + 600 - 20 + 15d$	16310	2	1	16310	2	1
				长度公式描述	支座宽 – 保护层厚度 + 弯折 + 净长 + 支座宽 – 保护层厚度 + 弯折						
2	1 跨 . 左支座筋 1	22	二级	长度计算公式	$600 - 20 + 15d + (5400/3)$	2710	2		2710	2	
				长度公式描述	支座宽 – 保护层厚度 + 弯折 + 伸入跨中长度						
3	1 跨 . 下部钢筋 1	25	二级	长度计算公式	$600 - 20 + 15d + 5400 + 34d$	7205	4		7205	4	
				长度公式描述	支座宽 – 保护层厚度 + 弯折 + 净长 + 直锚长度						
4	1 跨 . 下部钢筋 2	25	二级	长度计算公式	$600 - 20 + 15d + 5400 + 34d$	7205	2		7205	2	
				长度公式描述	支座宽 – 保护层厚度 + 弯折 + 净长 + 直锚长度						
5	1 跨 . 箍筋 1	10	一级	长度计算公式	$2 \times [(300 - 2 \times 20) + (700 - 2 \times 20)] + 2 \times 11.9d$	2078			2078		
				根数计算公式	$2 \times [\text{Ceil}(1000/100) + 1] + \text{Ceil}(3300/200) - 1$		38			38	

序号	筋号	直径 d (mm)	级别	软件答案		长度 (mm)	根数	搭接	手工答案 长度 (mm)	根数	搭接
6	2跨.右支座筋1	25	二级	长度计算公式	$(5400/3)+600+2400+600+(5400/3)$	7200	2		7200	2	
				长度公式描述	伸入跨中长度+支座宽+净长+支座宽+伸入跨中长度						
7	2跨.下部钢筋1	25	二级	长度计算公式	$34d+2400+34d$	4100	4		4100	4	
				长度公式描述	直锚长度+净长+直锚长度						
8	2跨.箍筋1	10	一级	长度计算公式	$2\times[(300-2\times30)+(700-2\times30)]+2\times11.9d$	2078			2078		
				根数计算公式	$2\times[Ceil(1000/100)+1]+Ceil(300/200)-1$		23			23	
9	3跨.右支座筋1	22	二级	长度计算公式	$(5400/3)+600-20+15d$	2710	2		2710	2	
				长度公式描述	伸入跨中长度+支座宽-保护层厚度+弯折						
10	3跨.下部钢筋1	25	二级	长度计算公式	$34d+5400+600-20+15d$	7205	4		7205	4	
				长度公式描述	直锚长度+净长+支座宽-保护层厚度+弯折						
11	3跨.下部钢筋2	25	二级	长度计算公式	$34d+5400+600-20+15d$	7205	2		7205	2	
				长度公式描述	直锚长度+净长+支座宽-保护层厚度+弯折						
12	3跨.箍筋1	10	一级	长度计算公式	$2\times[(300-2\times20)+(700-2\times20)]+2\times11.9d$	2078			2078		
				根数计算公式	$2\times[Ceil(1000/100)+1]+Ceil(3300/200)-1$		38			38	

10. L1、L2 的属性、画法及其答案对比

L1 和 L2 在本图中属于次梁，按非框架梁进行定义。

（1）L1 -250×500 的属性编辑

L1 -250×500 的属性编辑如图 2.4.59 所示。

（2）L2 -250×450 的属性编辑

L2 -250×450 的属性编辑如图 2.4.60 所示。

单击"绘图"退出。

（3）L1 -250×500 的画法

用"智能布置"的方法来画 L1 -250×500，操作步骤如下：

	属性名称	属性值	附加
1	名称	L1-250*500	
2	类别	非框架梁	☐
3	截面宽度(mm)	250	☐
4	截面高度(mm)	550	☐
5	轴线距梁左边线距离(mm)	(125)	☐
6	跨数量		☐
7	箍筋	Φ8@200 (2)	☐
8	肢数	2	
9	上部通长筋	2Φ18	☐
10	下部通长筋	6Φ22 2/4	☐
11	侧面构造或受扭筋(总配筋值)		☐
12	拉筋		☐
13	其它箍筋		☐
14	备注		☐

图 2.4.59

	属性名称	属性值	附加
1	名称	L2-250*450	
2	类别	非框架梁	☐
3	截面宽度(mm)	250	☐
4	截面高度(mm)	450	☐
5	轴线距梁左边线距离(mm)	(125)	☐
6	跨数量		☐
7	箍筋	Φ8@200 (2)	☐
8	肢数	2	
9	上部通长筋	2Φ16	☐
10	下部通长筋	3Φ18	☐
11	侧面构造或受扭筋(总配筋值)		☐
12	拉筋		☐
13	其它箍筋		☐
14	备注		☐

图 2.4.60

单击"梁"下拉菜单里的"梁"→选择 L1 –250×500→单击"智能布置"下拉菜单里的"墙中心线"→单击 C′轴线 200 厚的墙→单击右键结束。

找支座：单击"重提梁跨"→单击画好的 L1 –250×500→单击右键结束。

原位标注：单击"原位标注"下拉菜单→单击"梁平法表格"→单击画好的 L1 –250×500→填写原位标注见表 2.4.31。

表 2.4.31 L1 –250×500 的原位标注

跨号	上部钢筋			下部钢筋		次梁宽度	吊筋
	左支座钢筋	跨中钢筋	右支座钢筋	通长筋	下部钢筋		
1	4Φ18		4Φ18	6Φ22 2/4		250	2Φ18

（4）L2 –250×450 的画法

用"智能布置"的方法来画 L2 –250×450，操作步骤如下：

画梁：单击"梁"下拉菜单里的"梁"→选择 L2 –250×450→单击"智能布置"下拉菜单里的"墙中心线"→单击 1′轴线 200 厚的墙→单击右键结束。

找支座：单击"重提梁跨"→单击画好的 L2 – 250 × 450→单击右键结束。

（5） L1 – 250 × 500 钢筋答案软件手工对比

汇总计算后查看 L1 – 250 × 500 钢筋的软件答案见表 2.4.32。

表 2.4.32　L1 – 250 × 500 钢筋软件答案

序号	筋号	直径 d（mm）	级别	公式		长度（mm）	根数	搭接	长度（mm）	根数	搭接
					软件答案				手工答案		
1	1. 上通长筋1	18	二级	长度计算公式	$300 - 20 + 15d + 5900 + 300 - 20 + 15d$	7000	2		7000	2	
				长度公式描述	支座宽 – 保护层厚度 + 弯折 + 净长 + 支座宽 – 保护层厚度 + 弯折						
2	1. 左支座筋1	18	二级	长度计算公式	$300 - 20 + 15d + (5900/5)$	1730	2		1730	2	
				长度公式描述	支座宽 – 保护层厚度 + 弯折 + 伸入跨中长度						
3	1. 右支座筋1	18	二级	长度计算公式	$(5900/5) + 300 - 20 + 15d$	1730	2		1730	2	
				长度公式描述	伸入跨中长度 + 支座宽 – 保护层厚度 + 弯折						
4	1. 下部钢筋1	22	二级	长度计算公式	$12d + 5900 + 12d$	6428	4		6428	2	
				长度公式描述	锚固长度 + 净长 + 锚固长度						
5	1. 下部钢筋2	22	二级	长度计算公式	$12d + 5900 + 12d$	6428	2		6428	4	
				长度公式描述	锚固长度 + 净长 + 锚固长度						
6	1. 吊筋1	18	二级	长度计算公式	$250 + 2 \times 50 + 2 \times 20d + 2 \times 1.414 \times (500 - 2 \times 20)$	2371	2		2371	2	
				长度公式描述	次梁宽度 + 2 × 50 + 2 × 吊筋锚固长度 + 2 × 斜长						
7	1. 箍筋1	8	一级	长度计算公式	$2 \times [(250 - 2 \times 20) + (500 - 2 \times 20)] + 2 \times 11.9d$	1530			1530		
				根数计算公式	$Ceil(2825/200) + 1 + Ceil(2625/200) + 1$		31			31	

构件名称：L1 – 250 × 500，软件计算单构件钢筋重量：189.034kg，数量：1 根

（6） L2 – 250 × 450 钢筋答案软件手工对比

汇总计算后查看 L2 – 250 × 450 钢筋的软件答案见表 2.4.33。

表 2.4.33　L2 - 250×450 钢筋软件答案

构件名称:L2 - 250×450,软件计算单构件钢筋重量:58.787kg,数量:1 根

序号	筋号	直径 d（mm）	级别	软件答案		长度（mm）	根数	搭接	手工答案		
									长度（mm）	根数	搭接
1	1. 上通长筋1	16	二级	长度计算公式	$250 - 20 + 15d + 4375 + 300 - 20 + 15d$	5365	2		5365	2	
				长度公式描述	支座宽 - 保护层厚度 + 弯折 + 净长 + 支座宽 - 保护层厚度 + 弯折						
2	1. 下部钢筋1	18	二级	长度计算公式	$12d + 4375 + 12d$	4807	3		4807	3	
				长度公式描述	锚固长度 + 净长 + 锚固长度						
3	1. 箍筋1	8	一级	长度计算公式	$2 × [(250 - 2 × 30) + (450 - 2 × 30)] + 2 × 11.9d$	1430			1430		
				根数计算公式	$Ceil(4275/200) + 1$		23			23	

11. 梁延伸

梁如果不封闭,对画板有影响,在画板以前我们需要将梁封闭（因为梁相交处都有柱子作为支座,所以延伸梁对梁的钢筋并不产生影响）。

单击"梁"下拉菜单里的"梁"→在英文状态下按"Z"键取消柱子显示→单击"选择"按钮→单击"延伸"按钮→单击 D 轴线旁 KL4 - 300×700（注意不要选中 D 轴线）→分别单击与 KL4 - 300×700 垂直的所有的梁→单击右键结束→单击 5 轴线旁的 KL9 - 300×700（注意不要选中 5 轴线）→分别单击与 KL9 - 300×700 垂直的所有的梁→单击右键结束→单击 A 轴线旁 KL1 - 250×500（注意不要选中 A 轴线）→分别单击与 KL1 - 250×500 垂直的所有的梁→单击右键结束→单击 1 轴线旁 KL5 - 300×700（注意不要选中 1 轴线）→分别单击与 KL5 - 300×700 垂直的所有的梁→单击右键结束→单击右键取消延伸状态。

九、首层板的属性、画法及其答案对比

板要计算底筋、负筋、负筋分布筋以及马凳筋,用软件计算时要先画板,然后布置各种钢筋,下面分别介绍。

1. 建立板的属性

（1）建立 B100 板的属性

单击"板"下拉菜单→单击"现浇板"→单击"定义"→单击"新建"下拉菜单→单击"新建现浇板"→进入板"属性编辑"界面→修改"名称"为 B100→填写板厚为 100（将括号抹去）→单击"属性值"列下"马凳筋参数图形"出现"三点"→单

击"三点"→进入"马凳筋设置"界面→单击"Ⅱ型"马凳→填写马凳各值，如图 2.4.61 所示→填写"马凳筋信息"为Φ12@1000→单击"确定"→将"马凳数量计算"改为"向下取整 +1"。建好的 B100 属性编辑，如图 2.4.62 所示。

解释：这里选用的是常用的Ⅱ型马凳，$L_1 = 1000$，$L_2 = 100 - 15$（保护层厚度）$\times 2 - 10$（底、顶筋直径）$\times 2 = 50$，$L_3 = 100$（底筋间距）$+ 50$（每边出 50）$\times 2$，L_1、L_2、L_3 可以根据自己的实际情况填写，这里只给一个参考数据。

Φ12@1000 表示马凳的直径为二级 12，排距为 1000，可以根据实际情况填写。

马凳筋数量计算调整为："向下取整 +1"，是经过测试后得知软件调整为"向下取整 +1"后和手工计算是一致的。

（2）建立 B150 板的属性

用同样的方法建立 B150 的属性，如图 2.4.63、图 2.4.64 所示。

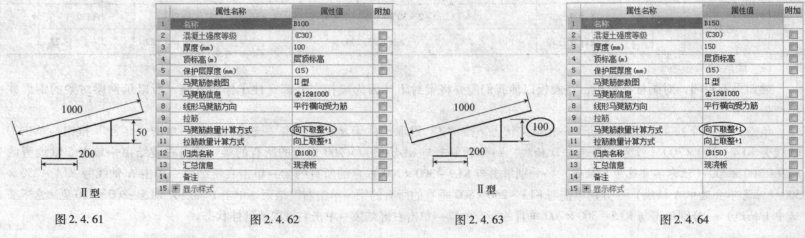

图 2.4.61　　　　图 2.4.62　　　　图 2.4.63　　　　图 2.4.64

→单击"绘图"退出。

注意：板里的马凳信息对于板上层自动形成网片的板起作用，例如板力有跨板受力筋和温度筋的情况。对于板上层没有形成网片的情况，这里填写马凳的型号起作用，排距不起作用，排数需要在负筋里直接填写，后面填写。

2. 画首层现浇板

单击"板"下拉菜单里的"板"→选择"B100"→单击"点"按钮→分别单击"B100"的区域，如图 2.4.65 所示。

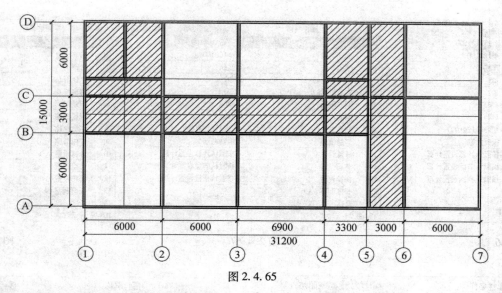

图 2.4.65

选择"B150"→单击"点"按钮→分别单击剩余的区域（楼梯间除外）。

3. 建立板受力筋属性

（1）底筋 A12@100

单击"板"下拉菜单里的"板受力筋"→单击"定义"→单击"新建"下拉菜单→单击"新建板受力筋"→新建底筋 A12@ 100 如图 2.4.66 所示。

（2）底筋 A10@100

用同样的方法建立"底筋 A10@100"，如图 2.4.67 所示。

（3）底筋 A10@120

用同样的方法建立"底筋 A10@120"，如图 2.4.68 所示。

（4）底筋 A8@100

用同样的方法建立底筋 A8@100，如图 2.4.69 所示。

（5）底筋 A8@150

用同样的方法建立底筋 A8@150，如图 2.4.70 所示。

	属性名称	属性值	附加
1	名称	底筋A12@100	
2	钢筋信息	Φ12@100	☐
3	类别	底筋	☐
4	左弯折(mm)	(0)	☐
5	右弯折(mm)	(0)	☐
6	钢筋锚固	(30)	
7	钢筋搭接	(42)	
8	归类名称	(底筋A12@100)	☐
9	汇总信息	板受力筋	
10	计算设置	按默认计算设置计算	
11	节点设置	按默认节点设置计算	
12	搭接设置	按默认搭接设置计算	
13	长度调整(mm)		☐
14	备注		☐
15	⊞ 显示样式		

图 2.4.66

	属性名称	属性值	附加
1	名称	底筋A10@100	
2	钢筋信息	Φ10@100	☐
3	类别	底筋	☐
4	左弯折(mm)	(0)	☐
5	右弯折(mm)	(0)	☐
6	钢筋锚固	(30)	
7	钢筋搭接	(42)	
8	归类名称	(底筋A10@100)	☐
9	汇总信息	板受力筋	
10	计算设置	按默认计算设置计算	
11	节点设置	按默认节点设置计算	
12	搭接设置	按默认搭接设置计算	
13	长度调整(mm)		☐
14	备注		☐
15	⊞ 显示样式		

图 2.4.67

	属性名称	属性值	附加
1	名称	底筋A10@120	
2	钢筋信息	Φ10@120	☐
3	类别	底筋	☐
4	左弯折(mm)	(0)	☐
5	右弯折(mm)	(0)	☐
6	钢筋锚固	(30)	
7	钢筋搭接	(42)	
8	归类名称	(底筋A10@120)	☐
9	汇总信息	板受力筋	
10	计算设置	按默认计算设置计算	
11	节点设置	按默认节点设置计算	
12	搭接设置	按默认搭接设置计算	
13	长度调整(mm)		☐
14	备注		☐
15	⊞ 显示样式		

图 2.4.68

	属性名称	属性值	附加
1	名称	底筋A8@100	
2	钢筋信息	Φ8@100	☐
3	类别	底筋	☐
4	左弯折(mm)	(0)	☐
5	右弯折(mm)	(0)	☐
6	钢筋锚固	(30)	
7	钢筋搭接	(42)	
8	归类名称	(底筋A8@100)	☐
9	汇总信息	板受力筋	☐
10	计算设置	按默认计算设置计算	
11	节点设置	按默认节点设置计算	
12	搭接设置	按默认搭接设置计算	
13	长度调整(mm)		☐
14	备注		☐
15	⊞ 显示样式		

图 2.4.69

	属性名称	属性值	附加
1	名称	底筋A8@150	
2	钢筋信息	Φ8@150	☐
3	类别	底筋	☐
4	左弯折(mm)	(0)	☐
5	右弯折(mm)	(0)	☐
6	钢筋锚固	(30)	
7	钢筋搭接	(42)	
8	归类名称	(底筋A8@150)	☐
9	汇总信息	板受力筋	☐
10	计算设置	按默认计算设置计算	
11	节点设置	按默认节点设置计算	
12	搭接设置	按默认搭接设置计算	
13	长度调整(mm)		☐
14	备注		☐
15	⊞ 显示样式		

图 2.4.70

单击"绘图"退出。

4. 画板受力筋

单击"板"下拉菜单里的"板受力筋"→选择"底筋 A12@100"→单击"单板"按钮→单击"垂直"按钮→单击"3～4/A～B 轴线的板"→选择"底筋 A10@120"→单击"单板"按钮→单击"水平"按钮→单击"3～4/A～B 轴线的板",如图 2.4.71 所示。

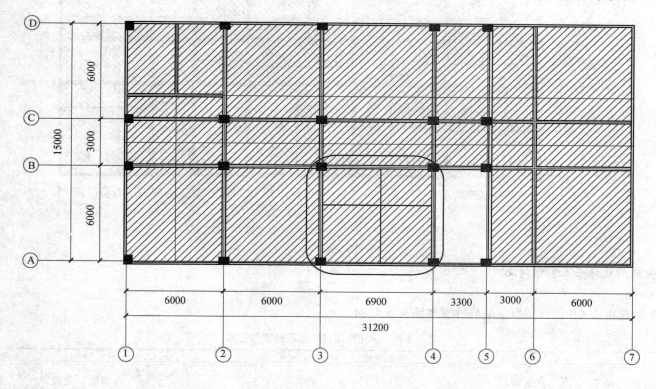

图 2.4.71

调整计算步骤:工程设置→计算设置→计算设置→板→起始受力钢筋、负筋距支座边距离——调整为"50mm"。根据"结施 6 - 1 或结施 6 - 2"用同样的方法画其他板的底筋,如图 2.4.72 所示。

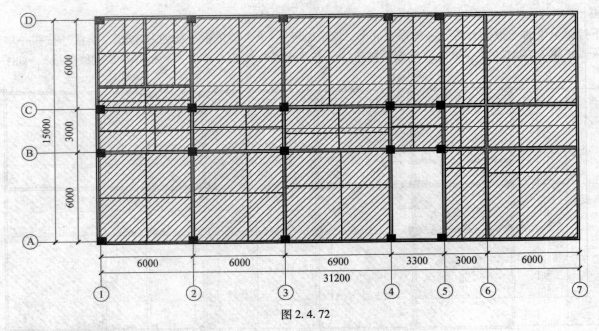

图 2.4.72

5. 首层板底筋软件手工答案对比

（1）A – B 段

汇总计算后查看 A – B 段首层板底筋软件答案见表 2.4.34。

表 2.4.34　A – B 段首层板底筋软件答案

钢筋位置	方向	筋号	直径 d（mm）	级别	软件答案		长度（mm）	根数	重量	手工答案		
										长度（mm）	根数	重量
1 – 2/A – B	x 方向	板受力筋.1	10	一级	长度计算公式	$5900 + \max(300/2,5d) + \max(300/2,5d) + 12.5d$	6325	59	230.249	6325	59	230.077
					长度公式描述	净长 + 最大值（锚固长度） + 最大值（锚固长度） + 两倍弯钩						
	y 方向	板受力筋.1	10	一级	长度计算公式	$5850 + \max(300/2,5d) + \max(300/2,5d) + 12.5d$	6275	59	228.429	6275	59	228.259
					长度公式描述	净长 + 最大值（锚固长度） + 最大值（锚固长度） + 两倍弯钩						

482

钢筋位置	方向	筋号	直径 d（mm）	级别	软件答案		长度（mm）	根数	重量	手工答案 长度（mm）	根数	重量
					公 式							
2-3/ A-B	x方向	板受力筋.1	10	一级	长度计算公式	$5700 + \max(300/2,5d) + \max(300/2,5d) + 12.5d$	6125	59	222.968	6125	59	222.802
					长度公式描述	净长 + 最大值（锚固长度）+ 最大值（锚固长度）+ 两倍弯钩						
	y方向	板受力筋.1	12	一级	长度计算公式	$5850 + \max(300/2,5d) + \max(300/2,5d) + 12.5d$	6275	57	220.685	6275	57	220.521
					长度公式描述	净长 + 最大值（锚固长度）+ 最大值（锚固长度）+ 两倍弯钩						
3-4/ A-B	x方向	板受力筋.1	10	一级	长度计算公式	$6600 + \max(300/2,5d) + \max(300/2,5d) + 12.5d$	7025	49	212.387	7026	49	212.228
					长度公式描述	净长 + 最大值（锚固长度）+ 最大值（锚固长度）+ 两倍弯钩						
	y方向	板受力筋.1	10	一级	长度计算公式	$5850 + \max(300/2,5d) + \max(300/2,5d) + 12.5d$	6300	66	369.23	6300	66	369.155
					长度公式描述	净长 + 最大值（锚固长度）+ 最大值（锚固长度）+ 两倍弯钩						

（2）A-C段

A-C段首层板底筋软件答案见表2.4.35。

表 2.4.35　A-C段首层板底筋软件答案

钢筋位置	方向	筋号	直径 d（mm）	级别	软件答案		长度（mm）	根数	重量	手工答案 长度（mm）	根数	重量
					公 式							
5-6/ A-C	x方向	板受力筋.1	8	一级	长度计算公式	$2500 + \max(300/2,5d) + \max(300/2,5d) + 12.5d$	2900	89	101.95	2900	89	101.95
					长度公式描述	净长 + 最大值（锚固长度）+ 最大值（锚固长度）+ 两倍弯钩						
	y方向	板受力筋.1	8	一级	长度计算公式	$8850 + \max(300/2,5d) + \max(300/2,5d) + 12.5d$	9250	17	62.114	9250	17	62.114
					长度公式描述	净长 + 最大值（锚固长度）+ 最大值（锚固长度）+ 两倍弯钩						
6-7/ A-C	x方向	板受力筋.1	10	一级	长度计算公式	$5700 + \max(300/2,5d) + \max(300/2,5d) + 12.5d$	6125	89	336.342	6125	89	336.342
					长度公式描述	净长 + 最大值（锚固长度）+ 最大值（锚固长度）+ 两倍弯钩						
	y方向	板受力筋.1	10	一级	长度计算公式	$8850 + \max(300/2,5d) + \max(300/2,5d) + 12.5d$	275	57	336.192	9275	57	336.192
					长度公式描述	净长 + 最大值（锚固长度）+ 最大值（锚固长度）+ 两倍弯钩						

（3） B - C 段

B - C 段首层板底筋软件答案见表2.4.36。

表 2.4.36　B - C 段首层板底筋软件答案

钢筋位置	方向	筋号	直径 d (mm)	级别	公式		长度 (mm)	根数	重量	长度 (mm)	根数	重量
						软件答案				手工答案		
1 - 2/ B - C	x 方向	板受力筋.1	8	一级	长度计算公式	$5900 + \max(300/2,5d) + \max(300/2,5d) + 12.5d$	6300	19	47.282	6300	19	47.282
					长度公式描述	净长 + 最大值（锚固长度） + 最大值（锚固长度） + 两倍弯钩						
	y 方向	板受力筋.1	8	一级	长度计算公式	$2700 + \max(300/2,5d) + \max(300/2,5d) + 12.5d$	3100	59	72.245	3100	59	72.245
					长度公式描述	净长 + 最大值（锚固长度） + 最大值（锚固长度） + 两倍弯钩						
2 - 3/ B - C	x 方向	板受力筋.1	8	一级	长度计算公式	$5700 + \max(300/2,5d) + \max(300/2,5d) + 12.5d$	6100	19	45.78	6100	19	45.78
					长度公式描述	净长 + 最大值（锚固长度） + 最大值（锚固长度） + 两倍弯钩						
	y 方向	板受力筋.1	8	一级	长度计算公式	$2700 + \max(300/2,5d) + \max(300/2,5d) + 12.5d$	3100	57	69.797	3100	57	69.797
					长度公式描述	净长 + 最大值（锚固长度） + 最大值（锚固长度） + 两倍弯钩						
3 - 4/ B - C	x 方向	板受力筋.1	8	一级	长度计算公式	$6600 + \max(300/2,5d) + \max(300/2,5d) + 12.5d$	7000	19	52.535	7000	19	52.535
					长度公式描述	净长 + 最大值（锚固长度） + 最大值（锚固长度） + 两倍弯钩						
	y 方向	板受力筋.1	8	一级	长度计算公式	$2700 + \max(300/2,5d) + \max(300/2,5d) + 12.5d$	3100	66	80.817	3100	66	80.817
					长度公式描述	净长 + 最大值（锚固长度） + 最大值（锚固长度） + 两倍弯钩						
4 - 5/ B - C	x 方向	板受力筋.1	8	一级	长度计算公式	$3200 + \max(300/2,5d) + \max(300/2,5d) + 12.5d$	3600	19	27.018	3600	19	27.018
					长度公式描述	净长 + 最大值（锚固长度） + 最大值（锚固长度） + 两倍弯钩						
	y 方向	板受力筋.1	8	一级	长度计算公式	$2700 + \max(300/2,5d) + \max(300/2,5d) + 12.5d$	3100	32	39.184	3100	32	39.184
					长度公式描述	净长 + 最大值（锚固长度） + 最大值（锚固长度） + 两倍弯钩						

（4） C - D 段

C - D 段首层板底筋软件答案见表2.4.37。

表 2.4.37 C-D 段首层板底筋软件答案

钢筋位置	方向	筋号	直径 d (mm)	级别	软件答案 公式		长度 (mm)	根数	重量	长度 (mm)	根数	重量
1-2/ C-C′	x 方向	板受力筋.1	8	一级	长度计算公式	$5900 + \max(300/2,5d) + \max(300/2,5d) + 12.5d$	6300	9	22.397	6300	9	22.397
					长度公式描述	净长 + 最大值(锚固长度) + 最大值(锚固长度) + 两倍弯钩						
	y 方向	板受力筋.1	8	一级	长度计算公式	$1225 + \max(300/2,5d) + \max(250/2,5d) + 12.5d$	1600	59	37.288	1600	59	37.288
					长度公式描述	净长 + 最大值(锚固长度) + 最大值(锚固长度) + 两倍弯钩						
1-1′/ C′-D	x 方向	板受力筋.1	8	一级	长度计算公式	$2925 + \max(300/2,5d) + \max(250/2,5d) + 12.5d$	3300	44	57.354	3300	44	57.354
					长度公式描述	净长 + 最大值(锚固长度) + 最大值(锚固长度) + 两倍弯钩						
	y 方向	板受力筋.1	8	一级	长度计算公式	$4375 + \max(250/2,5d) + \max(300/2,5d) + 12.5d$	4750	20	37.525	4750	19	37.525
					长度公式描述	净长 + 最大值(锚固长度) + 最大值(锚固长度) + 两倍弯钩						
1′-2/ C′-D	x 方向	板受力筋.1	8	一级	长度计算公式	$2725 + \max(250/2,5d) + \max(300/2,5d) + 12.5d$	3100	44	53.878	3100	44	53.878
					长度公式描述	净长 + 最大值(锚固长度) + 最大值(锚固长度) + 两倍弯钩						
	y 方向	板受力筋.1	8	一级	长度计算公式	$4375 + \max(250/2,5d) + \max(300/2,5d) + 12.5d$	4750	19	35.649	4750	19	35.649
					长度公式描述	净长 + 最大值(锚固长度) + 最大值(锚固长度) + 两倍弯钩						
2-3/ C-D	x 方向	板受力筋.1	10	一级	长度计算公式	$5700 + \max(300/2,5d) + \max(300/2,5d) + 12.5d$	6125	59	222.968	6125	59	222.968
					长度公式描述	净长 + 最大值(锚固长度) + 最大值(锚固长度) + 两倍弯钩						
	y 方向	板受力筋.1	10	一级	长度计算公式	$5850 + \max(300/2,5d) + \max(300/2,5d) + 12.5d$	6275	57	220.685	6275	57	220.685
					长度公式描述	净长 + 最大值(锚固长度) + 最大值(锚固长度) + 两倍弯钩						
3-4/ C-D	x 方向	板受力筋.1	10	一级	长度计算公式	$6600 + \max(300/2,5d) + \max(300/2,5d) + 12.5d$	7025	49	212.387	7026	49	212.387
					长度公式描述	净长 + 最大值(锚固长度) + 最大值(锚固长度) + 两倍弯钩						
	y 方向	板受力筋.1	12	一级	长度计算公式	$5850 + \max(300/2,5d) + \max(300/2,5d) + 12.5d$	6300	66	369.23	6300	66	369.23
					长度公式描述	净长 + 最大值(锚固长度) + 最大值(锚固长度) + 两倍弯钩						
4-5/ C-D	x 方向	板受力筋.1	8	一级	长度计算公式	$3200 + \max(300/2,5d) + \max(300/2,5d) + 12.5d$	3600	59	83.898	3600	59	83.898
					长度公式描述	净长 + 最大值(锚固长度) + 最大值(锚固长度) + 两倍弯钩						
	y 方向	板受力筋.1	8	一级	长度计算公式	$5850 + \max(300/2,5d) + \max(300/2,5d) + 12.5d$	6250	22	54.313	6250	22	54.313
					长度公式描述	净长 + 最大值(锚固长度) + 最大值(锚固长度) + 两倍弯钩						
5-6/ C-D	x 方向	板受力筋.1	10	一级	长度计算公式	$2500 + \max(300/2,5d) + \max(300/2,5d) + 12.5d$	2900	59	67.584	2900	59	67.584
					长度公式描述	净长 + 最大值(锚固长度) + 最大值(锚固长度) + 两倍弯钩						

续表

钢筋位置	方向	筋号	直径 d (mm)	级别	公式		软件答案 长度 (mm)	根数	重量	手工答案 长度 (mm)	根数	重量
5-6/C-D	y 方向	板受力筋.1	10	一级	长度计算公式	5850 + max(300/2, 5d) + max(300/2, 5d) + 12.5d	6250	17	41.969	6250	17	41.969
					长度公式描述	净长 + 最大值(锚固长度) + 最大值(锚固长度) + 两倍弯钩						
6-7/C-D	x 方向	板受力筋.1	10	一级	长度计算公式	5700 + max(300/2, 5d) + max(300/2, 5d) + 12.5d	6125	59	222.968	6125	59	222.968
					长度公式描述	净长 + 最大值(锚固长度) + 最大值(锚固长度) + 两倍弯钩						
	y 方向	板受力筋.1	10	一级	长度计算公式	5850 + max(300/2, 5d) + max(300/2, 5d) + 12.5d	6275	57	220.685	6275	57	220.685
					长度公式描述	净长 + 最大值(锚固长度) + 最大值(锚固长度) + 两倍弯钩						

6. 建立板负筋属性

(1) 1 号负筋

1 号筋属于跨板面筋，我们按照跨板受力筋的方法建立其属性。

单击“板”下拉菜单→单击“板受力筋”→单击“定义”→单击“新建”下拉菜单→单击“新建跨板受力筋”→改属性编辑，如图 2.4.73 所示。

注意：因为这层的板没有温度筋，板上层不会形成网片，在定义跨板负筋时需要填写马凳的排数，这里只填写伸出部分的排数信息（图 2.4.74）。跨内部分的马凳信息由板里填写的马凳信息决定。

(2) 2 号负筋

2 号筋也属于跨板受力筋，按同样的方法建立：单击“新建”下拉菜单→单击“新建跨板受力筋”→改属性编辑，如图 2.4.75 所示。

(3) 3 号负筋

3 号筋也属于跨板受力筋，按同样的方法建立：单击“新建”下拉菜单→单击“新建跨板受力筋”→改属性编辑，如图 2.4.76 所示。单击“绘图”退出。

(4) 4 号负筋

4 号负筋属于非跨板负筋，我们在“板负筋”里面建立。

单击“板”下拉菜单→单击“板负筋”→单击“定义”→单击“新建”下拉菜单→单击“新建板负筋”→改筋属性编辑，如图 2.4.77 所示。

	属性名称	属性值	附加
1	名称	1号负筋	
2	钢筋信息	Φ8@100	☐
3	左标注 (mm)	1500	☐
4	右标注 (mm)	1000	☐
5	马凳筋排数	2/1	☐
6	标注长度位置	(支座中心线)	☐
7	左弯折 (mm)	(0)	☐
8	右弯折 (mm)	(0)	☐
9	分布钢筋	Φ8@200	☐
10	钢筋锚固	(30)	
11	钢筋搭接	(42)	
12	归类名称	(1号负筋)	☐
13	汇总信息	板受力筋	
14	计算设置	按默认计算设置计算	
15	节点设置	按默认节点设置计算	
16	搭接设置	按默认搭接设置计算	
17	长度调整 (mm)		☐
18	备注		☐
19	⊞ 显示样式		

图 2.4.73

伸出部分根据排距为1000，填写为1排，在定义跨板负筋时候填写

跨内部分马凳排距信息在定义板时候填写软件会自动计算

伸出部分根据排距为1000，填写为2排，在定义跨板负筋时候填写

图 2.4.74

	属性名称	属性值	附加
1	名称	2号负筋	
2	钢筋信息	Φ10@100	☐
3	左标注 (mm)	1500	☐
4	右标注 (mm)	1500	☐
5	马凳筋排数	2/2	☐
6	标注长度位置	(支座中心线)	☐
7	左弯折 (mm)	(0)	☐
8	右弯折 (mm)	(0)	☐
9	分布钢筋	Φ8@200	☐
10	钢筋锚固	(30)	
11	钢筋搭接	(42)	
12	归类名称	(2号负筋)	☐
13	汇总信息	板受力筋	
14	计算设置	按默认计算设置计算	
15	节点设置	按默认节点设置计算	
16	搭接设置	按默认搭接设置计算	
17	长度调整 (mm)		☐
18	备注		☐
19	⊞ 显示样式		

图 2.4.75

	属性名称	属性值	附加
1	名称	3号负筋	
2	钢筋信息	Φ8@100	☐
3	左标注 (mm)	1000	☐
4	右标注 (mm)	0	☐
5	马凳筋排数	1/0	☐
6	标注长度位置	(支座中心线)	☐
7	左弯折 (mm)	(0)	☐
8	右弯折 (mm)	(0)	☐
9	分布钢筋	Φ8@200	☐
10	钢筋锚固	(30)	
11	钢筋搭接	(42)	
12	归类名称	(3号负筋)	☐
13	汇总信息	板受力筋	
14	计算设置	按默认计算设置计算	
15	节点设置	按默认节点设置计算	
16	搭接设置	按默认搭接设置计算	
17	长度调整 (mm)		☐
18	备注		☐
19	⊞ 显示样式		

图 2.4.76

	属性名称	属性值	附加
1	名称	4号负筋	
2	钢筋信息	Φ10@150	☐
3	左标注 (mm)	1350	☐
4	右标注 (mm)	0	☐
5	马凳筋排数	2/0	☐
6	单边标注位置	(支座中心线)	☐
7	左弯折 (mm)	(0)	☐
8	右弯折 (mm)	(0)	☐
9	分布钢筋	Φ8@200	☐
10	钢筋锚固	(30)	
11	钢筋搭接	(42)	
12	归类名称	(4号负筋)	☐
13	计算设置	按默认计算设置计算	
14	节点设置	按默认节点设置计算	
15	搭接设置	按默认搭接设置计算	
16	汇总信息	板负筋	☐
17	备注		☐
18	⊞ 显示样式		

图 2.4.77

（5）5号负筋

单击"新建"下拉菜单→单击"新建板负筋"→改筋属性编辑，如图2.4.78所示。

（6）6号负筋

单击"新建"下拉菜单→单击"新建板负筋"→改筋属性编辑，如图2.4.79所示。

（7）7号负筋

单击"新建"下拉菜单→单击"新建板负筋"→改筋属性编辑，如图2.4.80所示。

	属性名称	属性值	附加
1	名称	5号负筋	
2	钢筋信息	Φ8@150	☐
3	左标注 (mm)	850	☐
4	右标注 (mm)	0	☐
5	马凳筋排数	1/0	☐
6	单边标注位置	支座内边线	☐
7	左弯折 (mm)	(0)	☐
8	右弯折 (mm)	(0)	☐
9	分布钢筋	Φ8@200	
10	钢筋锚固	(30)	
11	钢筋搭接	(42)	
12	归类名称	(5号负筋)	☐
13	计算设置	按默认计算设置计算	
14	节点设置	按默认节点设置计算	
15	搭接设置	按默认搭接设置计算	
16	汇总信息	板负筋	☐
17	备注		☐
18 ⊞	显示样式		

图2.4.78

	属性名称	属性值	附加
1	名称	6号负筋	
2	钢筋信息	Φ10@100	☐
3	左标注 (mm)	1500	☐
4	右标注 (mm)	1500	☐
5	马凳筋排数	2/2	☐
6	非单边标注含支座宽	(是)	☐
7	左弯折 (mm)	(0)	☐
8	右弯折 (mm)	(0)	☐
9	分布钢筋	Φ8@200	
10	钢筋锚固	(30)	
11	钢筋搭接	(42)	
12	归类名称	(6号负筋)	☐
13	计算设置	按默认计算设置计算	
14	节点设置	按默认节点设置计算	
15	搭接设置	按默认搭接设置计算	
16	汇总信息	板负筋	☐
17	备注		☐
18 ⊞	显示样式		

图2.4.79

	属性名称	属性值	附加
1	名称	7号负筋	
2	钢筋信息	Φ10@120	☐
3	左标注 (mm)	1000	☐
4	右标注 (mm)	1500	☐
5	马凳筋排数	1/2	☐
6	非单边标注含支座宽	(是)	☐
7	左弯折 (mm)	(0)	☐
8	右弯折 (mm)	(0)	☐
9	分布钢筋	Φ8@200	
10	钢筋锚固	(30)	
11	钢筋搭接	(42)	
12	归类名称	(7号负筋)	☐
13	计算设置	按默认计算设置计算	
14	节点设置	按默认节点设置计算	
15	搭接设置	按默认搭接设置计算	
16	汇总信息	板负筋	☐
17	备注		☐
18 ⊞	显示样式		

图2.4.80

（8）8号负筋

单击"新建"下拉菜单→单击"新建板负筋"→改筋属性编辑，如图2.4.81所示。

（9）9号负筋

单击"新建"下拉菜单→单击"新建板负筋"→改筋属性编辑，如图2.4.82所示。

单击"绘图"退出。

7. 画负筋

（1）画1轴线负筋

单击"板"下拉菜单→单击"板负筋"→选择4号负筋→单击"按梁布置"按钮→单击1轴线梁A－B段梁两次（如果方向不对先不用管它，布置完1轴线负筋再调整方向）→选择5号负筋→单击"按梁布置"按钮→单击1轴线B－C段梁两次→单击1

轴线 C – C′段梁两次→单击 C′– D 段梁两次→单击右键结束。

	属性名称	属性值	附加
1	名称	8号负筋	
2	钢筋信息	Φ8@150	☐
3	左标注 (mm)	1000	☐
4	右标注 (mm)	1000	☐
5	马凳筋排数	1/1	☐
6	非单边标注含支座宽	(是)	☐
7	左弯折 (mm)	(0)	☐
8	右弯折 (mm)	(0)	☐
9	分布钢筋	Φ8@200	☐
10	钢筋锚固	(30)	☐
11	钢筋搭接	(42)	☐
12	归类名称	(8号负筋)	
13	计算设置	按默认计算设置计算	
14	节点设置	按默认节点设置计算	
15	搭接设置	按默认搭接设置计算	
16	汇总信息	板负筋	☐
17	备注		☐
18	⊞ 显示样式		

图 2.4.81

	属性名称	属性值	附加
1	名称	9号负筋	
2	钢筋信息	Φ10@120	☐
3	左标注 (mm)	1500	☐
4	右标注 (mm)	1000	☐
5	马凳筋排数	2/1	☐
6	非单边标注含支座宽	(是)	☐
7	左弯折 (mm)	(0)	☐
8	右弯折 (mm)	(0)	☐
9	分布钢筋	Φ8@200	☐
10	钢筋锚固	(30)	☐
11	钢筋搭接	(42)	☐
12	归类名称	(9号负筋)	
13	计算设置	按默认计算设置计算	
14	节点设置	按默认节点设置计算	
15	搭接设置	按默认搭接设置计算	
16	汇总信息	板负筋	☐
17	备注		☐
18	⊞ 显示样式		

图 2.4.82

矫正方向错误的负筋：如果负筋布置方向不对再单击"交换左右标注"按钮→单击画号的负筋，如果负筋方向正确继续。

（2）画 2 轴线负筋

单击"板"下拉菜单→单击"板负筋"→选择 6 号负筋→单击"按梁布置"按钮→单击 2 轴线 A – B 段梁一次→单击 2 轴线 B – C 段梁一次→单击 2 轴线 C – C′段梁一次→选择 7 号负筋→单击"按梁布置"按钮→单击 2 轴线 C′– D 段梁两次→单击右键结束（如果方向不对用交换的方法矫正）。

（3）画 3 轴线负筋

单击"板"下拉菜单→单击"板负筋"→选择 6 号负筋→单击"按梁布置"按钮→单击 3 轴线 A – B 段梁一次→单击 3 轴线 B – C 段梁一次→单击 3 轴线 C – D 段梁一次→单击右键结束。

（4）画 4 轴线负筋

单击"板"下拉菜单→单击"板负筋"→选择 4 号负筋→单击"画线布置"按钮→单击（4/A）交点→单击（4/B）交点→单击 4 轴线 A – B 段梁→选择 9 号筋→单击"按梁布置"按钮→单击 4 轴线 B – C 段两次→单击 4 轴线 C – D 段梁两次→单击右键结束（如果方向不对用交换的方法矫正）。

（5）画 5 轴线负筋

单击"板"下拉菜单→单击"板负筋"→选择 5 号负筋→单击"画线布置"按钮→单击（5/A）附近梁头交点（这时取消柱

子的显示）→单击（5/B）附近梁头交点→单击 5 轴线 A－B 段梁一次→选择 8 号筋→单击"按梁布置"按钮→单击 5 轴线 B－C 段一次→单击 5 轴线 C－D 段梁一次→单击右键结束（如果方向不对用交换的方法矫正）。

（6）画 6 轴线负筋

单击"板"下拉菜单→单击"板负筋"→选择 7 号负筋→单击"画线布置"按钮→单击（6/A）交点→单击（6/C）交点→单击 A－C 段墙一次→单击（6/C）交点→单击（6/D）交点→单击 C－D 段墙一次→单击右键结束（如果方向不对用交换的方法矫正）。

（7）画 7 轴线负筋

单击"板"下拉菜单→单击"板负筋"→选择 4 号负筋→单击"按墙布置"按钮→单击 7 轴线 A－C 段墙两次→单击 7 轴线 C－D 段墙两次→单击右键结束（如果方向不对用交换的方法矫正）。

（8）画 1′轴线负筋

单击"板"下拉菜单→单击"板负筋"→选择 8 号负筋→单击"按梁布置"按钮→单击 1′轴线梁一次→单击右键结束。

（9）画 A 轴线负筋

单击"板"下拉菜单→单击"板负筋"→选择 4 号负筋→单击"按板边线布置"按钮→单击 A/1－2 轴线板边两次→单击 A/2－3 轴线板边两次→单击 A/3－4 轴线板边线两次→单击 A/5－6 轴线板边线两次→单击"画线布置"按钮→单击（6/A）附近墙交点→单击（7/A）附近墙交点→单击 A/6－7 段剪力墙→单击右键结束（如果方向不对用交换的方法矫正）。

（10）画 B、C 轴线/1－5 轴线段跨板负筋

①画 1 号负筋

单击"板"下拉菜单→单击"板受力筋"→选择 1 号负筋→单击"多板"→单击 1－2/B－C 板和 1－2/C－C′板→单击右键→单击"垂直"按钮→单击选中的两块板→单击右键两次结束（如果方向不对用交换的方法矫正）。

②画 2 号负筋

单击"板"下拉菜单→单击"板受力筋"→选择 2 号负筋→单击"单板"→单击"垂直"按钮→单击 2－3/B－C 走廊板→单击 3－4/B－C 走廊板→单击右键结束。

③画 3 号负筋

单击"板"下拉菜单→单击"板受力筋"→选择 3 号负筋→单击"单板"→单击"垂直"按钮→单击 4－5/B－C 走廊板→单击右键结束（如果方向不对用交换的方法矫正）。

（11）画 C 轴线/5－7 轴线段负筋

单击"板"下拉菜单→单击"板负筋"→选择 6 号负筋→单击"画线布置"按钮→单击（5/C）交点→单击（6/C）交点→单击 C/5－6 段墙→单击"按墙布置"按钮→单击 C 轴线 6－7 轴线段墙→单击右键结束。

（12）画 D 轴线负筋

单击"板"下拉菜单→单击"板负筋"→选择"5 号负筋"→单击"按梁布置"按钮→单击 D/1－1′段梁两次→单击 D/1′－2

段梁两次→选择"4号筋"→单击"按梁布置"按钮→单击 D/2 – 3 段梁两次→单击 D/3 – 4 段梁两次→选择"5号负筋"→单击"按梁布置"按钮→单击D/4 –5段梁两次→单击"按墙布置"按钮→单击 D 轴线 5 – 6 轴线墙两次→选择"4号筋"→单击"画线布置"按钮→单击（6/D）旁墙交点（这时取消柱子显示）→单击（7/D）旁墙交点→单击 D/6 – 7 段墙→单击右键结束（如果方向不对用交换的方法矫正）。

8. 首层板负筋软件手工答案对比

（1）1 轴线

1 轴线首层板负筋软件答案见表 2.4.38。

表 2.4.38　1 轴线首层板负筋软件答案

轴号	分段	筋名称	筋号	直径 d (mm)	级别	公式		长度 (mm)	根数	重量	长度 (mm)	根数	重量
							软件答案				**手工答案**		
1	A – B	4 号负	板负筋.1	10	一级	长度计算公式	$1350 + 120 + (300 - 20 + 15d) + 6.25d$	1963	40	57.986	1963	40	57.986
						长度公式描述	左净长 + 弯折 + 设定锚固长度 + 弯钩						
		4 号分	分布筋.1	8	一级	长度计算公式	$3150 + 150 + 150$	3450	7		3450	7	
						长度公式描述	净长 + 搭接长度 + 搭接长度						
1	B – C	5 号负	板负筋.1	8	一级	长度计算公式	$850 + 70 + 30d + 6.25d$	1210	19	9.081	1210	19	9.081
						长度公式描述	左净长 + 弯折 + 判断值 + 弯钩						
1	C – C′	5 号负	板负筋.1	8	一级	长度计算公式	$850 + 70 + 30d + 6.25d$	1210	9	4.302	1210	9	4.302
						长度公式描述	右净长 + 弯折 + 判断值 + 弯钩						
1	C′ – D	5 号负	板负筋.1	8	一级	长度计算公式	$850 + 70 + 30d + 6.25d$	1210	30	19	1210	30	19
						长度公式描述	右净长 + 弯折 + 判断值 + 弯钩						
		5 号分	分布筋.1	8	一级	长度计算公式	$2650 + 150 + 150$	2950	5		2950	5	
						长度公式描述	净长 + 搭接长度 + 搭接长度						
1′	C′ – D	8 号负	板负筋.1	8	一级	长度计算公式	$1000 + 1000 + 70 + 70$	2140	30	37.012	2140	30	37.012
						长度公式描述	左净长 + 右净长 + 弯折 + 弯折						
		8 号分	分布筋.1	8	一级	长度计算公式	$2650 + 150 + 150$	2950	10		2950	10	
						长度公式描述	净长 + 搭接长度 + 搭接长度						

（2）2轴线

2轴线首层板负筋软件答案见表2.4.39。

表 2.4.39 2 轴线首层板负筋软件答案

轴号	分段	筋名称	筋号	直径 d（mm）	级别	公式		长度（mm）	根数	重量	长度（mm）	根数	重量
												手工答案	
2	A－B	6 号负	板负筋.1	10	一级	长度计算公式	1500 + 1500 + 120 + 120	3240	59	137.024	3240	59	137.024
						长度公式描述	左净长 + 右净长 + 弯折 + 弯折						
		6 号分	分布筋.1	8	一级	长度计算公式	3150 + 150 + 150	3450	14		3450	14	
						长度公式描述	净长 + 搭接长度 + 搭接长度						
2	B－C	6 号负	板受力筋1	10	一级	长度计算公式	1500 + 1500 + 70 + 70	3140	27	52.309	3140	27	52.309
						长度公式描述	左净长 + 右净长 + 弯折 + 弯折						
2	C－C′	6 号负1	板负筋.1	10	一级	长度计算公式	1500 + 1500 + 70 + 120	3190	13	26.798	3190	13	26.798
						长度公式描述	左净长 + 右净长 + 弯折 + 弯折						
		6 号负2	板负筋.2	10	一级	长度计算公式	$1350 + (300 - 20 + 15d) + 120 + 6.25d$	1963	1		1783	1	
						长度公式描述	右净长 + 设定锚固长度 + 弯折 + 弯钩						
2	C′－D	7 号负1	板负筋.1	10	一级	长度计算公式	1500 + 1000 + 120 + 70	2690	37	77.26	2690	37	76.268
						长度公式描述	左净长 + 右净长 + 弯折 + 弯折						
		7 号负2	板负筋.2	10	一级	长度计算公式	$1350 + 120 + (300 - 20 + 15d) + 6.25d$	1963	1		1783	1	
						长度公式描述	左净长 + 弯折 + 设定锚固长度 + 弯钩						
		7 号分1	分布筋.1	8	一级	长度计算公式	3150 - 50 + 150	3250	7		3450	7	
						长度公式描述	净长 - 起步 + 搭接长度						
		7 号分2	分布筋.2	8	一级	长度计算公式	2650 + 150 + 150	2950	5		2950	5	
						长度公式描述	净长 + 搭接长度 + 搭接长度						

（3）3轴线

3轴线首层板负筋软件答案见表2.4.40。

表 2.4.40　3 轴线首层板负筋软件答案

轴号	分段	筋名称	筋号	直径 d (mm)	级别	软件答案		长度 (mm)	根数	重量	手工答案 长度 (mm)	根数	重量
3	A－B	6 号负	板负筋.1	10	一级	长度计算公式	1500＋1500＋120＋120	3240	59	137.024	3240	59	137.024
						长度公式描述	左净长＋右净长＋弯折＋弯折						
		6 号分	分布筋.1	8	一级	长度计算公式	3150＋150＋150	3450	14		3450	14	
						长度公式描述	净长＋搭接长度＋搭接长度						
3	B－C	6 号负	板负筋.1	10	一级	长度计算公式	1500＋1500＋70＋70	3140	27	52.309	3140	27	52.309
						长度公式描述	左净长＋右净长＋弯折＋弯折						
3	C－D	6 号负	板负筋.1	10	一级	长度计算公式	1500＋1500＋120＋120	3240	59	137.024	3240	59	137.024
						长度公式描述	左净长＋右净长＋弯折＋弯折						
		6 号分	分布筋.1	8	一级	长度计算公式	3150＋150＋150	3450	14		3450	14	
						长度公式描述	净长＋搭接长度＋搭接长度						

（4）4 轴线

4 轴线首层板负筋软件答案见表 2.4.41。

表 2.4.41　4 轴线首层板负筋软件答案

轴号	分段	筋名称	筋号	直径 d (mm)	级别	软件答案		长度 (mm)	根数	重量	手工答案 长度 (mm)	根数	重量
4	A－B	4 号负	板负筋.1	10	一级	长度计算公式	$1350＋(300－20＋15d)＋120＋6.25d$	1963	40	57.986	1963	40	57.986
						长度公式描述	左净长＋设定锚固长度＋弯折＋弯钩						
		4 号分	分布筋.1	8	一级	长度计算公式	3150＋150＋150	3450	7		3450	7	
						长度公式描述	净长＋搭接长度＋搭接长度						
4	B－C	9 号负	板负筋.1	10	一级	长度计算公式	1500＋1000＋70＋70	2640	23	37.464	2640	23	37.464
						长度公式描述	左净长＋右净长＋弯折＋弯折						
4	C－D	9 号负	板负筋.1	10	一级	长度计算公式	1000＋1500＋70＋120	2690	49	97.897	2690	49	99.655
						长度公式描述	左净长＋右净长＋弯折＋弯折						
		9 号分1	分布筋.1	8	一级	长度计算公式	4150＋150＋150	4450	5		4450	4	
						长度公式描述	净长＋搭接长度＋搭接长度						
		9 号分2	分布筋.2	8	一级	长度计算公式	3150＋150＋150	3450	7		3450	7	
						长度公式描述	净长＋搭接长度＋搭接长度						

（5）5 轴线

5 轴线首层板负筋软件答案见表 2.4.42。

表 2.4.42　5 轴线首层板负筋软件答案

轴号	分段	筋名称	筋号	直径 d (mm)	级别	软件答案		长度 (mm)	根数	重量	手工答案		
											长度 (mm)	根数	重量
5	A-B	5 号负	板负筋.1	8	一级	长度计算公式	$850 + 70 + 30d + 6.25d$	1210	41	27.101	1220	41	27.101
						长度公式描述	左净长 + 弯折 + 设定锚固长度 + 弯钩						
		5 号分	分布筋.1	8	一级	长度计算公式	$4600 + 150$	4750	5		4800	5	
						长度公式描述	净长 + 搭接长度						
5	B-C	8 号负 1	板负筋.1	8	一级	长度计算公式	$1000 + 1000 + 70 + 70$	2140	19	19.205	2140	19	19.067
						长度公式描述	左净长 + 右净长 + 弯折 + 弯折						
		8 号负 2	板负筋.2	8	一级	长度计算公式	$200 + 1000 + 30d + 70 + 6.25d$	1560	1		1220	1	
						长度公式描述	左净长 + 右净长 + 设定锚固长度 + 弯折 + 弯钩						
		8 号分 1	分布筋.1	8	一级	长度计算公式	$1500 - 100 + 150$	1600	4		1600	4	
						长度公式描述	净长 + 起步 + 搭接长度						
5	C-D	8 号负 1	板负筋.1	8	一级	长度计算公式	$1000 + 1000 + 70 + 70$	2140	40	47.084	2140	40	50.349
						长度公式描述	左净长 + 右净长 + 弯折 + 弯折						
		8 号负 2	分布筋.1	8	一级	长度计算公式	$3650 + 150 + 150$	3950	4		3950	5	
						长度公式描述	净长 + 搭接长度 + 搭接长度						
		8 号分 1	分布筋.2	8	一级	长度计算公式	$4150 + 150 + 150$	4450	4		4450	5	
						长度公式描述	净长 + 搭接长度 + 搭接长度						

（6）6 轴线

6 轴线首层板负筋软件答案见表 2.4.43。

表 2.4.43　6 轴线首层板负筋软件答案

轴号	分段	筋名称	筋号	直径 d (mm)	级别	公式		长度 (mm)	根数	重量	长度 (mm)	根数	重量
							软件答案				**手工答案**		
6	A－C	7 号负	板负筋.1	10	一级	长度计算公式	1500 + 1000 + 120 + 70	2690	74	150.845	2690	74	153.393
						长度公式描述	左净长 + 右净长 + 弯折 + 弯折						
		7 号分	分布筋.1	8	一级	长度计算公式	6150 + 150 + 150	6450	11		6450	12	
						长度公式描述	净长 + 搭接长度 + 搭接长度						
6	C－D	7 号负	板负筋.1	10	一级	长度计算公式	1500 + 1000 + 120 + 70	2690	49	97.107	2690	49	98.588
						长度公式描述	左净长 + 右净长 + 弯折 + 弯折						
		7 号分 1	分布筋.1	8	一级	长度计算公式	3150 + 150 + 150	3450	7		3450	7	
						长度公式描述	净长 + 搭接长度 + 搭接长度						
		7 号分 2	分布筋.2	8	一级	长度计算公式	3650 + 150 + 150	3950	4		3950	5	
						长度公式描述	净长 + 搭接长度 + 搭接长度						

（7）7 轴线

7 轴线首层板负筋软件答案见表 2.4.44。

表 2.4.44　7 轴线首层板负筋软件答案

轴号	分段	筋名称	筋号	直径 d (mm)	级别	公式		长度 (mm)	根数	重量	长度 (mm)	根数	重量
							软件答案				**手工答案**		
7	C－D	4 号负	板负筋.1	10	一级	长度计算公式	$1350 + 120 + (300 - 20 + 15d) + 6.25d$	1963	40	58.109	1963	40	58.109
						长度公式描述	右净长 + 弯折 + 设定锚固长度 + 弯钩						
		4 号分	分布筋.1	8	一级	长度计算公式	3150 + 150 + 150	3450	7		3450	7	
						长度公式描述	净长 + 搭接长度 + 搭接长度						
7	A－C	4 号负	板负筋.1	10	一级	长度计算公式	$1350 + 120 + (300 - 20 + 15d) + 6.25d$	1963	60	90.69	1963	60	90.69
						长度公式描述	右净长 + 弯折 + 设定锚固长度 + 弯钩						
		4 号分	分布筋.1	8	一级	长度计算公式	6150 + 150 + 150	6450	7		6450	7	
						长度公式描述	净长 + 搭接长度 + 搭接长度						

（8）A 轴线

A 轴线首层板负筋软件答案见表 2.4.45。

表 2.4.45　A 轴线首层板负筋软件答案

轴号	分段	筋名称	筋号	直径 d（mm）	级别	公式		长度（mm）	根数	重量	长度（mm）	根数	重量
						软件答案					手工答案		
A	1－2	4 号负	板负筋.1	10	一级	长度计算公式	$1350+(300-20+15d)+120+6.25d$	1963	40	58.124	1963	40	58.124
						长度公式描述	左净长 + 设定锚固长度 + 弯折 + 弯钩						
		4 号分	分布筋.1	8	一级	长度计算公式	$3200+150+150$	3500	7		3500	7	
						长度公式描述	净长 + 搭接长度 + 搭接长度						
A	2－3	4 号负	板负筋.1	10	一级	长度计算公式	$1350+(300-20+15d)+120+6.25d$	1963	39	56.36	1963	39	56.36
						长度公式描述	左净长 + 设定锚固长度 + 弯折 + 弯钩						
		4 号分	分布筋.1	8	一级	长度计算公式	$3200+150+150$	3500	7		3500	7	
						长度公式描述	净长 + 搭接长度 + 搭接长度						
A	3－4	4 号负	板负筋.1	10	一级	长度计算公式	$1350+(300-20+15d)+120+6.25d$	1963	45	66.116	1963	45	66.116
						长度公式描述	右净长 + 设定锚固长度 + 弯折 + 弯钩						
		4 号分	分布筋.1	8	一级	长度计算公式	$3900+150+150$	4200	7		4200	7	
						长度公式描述	净长 + 搭接长度 + 搭接长度						
A	5－6	4 号负	板负筋.1	8	一级	长度计算公式	$1350+70+(300-20+15d)+6.25d$	1915	17	23.107	1915	17	23.107
						长度公式描述	左净长 + 弯折 + 设定锚固长度 + 弯钩						
		4 号分	分布筋.1	8	一级	长度计算公式	$800+150+150$	1100	7		1100	7	
						长度公式描述	净长 + 搭接长度 + 搭接长度						
A	6－7	4 号负	板负筋.1	10	一级	长度计算公式	$1350+(300-20+15d)+120+6.25d$	1963	39	56.36	1963	39	56.36
						长度公式描述	右净长 + 设定锚固长度 + 弯折 + 弯钩						
		4 号分	分布筋.1	8	一级	长度计算公式	$2700+150+150$	3000	7		3000	7	
						长度公式描述	净长 + 搭接长度 + 搭接长度						

（9）D 轴线

D 轴线首层板负筋软件答案见表 2.4.46。

表 2.4.46　D 轴线首层板负筋软件答案

轴号	分段	筋名称	筋号	直径 d（mm）	级别	公式		长度（mm）	根数	重量	长度（mm）	根数	重量
							软件答案				手工答案		
D	1－1′	5 号负	板负筋.1	8	一级	长度计算公式	$850+70+30d+6.25d$	1210	20	11.929	1220	20	12.522
						长度公式描述	左净长＋弯折＋设定锚固长度＋弯钩						
		5 号分	分布筋.1	8	一级	长度计算公式	$1200+150+150$	1500	4		1500	5	
						长度公式描述	净长＋搭接长度＋搭接长度						
D	1′－2	5 号负	板负筋.1	8	一级	长度计算公式	$850+30d+70+6.25d$	1210	19	11.135	1220	19	11.711
						长度公式描述	右净长＋设定锚固长度＋弯折＋弯钩						
		5 号分	分布筋.1	8	一级	长度计算公式	$1000+150+150$	1300	4		1300	5	
						长度公式描述	净长＋搭接长度＋搭接长度						
D	2－3	4 号负	板负筋.1	10	一级	长度计算公式	$1350+120+(300-20+15d)+6.25d$	1963	39	56.36	1963	39	56.36
						长度公式描述	左净长＋弯折＋设定锚固长度＋弯钩						
		4 号分	分布筋.1	8	一级	长度计算公式	$3000+150+150$	3300	7		3300	7	
						长度公式描述	净长＋搭接长度＋搭接长度						
D	3－4	4 号负	板负筋.1	10	一级	长度计算公式	$1350+120+(300-20+15d)+6.25d$	1963	45	66.116	1963	45	66.116
						长度公式描述	左净长＋弯折＋设定锚固长度＋弯钩						
		4 号分	分布筋.1	8	一级	长度计算公式	$3900+150+150$	4200	7		4200	7	
						长度公式描述	净长＋搭接长度＋搭接长度						
D	4－5	5 号负	板负筋.1	8	一级	长度计算公式	$850+30d+70+6.25d$	1210	22	13.359	1210	22	14.07
						长度公式描述	右净长＋设定锚固长度＋弯折＋弯钩						
		5 号分	分布筋.1	8	一级	长度计算公式	$1500+150+150$	1800	4		1800	5	
						长度公式描述	净长＋搭接长度＋搭接长度						

轴号	分段	筋名称	筋号	直径d (mm)	级别	软件答案		长度 (mm)	根数	重量	手工答案 长度 (mm)	根数	重量
D	5-6	5号负	板负筋.1	8	一级	长度计算公式	$850+30d+70+6.25d$	1210	17	9.683	1210	17	10.298
						长度公式描述	右净长+设定锚固长度+弯折+弯钩						
		5号分	分布筋.1	8	一级	长度计算公式	$800+150+150$	1100	5		1100	5	
						长度公式描述	净长+搭接长度+搭接长度						
D	6-7	4号负	板负筋.1	10	一级	长度计算公式	$1350+120+(300-20+15d)+6.25d$	1963	39	56.36	1963	39	51.987
						长度公式描述	左净长+弯折+设定锚固长度+弯钩						
		4号分	分布筋.1	8	一级	长度计算公式	$3000+150+150$	3300	7		3300	7	
						长度公式描述	净长+搭接长度+搭接长度						

（10）B-C 范围

B-C 范围首层板负筋软件答案见表 2.4.47。

表 2.4.47 B-C 范围首层板负筋软件答案

轴号	分段	筋名称	筋号	直径d (mm)	级别	软件答案		长度 (mm)	根数	重量	手工答案 长度 (mm)	根数	重量
C	5-6	6号负	板负筋.1	10	一级	长度计算公式	$1500+1500+70+70$	3140	25	54.518	3140	25	54.518
						长度公式描述	左净长+右净长+弯折+弯折						
		6号分	分布筋.1	8	一级	长度计算公式	$800+150+150$	1100	14		1100	14	
						长度公式描述	净长+搭接长度+搭接长度						
C	6-7	6号负	板负筋.1	10	一级	长度计算公式	$1500+1500+120+120$	3240	57	132.197	3240	57	132.197
						长度公式描述	左净长+右净长+弯折+弯折						
		6号分	分布筋.1	8	一级	长度计算公式	$3000+150+150$	3300	14		3300	14	
						长度公式描述	净长+搭接长度+搭接长度						

轴号	分段	筋名称	筋号	直径 d（mm）	级别	公式		长度（mm）	根数	重量	长度（mm）	根数	重量
						软件答案					手工答案		
B－C	1－2	1号负1	板受力筋.1	8	一级	长度计算公式	$4550+1500+1000+150-2\times15+100-2\times15$	7190	56		7190	56	
						长度公式描述	净长＋左标注＋右标注＋弯折＋弯折						
		1号负2	板受力筋.2	8	一级	长度计算公式	$4375+1500+150-2\times15+250-20+15d+6.25d$	6395	3		6395	3	
						长度公式描述	净长＋左标注＋弯折＋设定锚固长度＋弯钩						
		1号分1	分布筋.1	8	一级	长度计算公式	$1200+150+150$	1500	5	213.428	1500	5	213.428
						长度公式描述	净长＋搭接长度＋搭接长度						
		1号分2	分布筋.2	8	一级	长度计算公式	$1000+150+150$	1300	5		1300	5	
						长度公式描述	净长＋搭接长度＋搭接长度						
		1号分3	分布筋.3	8	一级	长度计算公式	$3700+150+150$	4000	20		4000	20	
						长度公式描述	净长＋搭接长度＋搭接长度						
		1号分4	分布筋.4	8	一级	长度计算公式	$3200+150+150$	3500	7		3500	7	
						长度公式描述	净长＋搭接长度＋搭接长度						
B－C	2－3	2号负	板受力筋.1	10	一级	长度计算公式	$3000+1500+1500+150-2\times15+150-2\times15$	6420	57	255.953	6420	57	255.953
						长度公式描述	净长＋左标注＋右标注＋弯折＋弯折						
		2号分	分布筋.1	8	一级	长度计算公式	$3000+150+150$	3300	28		3300	28	
						长度公式描述	净长＋搭接长度＋搭接长度						
B－C	3－4	2号负	板受力筋.1	10	一级	长度计算公式	$3000+1500+1500+150-2\times15+150-2\times15$	6420	66	300.557	6420	66	300.557
						长度公式描述	净长＋左标注＋右标注＋弯折＋弯折						
		2号分	分布筋.1	8	一级	长度计算公式	$3900+150+150$	4200	28		4400	28	
						长度公式描述	净长＋搭接长度＋搭接长度						
B－C	4－5	3号负	板受力筋.1	8	一级	长度计算公式	$2850+1000+30\times8+100-2\times15+6.25d$	4210	32	66.012	4210	32	66.012
						长度公式描述	净长＋右标注＋设定锚固长度＋弯折＋弯钩						
		3号分	分布筋.1	8	一级	长度计算公式	$1500+150+150$	1800	19		1800	19	
						长度公式描述	净长＋搭接长度＋搭接长度						

十、首层楼梯的属性、画法及其答案对比

楼梯梁和平台用画图的方法计算钢筋，楼梯的斜跑用单构件输入方法解决（参考"单构件输入"）。

1. 定义楼梯梁

把楼梯梁按照非框架梁进行定义，操作步骤如下：

单击"梁"下拉菜单→单击"梁"→单击"定义"→单击"新建"下拉菜单→单击"新建矩形梁"→修改"属性编辑"为"TL1"，如图2.4.83所示。
→单击"绘图"退出。

	属性名称	属性值	附加
1	名称	TL1	
2	类别	非框架梁	☐
3	截面宽度 (mm)	250	☐
4	截面高度 (mm)	400	☐
5	轴线距梁左边线距离 (mm)	(125)	☐
6	跨数量		☐
7	箍筋	Φ8@200 (2)	☐
8	肢数	2	
9	上部通长筋	2Φ20	☐
10	下部通长筋	4Φ20	☐
11	侧面构造或受扭筋(总配筋值)		☐
12	拉筋		☐
13	其它箍筋		☐
14	备注		☐

图 2.4.83

2. 画楼梯梁

（1）画休息平台处楼梯梁

画梁：单击"梁"下拉菜单里的"梁"→选择"TL1"→单击"直线"按钮→分别单击楼梯间的两个Z1→单击右键结束。

修改梁的顶标高：单击"选择"按钮→选中"TL1"→单击右键出现右键菜单→单击"构件属性编辑器"→单击"其他属性"前面"＋"号使其展开→修改21行"起点顶标高"为1.75→敲回车键，修改22行的"终点顶标高"为1.75→敲回车键→选中TL1单击右键出现右键菜单→单击"取消选择"→关闭"属性编辑器"窗口。

找支座：单击"重提梁跨"→单击"TL1"出现"确认对话框"出现"此梁类别为非框架梁且以柱为支座，是否将其改为框架梁"→单击"否"→单击右键结束。

（2）画楼层平台处楼梯梁

画梁：单击"梁"下拉菜单里的"梁"→选择"TL1"→单击"直线"按钮→将"不偏移"变成"正交"，填写偏移值 $x = 0$，$y = -1225$→单击（4/B）交点，将"正交"变成"不偏移"→单击"垂点"按钮→单击5轴线处的"KL9 - 300 × 700"→单击右键结束。

找支座：单击"重提梁跨"→单击刚画好的"TL1"→单击右键结束。

3. 楼梯梁软件手工答案对比

（1）休息平台处楼梯梁软件手工答案对比

汇总计算后查看休息平台处楼梯梁软件答案见表2.4.48。

表 2.4.48　休息平台处楼梯梁软件答案

构件名称:休息平台处梁,单构件重量:67.139kg,整楼构件数量:2 根

序号	筋号	直径 d（mm）	级别	软件答案		长度（mm）	根数	搭接	长度（mm）	根数	搭接
									手工答案		
1	跨中筋1	20	二级钢	长度计算公式	$250-20+15d+3275+250-20+15d$	4335	2		4335	2	
				长度公式描述	支座宽 − 保护层厚度 + 弯折 + 净长 + 支座宽 − 保护层厚度 + 弯折						
2	下部钢筋1	20	二级钢	长度计算公式	$12d+3275+12d$	3755	4		3755	4	
				长度计算公式	锚固长度 + 净长 + 锚固长度						
3	箍筋1	8	一级钢	长度计算公式	$2\times[(250-2\times20)+(400-2\times20)]+2\times11.9d$	1330			1330		
				根数计算公式	Ceil(3175/200)+1		17			17	

（2）楼层平台处楼梯梁软件手工答案对比

楼层平台处楼梯梁软件答案见表 2.4.49。

表 2.4.49　楼层平台处楼梯梁软件答案

构件名称:楼层平台处楼梯梁,单构件重量:66.522kg,整楼构件数量:2 根

序号	筋号	直径 d（mm）	级别	软件答案		长度（mm）	根数	搭接	长度（mm）	根数	搭接
									手工答案		
1	跨中筋1	20	二级钢	长度计算公式	$300-20+15d+3200+300-20+15d$	4360	2		4360	2	
				长度公式描述	支座宽 − 保护层厚度 + 弯折 + 净长 + 支座宽 − 保护层厚度 + 弯折						
2	下部钢筋1	20	二级钢	长度计算公式	$12d+3200+12d$	3680	4		3680	4	
				长度计算公式	锚固长度 + 净长 + 锚固长度						
3	箍筋1	8	一级钢	长度计算公式	$2\times[(250-2\times20)+(400-2\times20)]+2\times11.9d$	1330			1330		
				根数计算公式	Ceil(3100/200)+1		17			17	

4. 画楼梯平台板

（1）画楼梯休息平台板

由于此楼梯休息平台是块悬挑板,板到楼梯间墙的内皮,用偏移的方法画休息平台板,操作步骤如下:

501

画板：单击"板"下拉菜单→单击"现浇板"→选择"B100"→在英文的状态下按"L"键取消梁的显示使我们很容易看清楚墙的边线（如果不起作用单击右键再试试）→单击"三点画弧"后面的"矩形"画法→将"不偏移"变成"正交"，填写偏移值 $x=100$，$y=0$→单击 4 轴线上的 Z1 中心点，填写偏移值 $x=-125$，$y=-1275$→单击 5 轴线处 Z1 中心点→单击右键结束。

修改板的顶标高：单击"选择"按钮→单击刚画好的休息平台板→单击右键出现右键菜单→单击"构件属性编辑器"，改第 4 行板的顶标高为 1.75→敲回车键，选中刚画好的板单击右键出现右键菜单→单击"取消选择"→关闭"属性编辑器"窗口。

（2）画楼层平台板

画板：单击"板"下拉菜单→单击"现浇板"，选择"B100"，在英文的状态下按"L"键使梁在显示状态→单击"点"按钮→单击楼层平台空间→单击右键结束。

5. 画楼梯平台板钢筋

1）画楼梯休息平台板钢筋

（1）定义休息平台板钢筋

①8 号钢筋属性编辑：单击"板"下拉菜单→单击"板受力筋"→单击"定义"→单击"新建"下拉菜单→单击"新建板受力筋"→修改属性编辑为 8 号面筋，如图 2.4.84 所示。

注意：类别调整为面筋，钢筋锚固默认，此处楼梯按非抗震，强度等级为 C25。

②9 号分布筋属性编辑：用同样的办法定义 9 号分布筋，如图 2.4.85 所示（由于 9 号分布筋带弯勾，我们按底筋定义）。

单击"绘图"退出。

（2）画楼梯休息平台板钢筋

单击"板"下拉菜单→单击"板受力筋"→选择"8 号面筋 A12@100"→单击"单板"→单击"垂直"→单击"休息平台板"→选择"9 号分布筋 A8@200"→单击"单板"→单击"水平"→单击"休息平台板"→单击右键结束。

2）画楼层平台板钢筋

（1）定义楼层平台板钢筋

单击"板"下拉菜单→单击"板受力筋"→单击"定义"→单击"新建"下拉菜单→单击"新建板受力筋"→修改属性编辑为 10 号底筋，如图 2.4.86 所示。

用同样的方式建立 11 号底筋、12 号面筋、13 号面筋，分别如图 2.4.87、图 2.4.88、图 2.4.89 所示。

	属性名称	属性值	附加
1	名称	8号面筋A12@100	
2	钢筋信息	Φ12@100	☐
3	类别	面筋	☐
4	左弯折 (mm)	(0)	☐
5	右弯折 (mm)	(0)	☐
6	钢筋锚固	(30)	☐
7	钢筋搭接	(42)	
8	归类名称	(8号面筋A12@100)	☐
9	汇总信息	板受力筋	☐
10	计算设置	按默认计算设置计算	
11	节点设置	按默认节点设置计算	
12	搭接设置	按默认搭接设置计算	
13	长度调整 (mm)		☐
14	备注		☐
15	⊞ 显示样式		

图 2.4.84

	属性名称	属性值	附加
1	名称	9号分布筋A8@200	
2	钢筋信息	Φ8@200	☐
3	类别	底筋	☐
4	左弯折 (mm)	(0)	☐
5	右弯折 (mm)	(0)	☐
6	钢筋锚固	(30)	☐
7	钢筋搭接	(42)	
8	归类名称	(9号分布筋A8@200)	☐
9	汇总信息	板受力筋	☐
10	计算设置	按默认计算设置计算	
11	节点设置	按默认节点设置计算	
12	搭接设置	按默认搭接设置计算	
13	长度调整 (mm)		☐
14	备注		☐
15	⊞ 显示样式		

图 2.4.85

	属性名称	属性值	附加
1	名称	10号底筋A8@100	
2	钢筋信息	Φ8@100	☐
3	类别	底筋	☐
4	左弯折 (mm)	(0)	☐
5	右弯折 (mm)	(0)	☐
6	钢筋锚固	(30)	☐
7	钢筋搭接	(42)	
8	归类名称	(10号底筋A8@100)	☐
9	汇总信息	板受力筋	☐
10	计算设置	按默认计算设置计算	
11	节点设置	按默认节点设置计算	
12	搭接设置	按默认搭接设置计算	
13	长度调整 (mm)		☐
14	备注		☐
15	⊞ 显示样式		

图 2.4.86

	属性名称	属性值	附加
1	名称	11号底筋A8@150	
2	钢筋信息	Φ8@150	☐
3	类别	底筋	☐
4	左弯折 (mm)	(0)	☐
5	右弯折 (mm)	(0)	☐
6	钢筋锚固	(30)	☐
7	钢筋搭接	(42)	
8	归类名称	(11号底筋A8@150)	☐
9	汇总信息	板受力筋	☐
10	计算设置	按默认计算设置计算	
11	节点设置	按默认节点设置计算	
12	搭接设置	按默认搭接设置计算	
13	长度调整 (mm)		☐
14	备注		☐
15	⊞ 显示样式		

图 2.4.87

	属性名称	属性值	附加
1	名称	12号面筋A8@100	
2	钢筋信息	Φ8@100	☐
3	类别	面筋	☐
4	左弯折 (mm)	(0)	☐
5	右弯折 (mm)	(0)	☐
6	钢筋锚固	(30)	☐
7	钢筋搭接	(42)	
8	归类名称	(12号面筋A8@100)	☐
9	汇总信息	板受力筋	☐
10	计算设置	按默认计算设置计算	
11	节点设置	按默认节点设置计算	
12	搭接设置	按默认搭接设置计算	
13	长度调整 (mm)		☐
14	备注		☐
15	⊞ 显示样式		

图 2.4.88

	属性名称	属性值	附加
1	名称	13号面筋A8@150	
2	钢筋信息	Φ8@150	☐
3	类别	面筋	☐
4	左弯折 (mm)	(0)	☐
5	右弯折 (mm)	(0)	☐
6	钢筋锚固	(30)	☐
7	钢筋搭接	(42)	
8	归类名称	(13号面筋A8@150)	☐
9	汇总信息	板受力筋	☐
10	计算设置	按默认计算设置计算	
11	节点设置	按默认节点设置计算	
12	搭接设置	按默认搭接设置计算	
13	长度调整 (mm)		☐
14	备注		☐
15	⊞ 显示样式		

图 2.4.89

单击"绘图"退出。

（2）画楼层平台板钢筋

单击"板"下拉菜单→单击"板受力筋"→选择"10 号底筋 A8@100"→单击"单板"→单击"垂直"→单击"楼层平台板"→选择"11 号底筋 A8@150"→单击"单板"→单击"水平"→单击"楼层平台板"→选择"12 号面筋 A8@100"→单击"单板"→单击"垂直"→单击"楼层平台板"→选择"13 号面筋 A8@150"→单击"单板"→单击"水平"→单击"楼梯平台板"→单击右键结束。

6. 楼梯平台软件手工答案对比

1）休息平台钢筋软件手工答案对比

（1）休息平台钢筋手工答案

休息平台钢筋手工答案见表 2.4.50。

表 2.4.50　休息平台钢筋手工答案

筋方向	筋名称	直径	级别	手工答案		长度（mm）	根数	重量
x 方向	9 号筋	8	一级钢	长度计算公式	$3300 + \max(200/2,5d) + \max(200/2,5d) + 12.5d$	3625		10.013
				长度公式描述	净长 + 最大值(设定锚固长度) + 最大值(设定锚固长度) + 两倍弯钩			
				根数计算公式	$(1275 - 2 \times 50/200) + 1$		7	
y 方向	8 号筋	12	一级钢	长度计算公式	$1150 + 27d + 27d + 12.5d$	1948		57.072
				长度公式描述	挑板净长 + 设定锚固长度 + 设定锚固长度 + 两倍弯钩			
				根数计算公式	$[3300 - 2 \times 50)/100] + 1$		33	

（2）查看软件计算 8、9 号筋的结果

汇总计算后，单击"钢筋编辑"按钮→单击 8 号面筋显示软件计算结果，如图 2.4.90 所示。

	筋号	直径(mm	级别	图号	图形	计算公式	公式描述	长度(mm)	根数
1	8号面筋A12@100.1	12	中	72	70 ⌐¯¯1490¯¯⌐ 180	1225-15+100-2*15+300-20+15*d+6.25*d	净长-保护层+设定弯折+设定锚固+弯钩	1815	32

图 2.4.90

单击"钢筋编辑"按钮→单击 9 号底筋，显示软件计算结果，如图 2.4.91 所示。

	筋号	直径(mm	级别	图号	图形	计算公式	公式描述	长度(mm)	根数
1*	9号分布筋A8@200.1	8	中	3	3500	3200+max(300/2,5*d)+max(300/2,5*d)+12.5*d	净长+设定锚固+设定锚固+两倍弯钩	3600	7

图 2.4.91

从图 2.4.90、图 2.4.91 可以看出，软件计算的结果是错误的，需要对这个结果进行调整。

（3）调整软件计算 8、9 号筋

查出是有一段剪力墙影响休息平台板的钢筋计算结果，如图 2.4.92 所示。用修剪的方法将这段墙修改掉，操作步骤如下：

单击"墙"下拉菜单→单击"剪力墙"→单击"选择"→单击"修剪"（在英文状态下按"Z"键取消柱子显示）→单击 5 轴线的砌块墙作为目的墙→单击（5/A）轴线处剪力墙的墙头→单击右键结束。

修剪后延伸 A 轴线砌块墙与 5 轴线砌块墙相交。

此段墙影响休息平台的钢筋

图 2.4.92

4）重新查看软件计算 8、9 号筋

修剪剪力墙后重新汇总，再查看钢筋的计算结果见表 2.4.51。

表 2.4.51　休息平台钢筋软件答案

筋方向	筋名称	筋号	直径 d (mmm)	级别	软件答案		长度 (mm)	根数	重量	手工答案		
										长度 (mm)	根数	重量
x 方向	9 号筋	板受力筋.1	12	一级钢	长度计算公式	$3200 + \max(300/2, 5d) + \max(300/2, 5d) + 12.5d$	3600	7	9.954	3600	7	9.954
					长度公式描述	净长 + 最大值(设定锚固长度) + 最大值(设定锚固长度) + 两倍弯钩						
y 方向	8 号筋	板受力筋.1	8	一级钢	长度计算公式	$1225 - 15 + 100 - 2 \times 15 + (300 - 20 + 15d) + 6.25d$	1815	33	51.575	1815	33	51.575
					长度公式描述	净长 - 保护层 + 弯折 + 锚固长度 + 弯钩						

2）楼层平台钢筋软件手工答案对比

楼层平台钢筋软件答案见表 2.4.52。

表 2.4.52　楼层平台钢筋软件答案

筋方向	筋名称	筋号	直径	级别	软件答案		长度 (mm)	根数	重量	手工答案		
										长度 (mm)	根数	重量
x 方向底筋	11 号筋	板受力筋.1	8	一级钢	长度计算公式	$3200 + \max(300/2, 5d) + \max(300/2, 5d) + 12.5d$	3600	7	9.954	3600	7	9.954
					长度公式描述	净长 + 最大值(锚固长度) + 两倍弯钩						
y 方向底筋	10 号筋	板受力筋.1	8	一级钢	长度计算公式	$950 + \max(250/2, 5d) + \max(300/2, 5d) + 12.5d$	1325	32	16.748	1325	7	16.748
					长度公式描述	净长 + 最大值(锚固长度) + 最大值(锚固长度) + 两倍弯钩						
x 方向面筋	13 号筋	板受力筋.1	8	一级钢	长度计算公式	$3200 + 30d + 30d + 12.5d$	3780	7	10.452	3780	7	10.452
					长度公式描述	净长 + 判断值 + 判断值 + 两倍弯钩						
y 方向面筋	12 号筋	板受力筋.1	8	一级钢	长度计算公式	$950 + 30d + (250 - 20 + 15d) + 12.5d$	1640	32	20.73	1640	32	20.73
					长度公式描述	净长 + 判断值 + 判断值 + 两倍弯钩						

7. 首层板（含休息平台板）马凳软件手工答案对比

首层马凳数量根据首层马凳布置图计算，如图 2.4.93 所示。

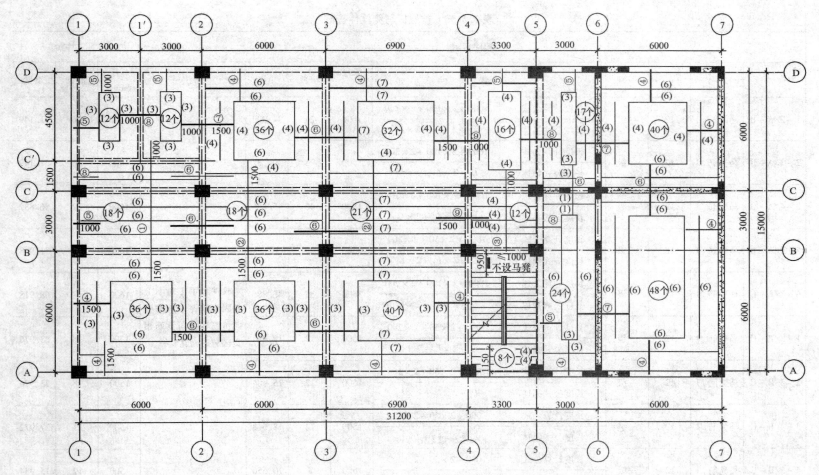

图 2.4.93　3.55、7.15 楼面板 Ⅱ 型马凳布置图

汇总计算后，单击"板"下拉菜单里的"现浇板"→单击"选择"按钮→单击要查看马凳的板。

首层板马凳软件答案见表 2.4.53。

表 2.4.53　首层板马凳软件答案

马凳位置	筋号	直径 d (mm)	级别	公式		长度 (mm)	根数	重量	备注	长度 (mm)	根数	重量
										手工答案		
1-2/A-B	马凳筋.1	12	一级	长度计算公式	$1000 + 2 \times 100 + 2 \times 200$	1600	24	34.099		1600	36	51.149
				长度公式描述	$L_1 + 2 \times L_2 + 2 \times L_3$							
2-3/A-B	马凳筋.1	12	一级	长度计算公式	$1000 + 2 \times 100 + 2 \times 200$	1600	28	39.782		1600	36	51.149
				长度公式描述	$L_1 + 2 \times L_2 + 2 \times L_3$							
3-4/A-B	马凳筋.1	12	一级	长度计算公式	$1000 + 2 \times 100 + 2 \times 200$	1600	40	45.466		1600	32	56.832
				长度公式描述	$L_1 + 2 \times L_2 + 2 \times L_3$							
5-6/A-C	马凳筋.1	12	一级	长度计算公式	$1000 + 2 \times 50 + 2 \times 200$	1500	25	33.33		1500	24	31.968
				长度公式描述	$L_1 + 2 \times L_2 + 2 \times L_3$							
6-7/A-C	马凳筋.1	12	一级	长度计算公式	$1000 + 2 \times 100 + 2 \times 200$	1600	33	46.886	软件和手工对不上是因为软件未考虑横向负筋和纵向负筋相交区域的马凳	1600	48	68.918
				长度公式描述	$L_1 + 2 \times L_2 + 2 \times L_3$							
1-2/B-C	马凳筋.1	12	一级	长度计算公式	$1000 + 2 \times 50 + 2 \times 200$	1500	12	15.984		1500	18	23.976
				长度公式描述	$L_1 + 2 \times L_2 + 2 \times L_3$							
2-3/B-C	马凳筋.1	12	一级	长度计算公式	$1000 + 2 \times 50 + 2 \times 200$	1500	12	15.984		1500	18	23.976
				长度公式描述	$L_1 + 2 \times L_2 + 2 \times L_3$							
3-4/B-C	马凳筋.1	12	一级	长度计算公式	$1000 + 2 \times 50 + 2 \times 200$	1500	14	18.648		1500	21	27.972
				长度公式描述	$L_1 + 2 \times L_2 + 2 \times L_3$							
4-5/B-C	马凳筋.1	12	一级	长度计算公式	$1000 + 2 \times 50 + 2 \times 200$	1500	8	10.656		1500	12	15.984
				长度公式描述	$L_1 + 2 \times L_2 + 2 \times L_3$							
1-2/C-C′	马凳筋.1	12	一级	长度计算公式	$1000 + 2 \times 50 + 2 \times 200$	1500	6	7.992		1500	12	15.984
				长度公式描述	$L_1 + 2 \times L_2 + 2 \times L_3$							

马凳位置	筋号	直径 d（mm）	级别	公式		长度（mm）	根数	重量	备注	长度（mm）	根数	重量
						软件答案				手工答案		
1–1′/C′–D	马凳筋.1	12	一级	长度计算公式	$1000 + 2 \times 50 + 2 \times 200$	1500	10	13.32		1500	12	15.984
				长度公式描述	$L_1 + 2 \times L_2 + 2 \times L_3$							
1′–2/C′–D	马凳筋.1	12	一级	长度计算公式	$1000 + 2 \times 50 + 2 \times 200$	1500	11	14.652		1500	12	15.984
				长度公式描述	$L_1 + 2 \times L_2 + 2 \times L_3$							
2–3/C–D	马凳筋.1	12	一级	长度计算公式	$1000 + 2 \times 100 + 2 \times 200$	1600	24	34.099		1600	36	51.149
				长度公式描述	$L_1 + 2 \times L_2 + 2 \times L_3$							
3–4/C–D	马凳筋.1	12	一级	长度计算公式	$1000 + 2 \times 100 + 2 \times 200$	1600	28	39.782	软件和手工对不上是因为软件未考虑横向负筋和纵向负筋相交区域的马凳	1600	40	56.832
				长度公式描述	$L_1 + 2 \times L_2 + 2 \times L_3$							
4–5/C–D	马凳筋.1	12	一级	长度计算公式	$1000 + 2 \times 50 + 2 \times 200$	1500	19	25.308		1500	16	21.312
				长度公式描述	$L_1 + 2 \times L_2 + 2 \times L_3$							
5–6/C–D	马凳筋.1	12	一级	长度计算公式	$1000 + 2 \times 50 + 2 \times 200$	1500	11	14.652		1500	17	22.644
				长度公式描述	$L_1 + 2 \times L_2 + 2 \times L_3$							
6–7/C–D	马凳筋.1	12	一级	长度计算公式	$1000 + 2 \times 100 + 2 \times 200$	1600	28	39.782		1600	40	56.832
				长度公式描述	$L_1 + 2 \times L_2 + 2 \times L_3$							
4–5/楼梯休息平台	马凳筋.1	12	一级	长度计算公式	$1000 + 2 \times 50 + 2 \times 200$	1500	4	6.038		1500	4	6.038
				长度公式描述	$L_1 + 2 \times L_2 + 2 \times L_3$							

十一、首层砌体加筋的属性、画法及其答案对比

墙与柱子相接的地方都会出现墙体加筋，有 L 形、T 形、一字形、十字形等，我们要在软件里选择这些形式的墙体加筋，每种形式又因为施工方法不同，墙体加筋的计算长度也不同。我们选择框架柱子先预留预埋件后焊接墙体加筋的计算方法，具体操作步骤如下。

1. 建立首层砌体加筋属性

（1）建立 L-3 形-1 砌体加筋

单击"墙"下拉菜单→单击"砌体加筋"→单击"定义"→单击"新建"下拉菜单→单击"新建砌体加筋"→选择"L形"→选择"L-3形"，填写参数，如图2.4.94所示→单击"确定"→修改"属性编辑"，如图2.4.95所示。

参数

	属性名称	属性值
1	Ls1 (mm)	1000
2	Ls2 (mm)	1000
3	b1 (mm)	250
4	b2 (mm)	250

图 2.4.94

	属性名称	属性值	附加
1	名称	LJ-3形-1	
2	砌体加筋形式	L-3形	☐
3	1#加筋	Φ6@500	☐
4	2#加筋	Φ6@500	☐
5	其它加筋		
6	计算设置	按默认计算设置计算	
7	汇总信息	砌体拉结筋	☐
8	备注		☐
9	⊞ 显示样式		

图 2.4.95

（2）建立 L-3 形-2 砌体加筋

单击"新建"下拉菜单→单击"新建砌体加筋"→选择"L形"→选择"L-3形"，填写参数，如图2.4.96所示→单击"确定"→修改"属性编辑"，如图2.4.97所示。

参数

	属性名称	属性值
1	Ls1 (mm)	1000
2	Ls2 (mm)	1000
3	b1 (mm)	250
4	b2 (mm)	200

图 2.4.96

	属性名称	属性值	附加
1	名称	LJ-3形-2	
2	砌体加筋形式	L-3形	☐
3	1#加筋	Φ6@500	☐
4	2#加筋	Φ6@500	☐
5	其它加筋		
6	计算设置	按默认计算设置计算	
7	汇总信息	砌体拉结筋	☐
8	备注		☐
9	⊞ 显示样式		

图 2.4.97

（3）建立 L-3 形-3 砌体加筋

单击"新建"下拉菜单→单击"新建砌体加筋"→选择"L形"→选择"L-3形"，填写参数，如图2.4.98所示→单击"确定"→修改"属性编辑",如图 2.4.99 所示。

	属性名称	属性值	附加
1	名称	LJ-3形-3	
2	砌体加筋形式	L-3形	☐
3	1#加筋	Φ6@500	☐
4	2#加筋	Φ6@500	☐
5	其它加筋		
6	计算设置	按默认计算设置计算	
7	汇总信息	砌体拉结筋	☐
8	备注		☐
9	⊞ 显示样式		

图 2.4.99

参数

	属性名称	属性值
1	Ls1 (mm)	1000
2	Ls2 (mm)	1000
3	b1 (mm)	200
4	b2 (mm)	200

图 2.4.98

（4）建立 T-2 形-1 砌体加筋

单击"新建"下拉菜单→单击"新建砌体加筋"→选择"T形"→选择"T-2形"，填写参数，如图 2.4.100 所示→单击"确定"→修改"属性编辑"，如图 2.4.101 所示。

参数

	属性名称	属性值
1	Ls1 (mm)	1000
2	Ls2 (mm)	1000
3	Ls3 (mm)	1000
4	b1 (mm)	200
5	b2 (mm)	250

图 2.4.100

	属性名称	属性值	附加
1	名称	T-2形-1	
2	砌体加筋形式	T-2形	☐
3	1#加筋	Φ6@500	☐
4	2#加筋	Φ6@500	☐
5	3#加筋	Φ6@500	☐
6	其它加筋		
7	计算设置	按默认计算设置计算	
8	汇总信息	砌体拉结筋	☐
9	备注		☐
10	⊞ 显示样式		

图 2.4.101

（5）建立 T-2 形-2 砌体加筋

单击"新建"下拉菜单→单击"新建砌体加筋"→选择"T形"→选择"T-2形"，填写参数，如图 2.4.102 所示→单击"确定"→修改"属性编辑"，如图 2.4.103 所示。

	参数	
	属性名称	属性值
1	Ls1 (mm)	1000
2	Ls2 (mm)	1000
3	Ls3 (mm)	1000
4	b1 (mm)	200
5	b2 (mm)	200

图 2.4.102

	属性名称	属性值	附加
1	名称	T-2形-2	
2	砌体加筋形式	T-2形	☐
3	1#加筋	Φ6@500	☐
4	2#加筋	Φ6@500	☐
5	3#加筋	Φ6@500	☐
6	其它加筋		
7	计算设置	按默认计算设置计算	
8	汇总信息	砌体拉结筋	☐
9	备注		☐
10	⊞ 显示样式		

图 2.4.103

（6）建立 T-1 形-3 砌体加筋

单击"新建"下拉菜单→单击"新建砌体加筋"→选择"T形"→选择"T-1形"，填写参数，如图 2.4.104 所示→单击"确定"→修改"属性编辑"，如图 2.4.105 所示。

	参数	
	属性名称	属性值
1	Ls1 (mm)	1000
2	Ls2 (mm)	1000
3	Ls3 (mm)	1000
4	b1 (mm)	200
5	b2 (mm)	250

图 2.4.104

	属性名称	属性值	附加
1	名称	T-1形-3	
2	砌体加筋形式	T-1形	☐
3	1#加筋	2Φ6@500	☐
4	2#加筋	Φ6@500	☐
5	其它加筋		
6	计算设置	按默认计算设置计算	
7	汇总信息	砌体拉结筋	☐
8	备注		☐
9	⊞ 显示样式		

图 2.4.105

（7）建立 T-1 形-4 砌体加筋

单击"新建"下拉菜单→单击"新建砌体加筋"→选择"T形"→选择"T-1形"，填写参数，如图 2.4.106 所示→单击"确定"→修改"属性编辑"，如图 2.4.107 所示。

512

参数		
	属性名称	属性值
1	Ls1 (mm)	1000
2	Ls2 (mm)	1000
3	Ls3 (mm)	1000
4	b1 (mm)	200
5	b2 (mm)	200

图 2.4.106

	属性名称	属性值	附加
1	名称	T-1形-4	
2	砌体加筋形式	T-1形	☐
3	1#加筋	2Φ6@500	☐
4	2#加筋	Φ6@500	☐
5	其它加筋		
6	计算设置	按默认计算设置计算	
7	汇总信息	砌体拉结筋	☐
8	备注		☐
9	⊞ 显示样式		

图 2.4.107

（8）建立一字 - 4 形 - 1 砌体加筋

单击"新建"下拉菜单→单击"新建砌体加筋"→选择"一字形"→选择"一字 - 4 形"，填写参数，如图 2.4.108 所示→单击"确定"→修改"属性编辑"，如图 2.4.109 所示。

参数		
	属性名称	属性值
1	Ls1 (mm)	1000
2	b1 (mm)	250

图 2.4.108

	属性名称	属性值	附加
1	名称	一字-4形-1	
2	砌体加筋形式	一字-4形	☐
3	1#加筋	Φ6@500	☐
4	其它加筋		
5	计算设置	按默认计算设置计算	
6	汇总信息	砌体拉结筋	
7	备注		☐
8	⊞ 显示样式		

图 2.4.109

（9）建立一字 - 4 形 - 2 砌体加筋

单击"新建"下拉菜单→单击"新建砌体加筋"→选择"一字形"→选择"一字 - 4 形"，填写参数，如图 2.4.110 所示→单击"确定"→修改"属性编辑"，如图 2.4.111 所示。

参数

	属性名称	属性值
1	Ls1 (mm)	1000
2	b1 (mm)	200

	属性名称	属性值	附加
1	名称	一字-4形-2	
2	砌体加筋形式	一字-4形	
3	1#加筋	Φ6@500	
4	其它加筋		
5	计算设置	按默认计算设置计算	
6	汇总信息	砌体拉结筋	
7	备注		
8	⊞ 显示样式		

图 2.4.110   图 2.4.111

（10）建立一字-2形-3砌体加筋

单击"新建"下拉菜单→单击"新建砌体加筋"→选择"一字形"→选择"一字-2形"，填写参数，如图2.4.112所示→单击"确定"→修改"属性编辑"，如图2.4.113所示。

参数

	属性名称	属性值
1	Ls1 (mm)	1000
2	Ls2 (mm)	275
3	b1 (mm)	200

	属性名称	属性值	附加
1	名称	一字-2形-3	
2	砌体加筋形式	一字-2形	
3	1#加筋	Φ6@500	
4	2#加筋	Φ6@500	
5	其它加筋		
6	计算设置	按默认计算设置计算	
7	汇总信息	砌体拉结筋	
8	备注		
9	⊞ 显示样式		

图 2.4.112   图 2.4.113

（11）建立一字-2形-4砌体加筋

单击"新建"下拉菜单→单击"新建砌体加筋"→选择"一字形"→选择"一字-2形"，填写参数，如图2.4.114所示→单击"确定"→修改"属性编辑"，如图2.4.115所示→单击"绘图"退出。

514

参数

	属性名称	属性值
1	Ls1 (mm)	1000
2	Ls2 (mm)	275
3	b1 (mm)	250

图 2.4.114

	属性名称	属性值	附加
1	名称	一字-2形-4	
2	砌体加筋形式	一字-2形	☐
3	1#加筋	Φ6@500	☐
4	2#加筋	Φ6@500	☐
5	其它加筋		
6	计算设置	按默认计算设置计算	
7	汇总信息	砌体拉结筋	☐
8	备注		☐
9	⊞ 显示样式		

图 2.4.115

2. 画首层砌体加筋

1）画 L-3 形-1 砌体加筋

（1）画（1/D）交点处砌体加筋

单击"墙"下拉菜单→单击"砌体加筋"→选择"L-3 形-1"→单击"点"按钮→单击（1/D）处墙交点。

（2）画（5/D）交点处砌体加筋

单击"旋转点"按钮→单击（5/D）处砌块墙交点→（挪动鼠标到合适的位置）单击（5/C）处砌块墙端点。

（3）画（5/A）交点处砌体加筋

单击"旋转点"按钮→单击（5/A）处砌块墙交点→（挪动鼠标到合适的位置）单击（4/A）处砌块墙交点。

（4）画（1/A）交点处砌体加筋

单击"旋转点"按钮→单击（1/A）处砌块墙交点→（挪动鼠标到合适的位置）单击（1/B）处砌块墙交点。

2）画 L-3 形-2 砌体加筋

单击"墙"下拉菜单→单击"砌体加筋"→选择"L-3 形-2"→单击"旋转点"按钮→单击（5/C）处砌块墙交点→（挪动鼠标到合适的位置）单击（4/C）处砌块墙交点。

3）画 L-3 形-3 砌体加筋

单击"墙"下拉菜单→单击"砌体加筋"→选择"L-3 形-3"→单击"旋转点"按钮→单击（3/B）处砌块墙交点→（挪动鼠标到合适的位置）单击（3/A）处砌块墙交点。

4）画 T – 2 形 – 1 砌体加筋

（1）用"点"式画法

单击"墙"下拉菜单→单击"砌体加筋"→选择"T – 2 形 – 1"→单击"点"按钮→单击（2/D）处砌块墙交点→单击（3/D）处砌块墙交点→单击(4/D)处砌块墙交点。

（2）用"旋转点"式画法

单击"旋转点"按钮→单击（1/B）处砌块墙交点→（挪动鼠标到合适的位置）单击（1/C）处墙交点。

单击"旋转点"按钮→单击（1/C）处砌块墙交点→（挪动鼠标到合适的位置）单击（1/D）处墙交点。

单击"旋转点"按钮→单击（2/A）处砌块墙交点→（挪动鼠标到合适的位置）单击（1/A）处墙交点。

（3）用"复制"式画法

单击"选择"按钮→用鼠标左键选中画好的（2/A）处的墙体加筋→单击右键→单击"复制"→单击（2/A）交点→单击（3/A）交点→单击（4/A）交点→单击右键两次结束。

5）画 T – 2 形 – 2 砌体加筋

（1）用"点"式画法

单击"墙"下拉菜单→单击→选择"T – 2 形 – 2"→单击"点"按钮→单击（2/B）处砌块墙交点→单击右键结束。

（2）用"旋转点"式画法

单击"旋转点"按钮→单击（2/C）处砌块墙交点→（挪动鼠标到合适的位置）单击（1/C）处墙交点。

（3）用"复制"式画法

单击"选择"按钮→用鼠标左键选中画好的（2/C）处的墙体加筋 T – 2 形 – 2→单击右键→单击"复制"→单击（2/C）交点→单击（3/C）交点→单击（4/C）交点→单击右键两次结束。

6）画 T – 1 形 – 3 砌体加筋

（1）修改砌体加筋一个边

因为 T – 1 形 – 3 有一根在 1 轴线 C – D 之间的中间位置，与（1/C）交点处的砌体加筋重叠，先来修改（1/C）交点的"T – 2 形 – 1"，操作步骤如下：

单击"选择"按钮→单击（1/C）交点的"T – 2 形 – 1"→单击右键→单击"构件属性编辑器"→修改"T – 2 形"砌体加筋一个边为"300"，如图 2.4.116 所示（算出来与 T – 1 形 – 3 正好对接）。

（2/C）交点处的墙体加筋也存在同样的问题，用同样的方法修改（2/C）交点处的墙体加筋，如图 2.4.117 所示→关闭"属性编辑器"对话框→单击右键→单击"取消选择"。

516

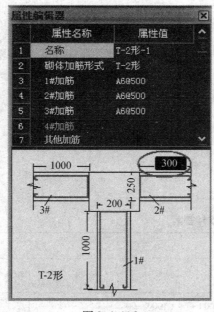

图 2.4.116

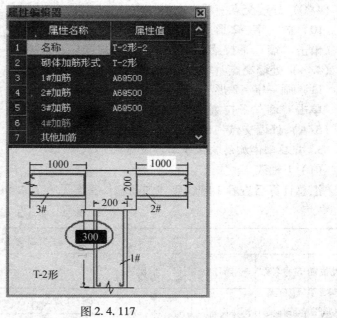

图 2.4.117

（2）画 T－1 形－3 砌体加筋

单击"墙"下拉菜单→单击"砌体加筋"→选择"T－1 形－3"→单击"旋转点"按钮→单击（1/C′）处墙交点→单击（1/D）处砌块墙交点→单击"点"按钮→单击（1′/D）处墙交点→单击右键结束。

7）画 T－1 形－4 砌体加筋

单击"墙"下拉菜单→单击"砌体加筋"→选择"T－1 形－4"→单击"旋转点"按钮→单击（1′/C′）处墙交点→单击（1/C′）处墙交点→单击（2/C′）处墙交点→单击（2/C）处墙交点→单击右键结束。

8）画一字－4 形－1 砌体加筋

单击"墙"下拉菜单→选择"一字－4 形－1"→单击"旋转点"按钮→单击（5/B）处砌块墙端点→单击（5/C）处墙交点→单击右键结束。

9）画一字－4 形－2 砌体加筋

单击"墙"下拉菜单→单击"砌体加筋"→选择"一字－4 形－2"→单击"旋转点"按钮→单击（4/B）处砌块墙端点→单

击（4/C）处墙交点→单击右键结束。

10）画一字 – 2 形 – 3 砌体加筋

单击"墙"下拉菜单→单击"砌体加筋"→选择"一字 – 2 形 – 3"→单击"旋转点"按钮→单击 4 轴线上的 Z1 中心点→单击（4/A）处墙交点→单击右键结束。

11）画一字 – 2 形 – 4 砌体加筋

单击"墙"下拉菜单→单击"砌体加筋"→选择"一字 – 2 形 – 4"→单击"旋转点"按钮→单击 5 轴线上的 Z1 中心点→单击（5/A）处墙交点→单击右键结束。

3. 首层砌体加筋软件手工答案对比

（1）1 轴线

汇总计算后查看 1 轴线砌体加筋软件答案见表 2.4.54。

表 2.4.54 1 轴线砌体加筋软件答案

加筋位置	型号名称	筋号	直径 d（mm）	级别	公式		长度（mm）	根数	重量	长度（mm）	根数	重量
1/A	L – 3 形 – 1	砌体加筋.1	6	一级	长度计算公式	$250 – 2 \times 60 + 1000 + 60 + 1000 + 60$	2250	16	7.992	2250	16	7.992
					长度公式描述	宽度 – 2×保护层厚度 + 端头长度 + 弯折 + 端头长度 + 弯折						
1/B	T – 2 形 – 1	砌体加筋.1	6	一级	长度计算公式	$200 – 2 \times 60 + 1000 + 60 + 1000 + 60$	2200	8	10.816	2200	8	10.816
					长度公式描述	宽度 – 2×保护层厚度 + 端头长度 + 弯折 + 端头长度 + 弯折						
		砌体加筋.2	6	一级	长度计算公式	$250 – 2 \times 60 + 1000 + 60 + 1000 + 60$	2250	12		2250	12	
					长度公式描述	宽度 – 2×保护层厚度 + 端头长度 + 弯折 + 端头长度 + 弯折						
		砌体加筋.3	6	一级	长度计算公式	$250 – 2 \times 60 + 450 – 60 + 60 + 450 – 60 + 60$	1030	4		1030	4	
					长度公式描述	宽度 – 2×保护层厚度 + 端头长度 – 保护层厚度 + 弯折 + 端头长度 – 保护层厚度 + 弯折						

加筋位置	型号名称	筋号	直径 d（mm）	级别	公式		长度（mm）	根数	重量	长度（mm）	根数	重量
						软件答案				手工答案		
1/C	T-2形-1	砌体加筋.1	6	一级	长度计算公式	200-2×60+1000+60+1000+60	2200	8		2200	8	
					长度公式描述	宽度-2×保护层厚度+端头长度+弯折+端头长度+弯折						
		砌体加筋.2	6	一级	长度计算公式	250-2×60+300+60+300+60	850	8		850	8	
					长度公式描述	宽度-2×保护层厚度+端头长度+弯折+端头长度+弯折			8.329			8.329
		砌体加筋.3	6	一级	长度计算公式	250-2×60+1000+60+1000+60	2250	4		2250	4	
					长度公式描述	宽度-2×保护层厚度+端头长度+弯折+端头长度+弯折						
		砌体加筋.4	6	一级	长度计算公式	250-2×60+450-60+60+450-60+60	1030	4		1030	4	
					长度公式描述	宽度-2×保护层厚度+端头长度-保护层厚度+弯折+端头长度-保护层厚度+弯折						
1/C′	T-1形-3	砌体加筋.1	6	一级	长度计算公式	100+1000+60+100+1000+60	2320	16		2320	16	
					长度公式描述	延伸长度+端头长度+弯折+延伸长度+端头长度+弯折			12.858			12.858
		砌体加筋.2	6	一级	长度计算公式	200-2×60+1000+200+60+1000+200+60	2600	8		2600	8	
					长度公式描述	宽度-2×保护层厚度+端头长度+锚固长度+弯折+端头长度+锚固长度+弯折						
1/D	L-3形-1	砌体加筋.1	6	一级	长度计算公式	250-2×60+1000+60+1000+60	2250	12		2250	12	
					长度公式描述	宽度-2×保护层厚度+端头长度+弯折+端头长度+弯折			6.82			6.82
		砌体加筋.2	6	一级	长度计算公式	250-2×60+400-60+60+400-60+60	930	4		930	4	
					长度公式描述	宽度-2×保护层厚度+端头长度-保护层厚度+弯折+端头长度-保护层厚度+弯折						

加筋位置	型号名称	筋号	直径 d（mm）	级别	软件答案		长度（mm）	根数	重量	手工答案 长度（mm）	根数	重量
						公式						
1′/C′	T－1形－4	砌体加筋.1	6	一级	长度计算公式	100＋120－60＋60＋100＋120－60＋60	440	8		440	8	
					长度公式描述	延伸长度＋端头长度－保护层厚度＋弯折＋延伸长度＋端头长度－保护层厚度＋弯折						
		砌体加筋.2	6	一级	长度计算公式	100＋1000＋60＋100＋1000＋60	2320	10	11.127	2320	10	11.127
					长度公式描述	延伸长度＋端头长度＋弯折＋延伸长度＋端头长度＋弯折						
		砌体加筋.3	6	一级	长度计算公式	200－2×60＋1000＋200＋60＋1000＋200＋60	2600	9		2600	9	
					长度公式描述	宽度－2×保护层厚度＋端头长度＋锚固长度＋弯折＋端头长度＋锚固长度＋弯折						
1′/D	T－1形－3	砌体加筋.1	6	一级	长度计算公式	100＋1000＋60＋100＋1000＋60	2320	8			2320	8
					长度公式描述	延伸长度＋端头长度＋弯折＋延伸长度＋端头长度＋弯折						
		砌体加筋.2	6	一级	长度计算公式	100＋650－60＋60＋100＋650－60＋60	1500	8	11.402	1500	8	11.402
					长度公式描述	延伸长度＋端头长度－保护层厚度＋弯折＋延伸长度＋端头长度－保护层厚度＋弯折						
		砌体加筋.3	6	一级	长度计算公式	200－2×60＋1000＋200＋60＋1000＋200＋60	2600	8		2600	8	
					长度公式描述	宽度－2×保护层厚度＋端头长度＋锚固长度＋弯折＋端头长度＋锚固长度＋弯折						

（2）2轴线

2轴线砌体加筋软件答案见表2.4.55。

表 2.4.55　2 轴线砌体加筋软件答案

加筋位置	型号名称	筋号	直径 d (mm)	级别	公式		长度 (mm)	根数	重量	长度 (mm)	根数	重量
					软件答案					手工答案		
2/A	T-3形-1	砌体加筋.1	6	一级	长度计算公式	200-2×60+1000+60+1000+60	2200	8	11.899	2200	8	11.899
					长度公式描述	宽度-2×保护层厚度+端头长度+弯折+端头长度+弯折						
		砌体加筋.2	6	一级	长度计算公式	250-2×60+1000+60+1000+60	2250	16		2250	16	
					长度公式描述	宽度-2×保护层厚度+端头长度+弯折+端头长度+弯折						
2/B	T-2形-2	砌体加筋.1	6	一级	长度计算公式	200-2×60+1000+60+1000+60	2200	19	9.28	2200	19	9.28
					长度公式描述	宽度-2×保护层厚度+端头长度+弯折+端头长度+弯折						
2/C	T-2形-2	砌体加筋.1	6	一级	长度计算公式	200-2×60+300+60+300+60	800	8	6.793	800	8	6.793
					长度公式描述	宽度-2×保护层厚度+端头长度+弯折+端头长度+弯折						
		砌体加筋.2	6	一级	长度计算公式	200-2×60+1000+60+1000+60	2200	11		2200	11	
					长度公式描述	宽度-2×保护层厚度+端头长度+弯折+端头长度+弯折						
2/C′	T-1形-4	砌体加筋.1	6	一级	长度计算公式	100+1000+60+100+1000+60	2320	16	12.858	2320	16	12.858
					长度公式描述	延伸长度+端头长度+弯折+延伸长度+端头长度+弯折						
		砌体加筋.2	6	一级	长度计算公式	200-2×60+1000+200+60+1000+200+60	2600	8		2600	8	
					长度公式描述	宽度-2×保护层厚度+端头长度+锚固长度+弯折 +端头长度+锚固长度+弯折						
2/D	T-2形-1	砌体加筋.1	6	一级	长度计算公式	200-2×60+1000+60+1000+60	2200	8	10.727	2200	8	10.727
					长度公式描述	宽度-2×保护层厚度+端头长度+弯折+端头长度+弯折						
		砌体加筋.2	6	一级	长度计算公式	250-2×60+1000+60+1000+60	2250	12		2250	12	
					长度公式描述	宽度-2×保护层厚度+端头长度+弯折+端头长度+弯折						
		砌体加筋.3	6	一级	长度计算公式	250-2×60+400-60+60+400-60+60	930	4		930	4	
					长度公式描述	宽度-2×保护层厚度+端头长度-保护层厚度+弯折 +端头长度-保护层厚度+弯折						

（3）3 轴线

3 轴线砌体加筋软件答案见表 2.4.56。

表 2.4.56 3 轴线砌体加筋软件答案

加筋位置	型号名称	筋号	直径 d (mm)	级别	公式		长度 (mm)	根数	重量	长度 (mm)	根数	重量
					软件答案					手工答案		
3/A	T-2形-1	砌体加筋.1	6	一级	长度计算公式	$200-2\times60+1000+60+1000+60$	2200	8	11.899	2200	8	11.899
					长度公式描述	宽度 $-2\times$保护层厚度+端头长度+弯折+端头长度+弯折						
		砌体加筋.2	6	一级	长度计算公式	$250-2\times60+1000+60+1000+60$	2250	16		2250	16	
					长度公式描述	宽度 $-2\times$保护层厚度+端头长度+弯折+端头长度+弯折						
3/B	L-3形-3	砌体加筋.1	6	一级	长度计算公式	$200-2\times60+1000+60+1000+60$	2200	11	5.372	2200	11	5.372
					长度公式描述	宽度 $-2\times$保护层厚度+端头长度+弯折+端头长度+弯折						
3/C	L-2形-2	砌体加筋.1	6	一级	长度计算公式	$200-2\times60+1000+60+1000+60$	2200	19	9.28	2200	19	9.28
					长度公式描述	宽度 $-2\times$保护层厚度+端头长度+弯折+端头长度+弯折						
3/D	T-2形-1	砌体加筋.1	6	一级	长度计算公式	$200-2\times60+1000+60+1000+60$	2200	8	11.899	2200	8	11.899
					长度公式描述	宽度 $-2\times$保护层厚度+端头长度+弯折+端头长度+弯折						
		砌体加筋.2	6	一级	长度计算公式	$250-2\times60+1000+60+1000+60$	2250	16		2250	16	
					长度公式描述	宽度 $-2\times$保护层厚度+端头长度+弯折+端头长度+弯折						

（4）4 轴线

4 轴线砌体加筋软件答案见表 2.4.57。

表 2.4.57 4 轴线砌体加筋软件答案

加筋位置	型号名称	筋号	直径 d (mm)	级别	公式		长度 (mm)	根数	重量	长度 (mm)	根数	重量
					软件答案					手工答案		
4/A	T-2形-1	砌体加筋.1	6	一级	长度计算公式	$200-2\times60+1000+60+1000+60$	2200	8	10.993	2200	8	10.993
					长度公式描述	宽度 $-2\times$保护层厚度+端头长度+弯折+端头长度+弯折						
		砌体加筋.2	6	一级	长度计算公式	$250-2\times60+1000+60+1000+60$	2250	12		2250	12	
					长度公式描述	宽度 $-2\times$保护层厚度+端头长度+弯折+端头长度+弯折						
		砌体加筋.3	6	一级	长度计算公式	$250-2\times60+550-60+60+550-60+60$	1230	4		1230	4	
					长度公式描述	宽度 $-2\times$保护层厚度+端头长度$-$保护层厚度+弯折+端头长度$-$保护层厚度+弯折						

提示:这里数据如果对不上,是因为楼梯休息平台板影响的,我们将楼梯休息平台板稍做调整,操作步骤如下:

单击"板"下拉菜单→单击"现浇板"→单击"选择"按钮→单击楼梯休息平台板→单击右键出现右键菜单→单击"偏移"→单击多边偏移→单击"确定"→选中 4 轴线旁的一个边→单击右键确认,向左挪动鼠标→填写偏移值为 1→敲回车。

单击"选择"按钮→单击休息平台板→单击右键出现右键菜单→单击"偏移"→单击多边偏移→单击"确定"→选中 5 轴线旁的一个边→单击右键确认,向右挪动鼠标→填写偏移值为 1→敲回车。

单击"选择"按钮→单击休息平台板→单击右键出现右键菜单→单击"偏移"→单击多边偏移→单击"确定"→选中 A 轴线旁的一个边→单击右键确认,向下挪动鼠标→填写偏移值为 1→敲回车(因为休息平台板只缩小了 1mm,对休息平台的钢筋影响极小)。

如果还对不上,放大(4/A)交点检查一下墙体加筋是否画正确,如果不正确,再画一遍此交点的墙体加筋。

加筋位置	型号名称	筋号	直径 d (mm)	级别	软件答案		长度 (mm)	根数	重量	手工答案		
						公式				长度 (mm)	根数	重量
4/Z1	一字 -2 形 -3	砌体加筋.1	6	一级	长度计算公式	$200 - 2 \times 60 + 1000 + 60 + 1000 + 60$	2200	8	5.239	2200	8	5.239
					长度公式描述	宽度 -2×保护层厚度 + 端头长度 + 弯折 + 端头长度 + 弯折						
		砌体加筋.2	6	一级	长度计算公式	$200 - 2 \times 60 + 275 + 60 + 275 + 60$	750	8		750	8	
					长度公式描述	宽度 -2×保护层厚度 + 端头长度 + 弯折 + 端头长度 + 弯折						
4/B	一字 -4 形 -2	砌体加筋.1	6	一级	长度计算公式	$200 - 2 \times 60 + 1000 + 200 + 60 + 1000 + 200 + 60$	2600	8	4.618	2600	8	4.618
					长度公式描述	宽度 -2×保护层厚度 + 端头长度 + 锚固长度 + 弯折 + 端头长度 + 锚固长度 + 弯折						
4/C	T -2 形 -2	砌体加筋.1	6	一级	长度计算公式	$200 - 2 \times 60 + 1000 + 60 + 1000 + 60$	2200	14	6.838	2200	14	6.838
					长度公式描述	宽度 -2×保护层厚度 + 端头长度 + 弯折 + 端头长度 + 弯折						
4/D	T -2 形 -1	砌体加筋.1	6	一级	长度计算公式	$200 - 2 \times 60 + 1000 + 60 + 1000 + 60$	2200	8	10.993	2200	8	10.993
					长度公式描述	宽度 -2×保护层厚度 + 端头长度 + 弯折 + 端头长度 + 弯折						
		砌体加筋.2	6	一级	长度计算公式	$250 - 2 \times 60 + 1000 + 60 + 1000 + 60$	2250	12		2250	12	
					长度公式描述	宽度 -2×保护层厚度 + 端头长度 + 弯折 + 端头长度 + 弯折						
		砌体加筋.3	6	一级	长度计算公式	$250 - 2 \times 60 + 550 - 60 + 60 + 550 - 60 + 60$	1230	4		1230	4	
					长度公式描述	宽度 -2×保护层厚度 + 端头长度 -保护层厚度 + 弯折 + 端头长度 -保护层厚度 + 弯折						

（5）5 轴线

5 轴线砌体加筋软件答案见表 2.4.58。

表 2.4.58　5 轴线砌体加筋软件答案

加筋位置	型号名称	筋号	直径 d（mm）	级别	软件答案		长度（mm）	根数	重量	手工答案		
					公式					长度（mm）	根数	重量
5/A	L-3形-1	砌体加筋.1	6	一级	长度计算公式	$250-2\times60+1000+60+1000+60$	2250	12	7.086	2250	12	7.086
					长度公式描述	宽度-2×保护层厚度+端头长度+弯折+端头长度+弯折						
		砌体加筋.2	6	一级	长度计算公式	$250-2\times60+550-60+60+550-60+60$	1230	4		1230	4	
					长度公式描述	宽度-2×保护层厚度+端头长度-保护层厚度+弯折+端头长度-保护层厚度+弯折						
5/Z1	一字-2形-4	砌体加筋.1	6	一级	长度计算公式	$250-2\times60+1000+60+1000+60$	2250	8	5.417	2250	8	5.417
					长度公式描述	宽度-2×保护层厚度+端头长度+弯折+端头长度+弯折						
		砌体加筋.2	6	一级	长度计算公式	$250-2\times60+275+60+275+60$	800	8		800	8	
					长度公式描述	宽度-2×保护层厚度+端头长度+弯折+端头长度+弯折						
5/B	一字-4形-1	砌体加筋.1	6	一级	长度计算公式	$250-2\times60+1000+200+60+1000+200+60$	2650	8	4.706	2650	8	4.706
					长度公式描述	宽度-2×保护层厚度+端头长度+锚固长度+弯折+端头长度+锚固长度+弯折						
5/C	L-3形-2	砌体加筋.1	6	一级	长度计算公式	$250-2\times60+1000+60+1000+60$	2250	8	7.903	2250	8	7.903
					长度公式描述	宽度-2×保护层厚度+端头长度+弯折+端头长度+弯折						
		砌体加筋.2	6	一级	长度计算公式	$200-2\times60+1000+60+1000+60$	2200	8		2200	8	
					长度公式描述	宽度-2×保护层厚度+端头长度+弯折+端头长度+弯折						
5/D	L-3形-1	砌体加筋.1	6	一级	长度计算公式	$250-2\times60+1000+60+1000+60$	2250	12	7.086	2250	8	7.086
					长度公式描述	宽度-2×保护层厚度+端头长度+弯折+端头长度+弯折						
		砌体加筋.2	6	一级	长度计算公式	$250-2\times60+550-60+60+550-60+60$	1230	4		1230	4	
					长度公式描述	宽度-2×保护层厚度+端头长度-保护层厚度+弯折+端头长度-保护层厚度+弯折						

第五节　二层构件的属性、画法及其答案对比

一、复制首层构件到二层

二层的构件和首层类似，把首层与二层相同的构件复制上来，将首层有的，二层没有的构件取消。其操作步骤如下：

切换"首层"到"二层"→单击"楼层"下拉菜单→单击"从其他楼层复制构件图元"→进入"从其他楼层复制构件图元"对话框，切换"源楼层"为"首层"→单击"连梁"前面的"＋"号使连梁的构件展开→分别单击"LL1 – 300 × 500"、"LL2 – 300 × 500"、"LL3 – 300 × 500"、"LL4 – 300 × 500"前面的"√"将这些连梁取消→单击"确定"弹出提示对话框→单击"确定"。

二、删除复制上来的多余构件

二层和首层不同之处就是把首层的 M1 位置换成 C3，取消构件时并没有把 M1 取消，现在将其取消，其操作步骤如下：

单击"门窗洞"下拉菜单→单击"门"→单击"选择"按钮→鼠标左键选中复制上来的 M1→单击右键→单击"删除"，出现"是否删除选中的门"对话框→单击"是"M1 就删除了。

三、画二层新增构件

1. 在 M1 位置增加 C3

单击"门窗洞"下拉菜单→单击"窗"，选择"C3"→单击"精确布置"→单击 A 轴线的砌块墙→单击（3/A）交点出现"请输入偏移值"对话框→输入偏移值 + 1800 或 – 1800（根据箭头方向决定 + – 号）→单击"确定"。

2. 增加 B 轴线 3 – 4 轴线墙

单击"墙"下拉菜单→单击"砌体墙"，选择"砌体墙200"→单击"直线"画法→单击（3/B）交点→单击（4/B）交点→单击右键结束。

3. 增加 B 轴线 3 – 4 轴线的 M2

单击"门窗洞"下拉菜单→单击"门"，选择"M2"→单击"精确布置"→单击 B/3 – 4 轴线段墙→单击（4/B）交点出现"请输入偏移值"对话框→输入偏移值 + 350 或 – 350→单击"确定"。

4. 增加 B 轴线 3 – 4 轴线 M2 上的过梁

单击"门窗洞"下拉菜单→单击"过梁"，选择"GL – M2"→单击"点"画法→单击 B 轴线 3 – 4 轴线上的 M2→单击右键结束。

四、修改二层门、窗离地高度

单击"门窗洞"下拉菜单→单击"门"→单击"选择"按钮→单击"批量选择"按钮，弹出"批量选择构件图元"对话框→勾选 M$_2$、M$_3$、M$_4$→单击"确定"→单击右键出现右键菜单→单击"构件属性编辑器"→修改属性中离地高度为"0"→在绘图区单击右键→单击"取消选择"→关闭"属性编辑器"→用同样的方法，在画窗的状态下，修改窗的离地高度为"900"。

五、修改二层砌体加筋

1. 删除（3/B）、（4/B）交点的砌体加筋

单击"墙"下拉菜单→单击"砌体加筋"→单击"选择"按钮→单击（3/B）、（4/B）交点的"墙体加筋"→单击右键出现右键菜单→单击"删除"出现"确认"对话框→单击"是"。

2. 画（3/B）、（4/B）交点的砌体加筋

单筋"墙"下拉菜单→单击"砌体加筋"→选择"T-2 形-2"→单击（3/B）交点→选择"L-3 形-3"→单击"旋转点"按钮→单击（4/B）交点→单击（4/A）交点→单击右键结束。

六、二层构件钢筋答案软件手工对比

1. 二层和一层钢筋相同的构件

二层的过梁（单根答案相同，数量不同）、暗梁、梁、板、楼梯以及门窗上部连梁的答案和一层完全相同，这里不再赘述。只有（3/B）、（4/B）交点的墙体加筋和一层不同，核对一下这两个交点墙体加筋的量。

2. 二层和一层钢筋不同的构件

汇总计算后查看二层墙体加筋（3/B）、（4/B）交点软件答案见表 2.5.1。

表 2.5.1　二层墙体加筋（3/B）、（4/B）交点软件答案

加筋位置	型号名称	筋号	直径 d（mm）	级别	单根软件答案		长度（mm）	根数	重量	手工答案		
										长度（mm）	根数	重量
3/B	T-2形-2	砌体加筋.1	6	一级	长度计算公式	200-2×60+1000+60+1000+60	2200	13	6.349	2200	13	6.349
					长度公式描述	宽度-2×保护层厚度+端头长度+弯折+端头长度+弯折						
4/B	L-3形-3	砌体加筋.1	6	一级	长度计算公式	200-2×60+1000+60+1000+60	2200	7	3.419	2200	7	3.419
					长度公式描述	宽度-2×保护层厚度+端头长度+弯折+端头长度+弯折						

第六节 三层构件的属性、画法及其答案对比

一、复制二层构件到三层

三层的构件和二层类似，我们把二层与三层相同的构件复制上来，将二层有的，三层没有的构件取消。操作步骤如下：

切换"二层"到"三层"→单击"楼层"下拉菜单→单击"从其他楼层复制构件图元"→进入"从其他楼层复制构件图元"对话框→切换"源楼层"为"第2层"→单击"柱"前面的"＋"号使柱子构件展开→单击"Z1"前面的小方框使其"√"取消→单击"连梁"前面的"＋"号使连梁的构件展开→分别单击"LL1－300×1600"、"LL2－300×1600"前面的"√"将这些连梁取消→单击"梁"类型前面的小方框使"√"全部取消→单击"确定"，弹出提示对话框→单击"确定"。

二、画三层窗上连梁

1. 建立三层窗上连梁属性

（1）修改 LL3－300×900 为 LL1－300×700 属性

单击"门窗洞"下拉菜单→单击"连梁"→单击"定义"→单击"LL3－300×900"→单击右键→单击"复制"→修改属性编辑如图 2.6.1 所示。

（2）修改 LL3－300×900 为 LL2－300×700 属性

单击"LL3－300×700"→单击右键→单击"复制"→修改属性编辑，如图 2.6.2 所示。

→单击"绘图"退出。

2. 画三层窗上连梁

（1）画连梁 LL1－300×700

单击"门窗洞"下拉菜单→单击"连梁"→选择"LL1－300×700"→单击"点"式画法→分别单击 A、D 轴线上 5－6 轴线间的C1→单击右键结束。

（2）画连梁 LL2－300×700

选择"LL2－300×700"→单击"点"式画法→分别单击 A、D 轴线上 6－7 轴线间的 C2→单击右键结束。

3. 修改三层连梁为顶层连梁

单击"门窗洞"下拉菜单→单击"连梁"→单击"选择"按钮→单击"批量选择"按钮→单击"只显示当前构件类型"前面的小方框使其"√"→选中要调整的连梁，如图 2.6.3 所示→单击"确认"→单击右键，出现右键菜单→单击"构件属性编辑器"→单击"其他属性"前面的"＋"号将其展开→将第 17 行"是否为顶层"调整为"是"→在黑屏上单击右键，出现右键菜单→单击"取消选择"→关闭"属性编辑器"对话框。

	属性名称	属性值	附加
1	名称	LL1-300*700	
2	截面宽度 (mm)	300	☐
3	截面高度 (mm)	700	☐
4	轴线距梁左边线距离	(150)	☐
5	全部纵筋		☐
6	上部纵筋	4Φ22	☐
7	下部纵筋	4Φ22	☐
8	箍筋	Φ10@100 (2)	☐
9	肢数	2	
10	拉筋	2Φ6	☐
11	备注		☐
12 ⊞	其它属性		
30 ⊞	锚固搭接		
45 ⊞	显示样式		

图 2.6.1

	属性名称	属性值	附加
1	名称	LL2-300*700	
2	截面宽度 (mm)	300	☐
3	截面高度 (mm)	700	☐
4	轴线距梁左边线距离	(150)	☐
5	全部纵筋		☐
6	上部纵筋	4Φ22	☐
7	下部纵筋	4Φ22	☐
8	箍筋	Φ10@100 (2)	☐
9	肢数	2	
10	拉筋	2Φ6	☐
11	备注		☐
12 ⊞	其它属性		
30 ⊞	锚固搭接		
45 ⊞	显示样式		

图 2.6.2

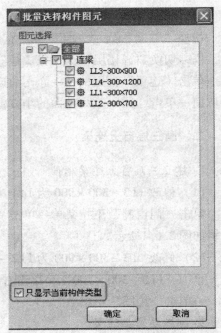

图 2.6.3

4. 三层连梁钢筋答案软件手工对比

（1）A、D 轴线 LL1 –300 ×700

三层连梁 A、D 轴线 LL1 –300 ×700 钢筋软件答案见表 2.6.1。

表 2.6.1　三层连梁 A、D 轴线 LL1 - 300 × 700 软件答案

构件名称：LL1 - 300 × 700，位置：A/5 - 6 、D/5 - 6，软件计算单构件钢筋重量：107.58kg，数量：2 根

序号	筋号	直径 d (mm)	级别	软件答案		长度 (mm)	根数	手工答案 长度 (mm)	根数
				公式					
1	连梁上部纵筋.1	22	二级	长度计算公式	$1500 + 34d + 34d$	2996	4	2996	4
				长度公式描述	净长 + 锚固长度 + 锚固长度				
2	连梁下部纵筋.1	22	二级	长度计算公式	$1500 + 34d + 34d$	2996	4	2996	4
				长度公式描述	净长 + 锚固长度 + 锚固长度				
3	连梁箍筋.1	10	一级	长度计算公式	$2 \times [(300 - 2 \times 20) + (700 - 2 \times 20)] + 2 \times 11.9d$	2078		2078	
				根数计算公式	$\text{Ceil}(1500 - 100/100) + 1 + \text{Ceil}(748 - 100/150) + 1 + \text{Ceil}(748 - 100/150) + 1$		27		
4	连梁拉筋.1	6	一级	长度计算公式	$(300 - 2 \times 20) + 2 \times (75 + 1.9d)$	433		433	
				根数计算公式	$2 \times \{\text{Ceil}[(1500 - 100)/200] + 1\}$		16		16

（2） A、D 轴线 LL2 - 300 × 700

三层连梁 A、D 轴线 LL2 - 300 × 700 钢筋软件答案见表 2.6.2。

表 2.6.2　三层连梁 A、D 轴线 LL2 - 300 × 700 软件答案

构件名称：LL2 - 300 × 700，位置：A/6 - 7 、D/6 - 7，软件计算单构件钢筋重量：164.11kg，数量：2 根

序号	筋号	直径 d (mm)	级别	软件答案		长度 (mm)	根数	手工答案 长度 (mm)	根数
				公式					
1	连梁上部纵筋.1	22	二级	长度计算公式	$3000 + 34d + 34d$	4496	4	4496	4
				长度公式描述	净长 + 锚固长度 + 锚固长度				
2	连梁下部纵筋.1	22	二级	长度计算公式	$3000 + 34d + 34d$	4496	4	4496	4
				长度公式描述	净长 + 锚固长度 + 锚固长度				
3	连梁箍筋.1	10	一级	长度计算公式	$2 \times [(300 - 2 \times 20) + (700 - 2 \times 20)] + 2 \times 11.9d$	2078		2078	
				根数计算公式	$\text{Ceil}(3000 - 100/100) + 1 + \text{Ceil}(748 - 100/150) + 1 + \text{Ceil}(748 - 100/150) + 1$		42		42
4	连梁拉筋.1	6	一级	长度计算公式	$(300 - 2 \times 20) + 2 \times (75 + 1.9d)$	433		433	
				根数计算公式	$2 \times \{\text{Ceil}[(3000 - 100)/200] + 1\}$		32		32

（3） 6 轴线 LL3 - 300 × 900

三层连梁 6 轴线 LL3 - 300 × 900 钢筋软件答案见表 2.6.3。

表 2.6.3　三层连梁 6 轴线 LL3 - 300 × 900 软件答案

构件名称:LL3 - 300 × 900,位置:6/A - C,软件计算单构件钢筋重量:138.298kg,数量:1 根

序号	筋号	直径 d (mm)	级别	软件答案		长度 (mm)	根数	手工答案	
					公式			长度 (mm)	根数
1	连梁上部纵筋.1	22	二级	长度计算公式	$2100 + 34d + 34d$	3596	4	3596	4
				长度公式描述	净长 + 锚固长度 + 锚固长度				
2	连梁下部纵筋.1	22	二级	长度计算公式	$2100 + 34d + 34d$	3596	4	3596	4
				长度公式描述	净长 + 锚固长度 + 锚固长度				
3	连梁箍筋.1	10	一级	长度计算公式	$2 \times [(300 - 2 \times 20) + (900 - 2 \times 20)] + 2 \times 11.9d$	2478		2478	33
				根数计算公式	$\text{Ceil}(2100 - 100/100) + 1 + \text{Ceil}(748 - 100/150) + 1 + \text{Ceil}(748 - 100/150) + 1$		33		
4	连梁拉筋.1	6	一级	长度计算公式	$(300 - 2 \times 20) + 2 \times (75 + 1.9d)$	433		433	
				根数计算公式	$2 \times \{\text{Ceil}[(2100 - 100)/200] + 1\}$		22		22

（4） 6、C 轴线 LL4 - 300 × 1200

三层连梁 6、C 轴线 LL4 - 300 × 1200 钢筋软件答案见表 2.6.4。

表 2.6.4　三层连梁 6、C 轴线 LL4 - 300 × 1200 软件答案

构件名称:LL4 - 300 × 1200,位置:C/5 - 6 、6/C - D,软件计算单构件钢筋重量:98.444kg,数量:2 根

序号	筋号	直径 d (mm)	级别	软件答案		长度 (mm)	根数	手工答案	
					公式			长度 (mm)	根数
1	连梁上部纵筋.1	22	二级	长度计算公式	$900 + 34d + 34d$	2396	4	2396	4
				长度公式描述	净长 + 锚固长度 + 锚固长度				
2	连梁下部纵筋.1	22	二级	长度计算公式	$900 + 34d + 34d$	2396	4	2396	4
				长度公式描述	净长 + 锚固长度 + 锚固长度				
3	连梁箍筋.1	10	一级	长度计算公式	$2 \times [(300 - 2 \times 20) + (1200 - 2 \times 20)] + 2 \times 11.9d$	3078		3078	
				根数计算公式	$\text{Ceil}(900 - 100/100) + 1 + \text{Ceil}(748 - 100/150) + 1 + \text{Ceil}(748 - 100/150) + 1$		21		21
4	连梁拉筋.1	6	一级	长度计算公式	$(300 - 2 \times 20) + 2 \times (75 + 1.9d)$	433		433	
				根数计算公式	$3 \times \{\text{Ceil}[(900 - 100)/200] + 1\}$		15		15

三、三层暗梁钢筋答案软件手工对比

1. A、D轴线暗梁

三层A、D轴线暗梁钢筋的软件答案见表2.6.5。

表2.6.5　三层A、D轴线暗梁钢筋软件答案

构件名称:A、D轴线暗梁,软件计算单构件钢筋重量:103.447kg,2段

序号	筋号	直径d (mm)	级别	软件答案		长度 (mm)	根数	搭接	手工答案		
					公式				长度 (mm)	根数	搭接
1	暗梁上部纵筋.1	20	二级	长度计算公式	$302+600-20+15d+48d$	2142	4		2142	4	
				长度公式描述	净长+支座宽+保护层厚度+弯折						
2	暗梁上部纵筋.2	20	二级	长度计算公式	$754+48d+48d$	2674	4		2674	4	
				长度公式描述	净长+搭接长度+搭接长度						
3	暗梁下部纵筋.1	20	二级	长度计算公式	$302+600-20+15d+48d$	2142	4		2142	4	
				长度公式描述	净长+支座宽+保护层厚度+弯折						
4	暗梁下部纵筋.2	20	二级	长度计算公式	$754+48d+48d$	2674	4		2674	4	
				长度公式描述	净长+搭接长度+搭接长度						
5	暗梁箍筋.1	10	一级	长度计算公式	$2\times\left[(300-2\times20)+(500-2\times20)\right]+2\times11.9d$	1678			1678		
				根数计算公式	$Ceil(550-75-75/150)+1+Ceil(550-75-75/150)+1$		8			8	

2. C轴线暗梁

三层C轴线暗梁钢筋的软件答案见表2.6.6。

表2.6.6　三层C轴线暗梁钢筋软件答案

构件名称:C轴线暗梁,软件计算单构件钢筋重量:224.865kg,1段

序号	筋号	直径d (mm)	级别	软件答案		长度 (mm)	根数	搭接	手工答案		
					公式				长度 (mm)	根数	搭接
1	暗梁上部纵筋.1	20	二级	长度计算公式	$552+34d+48d$	2192	4		2192	4	
				长度公式描述	净长+锚固长度+搭接长度						

序号	筋号	直径 d（mm）	级别	软件答案		长度（mm）	根数	搭接	手工答案		
					公式				长度（mm）	根数	搭接
2	暗梁上部纵筋.2	20	二级	长度计算公式	$5252+48d+600-20+15d$	7092	4		7092	4	
				长度公式描述	净长＋搭接长度＋支座宽－保护层厚度＋弯折						
3	暗梁下部纵筋.1	20	二级	长度计算公式	$5252+34d+48d$	2192	4		2192	4	
				长度公式描述	净长＋锚固长度＋搭接长度						
4	暗梁下部纵筋.2	20	二级	长度计算公式	$5252+48d+600-20+15d$	7092	4		7092	4	
				长度公式描述	净长＋搭接长度＋支座宽－保护层厚度＋弯折						
5	暗梁箍筋.1	10	一级	长度计算公式	$2\times[(300-2\times20)+(500-2\times20)]+2\times11.9d$	1678			1678		
				根数计算公式	$Ceil(800-75-75/150)+1+Ceil(5100-75-75/150)+1$		40			40	

3.6 轴线暗梁

三层6轴线暗梁钢筋的软件答案见表2.6.7。

表2.6.7　三层6轴线暗梁钢筋软件答案

构件名称:6轴线暗梁,软件计算单构件钢筋重量:313.791kg,数量:1段

序号	筋号	直径 d（mm）	级别	软件答案		长度（mm）	根数	搭接	手工答案		
					公式				长度（mm）	根数	搭接
1	暗梁上部纵筋.1	20	二级	长度计算公式	$3602+48d+600-20+15d$	5442	4		5442	4	
				长度公式描述	净长＋支座宽－保护层厚度＋弯折＋搭接长度						
2	暗梁上部纵筋.2	20	二级	长度计算公式	$5402+600-20+15d+48d$	6610	4		6610	4	
				长度公式描述	净长＋支座宽－保护层厚度＋弯折＋搭接长度						
3	暗梁下部纵筋.1	20	二级	长度计算公式	$3602+48d+600-20+15d$	5210	4		5210	4	
				长度公式描述	净长＋支座宽－保护层厚度＋弯折＋搭接长度						

序号	筋号	直径d(mm)	级别		公式	长度(mm)	根数	搭接	长度(mm)	根数	搭接
				软件答案					手工答案		
4	暗梁下部纵筋.2	20	二级	长度计算公式	$5402+600-20+15d+48d$	6610	4		6610	4	
				长度公式描述	净长 + 支座宽 − 保护层厚度 + 弯折 + 搭接长度						
5	暗梁箍筋.1	10	一级	长度计算公式	$2\times[(300-2\times20)+(500-2\times20)]+2\times11.9d$	1678			1678		
				根数计算公式	$Ceil(3850-75-75/150)+1+Ceil(5250-75-75/150)+1$		61			61	

4.7 轴线暗梁

三层7轴线暗梁钢筋的软件答案见表2.6.8。

表2.6.8　三层7轴线暗梁钢筋软件答案

构件名称:7轴线暗梁,软件计算单构件钢筋重量:412.501kg,数量:1 段

序号	筋号	直径d(mm)	级别		公式	长度(mm)	根数	搭接	长度(mm)	根数	搭接
				软件答案					手工答案		
1	暗梁上部纵筋.1	20	二级	长度计算公式	$14400+600-20+15d+600-20+15d$	15760	4	1	15760	4	1
				长度公式描述	净长 + 支座宽 − 保护层厚度 + 弯折 + 支座宽 − 保护层厚度 + 弯折						
2	暗梁下部纵筋.2	20	二级	长度计算公式	$14400+600-20+15d+600-20+15d$	15760	4	1	15760	4	1
				长度公式描述	净长 + 支座宽 − 保护层厚度 + 弯折 + 支座宽 − 保护层厚度 + 弯折						
3	暗梁箍筋.1	10	一级	长度计算公式	$2\times[(300-2\times20)+(500-2\times20)]+2\times11.9d$	1678			1678		
				根数计算公式	$Ceil(5250-75-75/150)+1+Ceil(8250-75-75/150)+1$		90			90	

四、画三层屋面梁

1. 建立三层屋面框架梁属性

（1）建立 WL1 属性

单击"梁"下拉菜单→单击"梁"→单击"定义"→单击"新建"下拉菜单→单击"新建矩形梁"→根据"结施5"定义

WKL1 的"属性编辑",如图 2.6.4 所示。

（2）用 WKL1 复制并修改成 WKL2

左键选中 WKL1→单击"复制"按钮 →修改属性编辑,如图 2.6.5 所示。

	属性名称	属性值	附加
1	名称	WKL1	
2	类别	屋面框架梁	☐
3	截面宽度(mm)	300	☐
4	截面高度(mm)	700	☐
5	轴线距梁左边线距离	(150)	☐
6	跨数量		☐
7	箍筋	Φ10@100/200(2)	☐
8	肢数	2	
9	上部通长筋	2Φ25	☐
10	下部通长筋		☐
11	侧面构造或受扭筋(	N4Φ18	☐
12	拉筋	(Φ6)	
13	其它箍筋		
14	备注		☐
15 ⊞	其它属性		
23 ⊞	锚固搭接		
38 ⊞	显示样式		

图 2.6.4

	属性名称	属性值	附加
1	名称	WKL2	
2	类别	屋面框架梁	☐
3	截面宽度(mm)	300	☐
4	截面高度(mm)	700	☐
5	轴线距梁左边线距离	(150)	☐
6	跨数量		☐
7	箍筋	Φ10@100/200(2)	☐
8	肢数	2	
9	上部通长筋	2Φ25	☐
10	下部通长筋		☐
11	侧面构造或受扭筋(	N4Φ16	☐
12	拉筋	(Φ6)	
13	其它箍筋		
14	备注		☐
15 ⊞	其它属性		
23 ⊞	锚固搭接		
38 ⊞	显示样式		

图 2.6.5

单击"绘图"退出。

2. 画三层屋面梁

（1）画 B 轴线 WKL1

画 WKL1：单击"梁"下拉菜单→单击"梁"→选择"WKL1"→此时在英文状态下按 B、S、F 键取消板、受力筋和负筋的显示→单击（1/B）交点→单击（5/B）交点→单击右键结束。

找支座：单击"重提梁跨"→单击画好的 WKL1→单击右键结束。

原位标注：单击"原位标注"下拉菜单→单击"梁平法表格"→单击画好的 WKL1→填写原位标注见表 2.6.9→单击右键结束。

表 2.6.9 WKL1 的原位标注

跨号	上部钢筋			下部钢筋	
	左支座钢筋	跨中钢筋	右支座钢筋	通长筋	下部钢筋
1	6Φ25 4/2				6Φ25 2/4
2	6Φ25 4/2				6Φ25 2/4
3	6Φ25 4/2				6Φ25 2/4
4	6Φ25 4/2	6Φ25 4/2	6Φ25 4/2		4Φ25

填写完毕后单击右键结束。

注意：第四跨要填写左右支座的负筋值。

（2）复制 B 轴线的梁到 C、A、D 轴线

单击"选择"按钮→选中 B 轴线的 WKL1→单击右键出现右键菜单→单击"复制"→单击（3/B）交点→单击（3/A）交点→单击（3/C）交点→单击（3/D）交点→单击右键二次结束。

（3）A、D 轴线设置梁靠柱边

A 轴线：单击"选择"按钮→选中 A 轴线的 WKL1→单击右键出现右键菜单→单击"单图元对齐"→单击 A 轴线任意一根柱子→单击柱下侧外边线→单击右键结束。

D 轴线：单击"选择"按钮→选中 D 轴线的 WKL1→单击右键出现右键菜单→单击"单图元对齐"→单击 D 轴线任意一根柱子→单击柱上侧外边线一点→单击右键结束。

（4）A、C、D 轴线的梁重新找支座

新复制的梁需要重新找支座，操作步骤如下：

C 轴线：单击"重提梁跨"→单击 C 轴线的 WKL1→单击右键结束。

A 轴线：单击"重提梁跨"→单击 A 轴线的 WKL1→单击右键结束。

D 轴线：单击"重提梁跨"→单击 D 轴线的 WKL1→单击右键结束。

（5）画 2 轴线 WKL2

画 WKL2：单击"梁"下拉菜单→单击"梁"→选择"WKL2"→单击（2/A）交点→单击（2/D）交点→单击右键结束。

找支座：单击"重提梁跨"→单击画好的 WKL2→单击右键结束。

原位标注：单击"原位标注"下拉菜单→单击"梁平法表格"→单击画好的 WKL2→填写原位标注见表 2.6.10→单击右键结束。

表 2.6.10　WKL2 的原位标注

跨号	上部钢筋			下部钢筋	
	左支座钢筋	跨中钢筋	右支座钢筋	通长筋	下部钢筋
1	6B25 4/2				6B25 2/4
2	6B25 4/2	6B25 4/2	6B25 4/2		4B25
3			6B25 4/2		6B25 2/4

填写完毕后单击右键结束。

注意：第二跨要填写左右支座的负筋值。

（6）复制 2 轴线的梁到 1、3、4、5 轴线

单击"选择"按钮→选中 2 轴线的 WKL2→单击右键出现右键菜单→单击"复制"→单击（2/B）交点→单击（1/B）交点→单击（3/B）交点→单击（4/B）交点→单击（5/B）交点→单击右键二次结束。

（7）1、5 轴线设置梁靠柱边

1 轴线：单击"选择"按钮→选中 1 轴线的 WKL2→单击右键出现右键菜单→单击"单图元对齐"→单击 1 轴线任意一根柱子→单击柱左侧外任意一点→单击右键结束。

5 轴线：单击"选择"按钮→选中 5 轴线的 WKL2→单击右键出现右键菜单→单击"单图元对齐"→单击（5/B）柱子→单击柱右侧外任意一点→单击右键结束。

（8）1、3、4、5 的梁重新找支座

新复制的梁需要重新找支座，操作步骤如下：

1 轴线：单击"重提梁跨"→单击 1 轴线的 WKL2→单击右键结束。

3 轴线：单击"重提梁跨"→单击 3 轴线的 WKL2→单击右键结束。

4 轴线：单击"重提梁跨"→单击 4 轴线的 WKL2→单击右键结束。

5 轴线：单击"重提梁跨"→单击 5 轴线的 WKL2→单击右键结束。

（9）梁延伸

梁如果不封闭对画板有影响，在画板以前需要将梁封闭。

单击"梁"下拉菜单里的"梁"→在英文状态下按"Z"键取消柱子显示→单击"选择"按钮→单击"延伸"按钮→单击 D 轴线旁 WKL1（注意不要选中 D 轴线）→单击与 D 轴线 WKL1 垂直的所有的梁→单击右键→单击 5 轴线旁的 WKL2（注意不要选中 5 轴线）→单击与 5 轴线 WKL2 垂直的所有的梁→单击右键→单击 A 轴线旁 WKL1（注意不要选中 A 轴线）→单击与 A 轴线 WKL1 垂直的所有的梁→单击右键→单击 1 轴线旁 WKL2（注意不要选中 1 轴线）→单击与 1 轴线 WKL2 垂直的所有的梁→单击右键结束。

536

3. 屋面梁钢筋软件手工答案对比

（1）A、D 轴线 WKL1 钢筋软件手工答案对比

汇总计算后查看 A、D 轴线 WKL1 钢筋软件答案见表 2.6.11。

表 2.6.11 A、D 轴线 WKL1 钢筋软件答案

构件名称:屋面梁 WKL1,位置:A 轴线、D 轴线,软件计算单构件钢筋重量:1441.556kg,数量:2 根

序号	筋号	直径 d (mm)	级别		软件答案				手工答案		
					公式	长度 (mm)	根数	搭接	长度 (mm)	根数	搭接
1	1. 上通长筋1	25	二级	长度计算公式	$700 - 20 + 680 + 21500 + 700 - 20 + 680$	24620	2	2	24620	2	2
				长度公式描述	支座宽 - 保护层厚度 + 弯折 + 净长 + 支座宽 - 保护层厚度 + 弯折						
2	1. 左支座筋1	25	二级	长度计算公式	$700 - 20 + 680 + (5300/3)$	3127	2		3127	2	
				长度公式描述	支座宽 - 保护层厚度 + 弯折 + 伸入跨中长度						
3	1. 右支座筋1	25	二级	长度计算公式	$(5300/3) + 700 + (5300/3)$	4234	2		4234	2	
				长度公式描述	伸入跨中长度 + 支座宽 + 伸入跨中长度						
4	1. 左支座筋2	25	二级	长度计算公式	$700 - 20 + 680 + (5300/4)$	2685	2		2685	2	
				长度公式描述	支座宽 - 保护层厚度 + 弯折 + 伸入跨中长度						
5	1. 右支座筋2	25	二级	长度计算公式	$(5300/4) + 700 + (5300/4)$	3350	2		3350	2	
				长度公式描述	伸入跨中长度 + 支座宽 + 伸入跨中长度						
6	1. 下部钢筋1	25	二级	长度计算公式	$700 - 20 + 15d + 5300 + 34d$	7205	4		7205	4	
				长度公式描述	支座宽 - 保护层厚度 + 弯折 + 净长 + 直锚长度						
7	1. 下部钢筋2	25	二级	长度计算公式	$700 - 20 + 15d + 5300 + 34d$	7205	2		7205	2	
				长度公式描述	支座宽 - 保护层厚度 + 弯折 + 净长 + 直锚长度						
8	1. 侧面受扭筋1	18	二级	长度计算公式	$34 \times d + 21500 + 0.5 \times 1100 + 5d$	22752	4	2	22752	4	2
				长度公式描述	直锚长度 + 净长 + 直锚长度						
9	1. 箍筋1	10	一级	长度计算公式	$2 \times [(300 - 2 \times 20) + (700 - 2 \times 20)] + 2 \times 11.9d$	2078			2078		
				根数计算公式	$2 \times [Ceil(1000/100) + 1] + Ceil(3200/200) - 1$		37			37	

				软件答案				手工答案		
序号	筋号	直径 d (mm)	级别	公式		长度 (mm)	根数	搭接	长度 (mm)	根数	搭接
10	1. 拉筋1	6	一级	长度计算公式	$(300-2\times20)+2\times(75+1.9d)$	433			433	
				根数计算公式	$2\times[\text{Ceil}(5200/400)+1]$		28			28
11	2. 右支座筋1	25	一级	长度计算公式	$(6200/3)+700+(6200/3)$	4834	2		4834	2
				长度公式描述	伸入跨中长度+支座宽+伸入跨中长度					
12	2. 右支座筋2	25	一级	长度计算公式	$(6200/4)+700+(6200/4)$	3800	2		3800	2
				长度公式描述	伸入跨中长度+支座宽+伸入跨中长度					
13	2. 下部钢筋1	25	一级	长度计算公式	$34d+5300+34d$	7000	4		7000	4
				长度公式描述	直锚长度+净长+直锚长度					
14	2. 下部钢筋2	25	一级	长度计算公式	$34d+5300+34d$	7000	2		7000	2
				长度公式描述	直锚长度+净长+直锚长度					
15	2. 箍筋1	10	一级	长度计算公式	$2\times[(300-2\times30)+(700-2\times30)]+2\times11.9d$	2078			2078	
				根数计算公式	$2\times[\text{Ceil}(1000/100)+1]+\text{Ceil}(3200/200)-1$		37			37
16	2. 拉筋1	6	一级	长度计算公式	$(300-2\times30)+2\times(75+1.9d)$	425			425	
				根数计算公式	$2\times[\text{Ceil}(5200/400)+1]$		28			28
17	3. 下部钢筋1	25	二级	长度计算公式	$34d+6200+34d$	7900	4		7900	4
				长度公式描述	直锚长度+净长+直锚长度					
18	3. 下部钢筋1	25	二级	长度计算公式	$34d+6200+34d$	7900	2		7900	2
				长度公式描述	直锚长度+净长+直锚长度					
19	3. 箍筋1	10	一级	长度计算公式	$2\times[(300-2\times30)+(700-2\times30)]+2\times11.9d$	2078			2078	
				根数计算公式	$2\times[\text{Ceil}(1000/100)+1]+\text{Ceil}(4100/200)-1$		42			42
20	3. 拉筋1	6	一级	长度计算公式	$(300-2\times30)+2\times(75+1.9d)$	425			425	
				根数计算公式	$2\times[\text{Ceil}(6100/400)+1]$		34			34
21	4. 跨中筋1	25	二级	长度计算公式	$(6200/3)+700+2600+1100-20+680$	7127	2		7127	2
				长度公式描述	伸入跨中长度+支座宽+净长+支座宽-保护层厚度+弯折					

序号	筋号	直径 *d* (mm)	级别	软件答案		长度 (mm)	根数	搭接	手工答案		
					公式				长度 (mm)	根数	搭接
22	4. 跨中筋2	25	二级	长度计算公式	$(6200/4)+700+2600+1100-20+680$	6610	2		6610	2	
				长度公式描述	伸入跨中长度+支座宽+净长+支座宽-保护层厚度+弯折						
23	4. 下部钢筋1	25	二级	长度计算公式	$34d+2600+34d$	4300	4		4300	4	
				长度公式描述	直锚长度+净长+直锚长度						
24	4. 箍筋1	10	一级	长度计算公式	$2\times[(300-2\times20)+(700-2\times20)]+2\times11.9d$	2078			2078		
				根数计算公式	$2\times[\,Ceil(1000/100)+1\,]+Ceil(500/200)-1$		24			24	
25	4. 拉筋1	6	一级	长度计算公式	$(300-2\times20)+2\times(75+1.9d)$	433			433		
				根数计算公式	$2\times[\,Ceil(2500/400)+1\,]$		16			16	

（2）B、C 轴线 WKL1 钢筋软件手工答案对比

B、C 轴线 WKL1 钢筋软件答案见表 2.6.12。

表 2.6.12 B、C 轴线 WKL1 钢筋软件答案

构件名称：WKL1，位置：B、C 轴线，软件计算单构件钢筋重量：1406.276kg，数量：2 根

序号	筋号	直径 *d* (mm)	级别	软件答案		长度 (mm)	根数	搭接	手工答案		
					公式				长度 (mm)	根数	搭接
1	1. 上通长筋1	25	2	长度计算公式	$700-20+680+21500+700-20+680$	24220	2	2	24220	2	2
				长度公式描述	支座宽-保护层厚度+弯折+净长+支座宽-保护层厚度+弯折						
2	1. 左支座筋1	25	2	长度计算公式	$700-20+680+(5300/3)$	3127	2		3127	2	
				长度公式描述	支座宽-保护层厚度+弯折+伸入跨中长度						
3	1. 右支座筋1	25	2	长度计算公式	$(5300/3)+700+(5300/3)$	4234	2		4234	2	
				长度公式描述	伸入跨中长度+支座宽+伸入跨中长度						
4	1. 左支座筋2	25	2	长度计算公式	$700-20+680+(5300/4)$	2685	2		2685	2	
				长度公式描述	支座宽-保护层厚度+弯折+伸入跨中长度						

序号	筋号	直径 d（mm）	级别	软件答案		长度（mm）	根数	搭接	手工答案 长度（mm）	根数	搭接
5	1. 右支座筋2	25	2	长度计算公式	$(5300/4) + 700 + (5300/4)$	3350	2		3350	2	
				长度公式描述	伸入跨中长度 + 支座宽 + 伸入跨中长度						
6	1. 下部钢筋1	25	2	长度计算公式	$700 - 20 + 15d + 5300 + 34d$	7205	4		7205	4	
				长度公式描述	支座宽 - 保护层厚度 + 弯折 + 净长 + 直锚长度						
7	1. 下部钢筋2	25	2	长度计算公式	$700 - 20 + 15d + 5300 + 34d$	7205	2		7205	2	
				长度公式描述	支座宽 - 保护层厚度 + 弯折 + 净长 + 直锚长度						
8	1. 侧面受扭筋1	18	2	长度计算公式	$34d + 21500 + 34d$	22724	4	2	22724	4	2
				长度公式描述	直锚长度 + 净长 + 直锚长度						
9	1. 箍筋1	10	1	长度计算公式	$2 \times [(300 - 2 \times 20) + (700 - 2 \times 20)] + 2 \times 11.9d$	2078			2078		
				根数计算公式	$2 \times [Ceil(1000/100) + 1] + Ceil(3200/200) - 1$		37			37	
10	1. 拉筋1	6	1	长度计算公式	$(300 - 2 \times 20) + 2 \times (75 + 1.9d)$	433			433		
				根数计算公式	$2 \times [Ceil(5200/400) + 1]$		28			28	
11	2. 右支座筋1	25	2	长度计算公式	$(6200/3) + 700 + (6200/3)$	4834	2		4834	2	
				长度公式描述	伸入跨中长度 + 支座宽 + 伸入跨中长度						
12	2. 右支座筋2	25	2	长度计算公式	$(6200/4) + 700 + (6200/4)$	3800	2		3800	2	
				长度公式描述	伸入跨中长度 + 支座宽 + 伸入跨中长度						
13	2. 下部钢筋1	25	2	长度计算公式	$34d + 5300 + 34d$	7000	4		7000	4	
				长度公式描述	直锚长度 + 净长 + 直锚长度						
14	2. 下部钢筋2	25	2	长度计算公式	$34d + 5300 + 34d$	7000	2		7000	2	
				长度公式描述	直锚长度 + 净长 + 直锚长度						
15	2. 箍筋1	10	1	长度计算公式	$2 \times [(300 - 2 \times 20) + (700 - 2 \times 20)] + 2 \times (11.9d)$	2078			2078		
				根数计算公式	$2 \times [Ceil(1000/100) + 1] + Ceil(3200/200) - 1$		37			37	

序号	筋号	直径 d (mm)	级别	软件答案		长度 (mm)	根数	搭接	手工答案		
				公式					长度 (mm)	根数	搭接
16	2. 拉筋1	6	1	长度计算公式	$(300-2\times20)+2\times(75+1.9d)$	433			433		
				根数计算公式	$2\times[\mathrm{Ceil}(5200/400)+1]$		28			28	
17	3. 下部钢筋1	25	2	长度计算公式	$34d+6200+34d$	7900	4		7900	4	
				长度公式描述	直锚长度 + 净长 + 直锚长度						
18	3. 下部钢筋1	25	2	长度计算公式	$34d+6200+34d$	7900	2		7900	2	
				长度公式描述	直锚长度 + 净长 + 直锚长度						
19	3. 箍筋1	10	1	长度计算公式	$2\times[(300-2\times20)+(700-2\times20)]+2\times11.9d$	2078			2078		
				根数计算公式	$2\times[\mathrm{Ceil}(1000/100)+1]+\mathrm{Ceil}(4100/200)-1$		42			42	
20	3. 拉筋1	6	1	长度计算公式	$(300-2\times20)+2\times(75+1.9d)$	433			433		
				根数计算公式	$2\times[\mathrm{Ceil}(6100/400)+1]$		34			34	
21	4. 跨中筋1	25	2	长度计算公式	$(6200/3)+700+2600+700-20+680$	6727	2		6727	2	
				长度公式描述	伸入跨中长度 + 支座宽 + 净长 + 支座宽 − 保护层厚度 + 弯折						
22	4. 跨中筋2	25	2	长度计算公式	$(6200/4)+700+2600+700-30+670$	6210	2		6210	2	
				长度公式描述	伸入跨中长度 + 支座宽 + 净长 + 支座宽 − 保护层厚度 + 弯折						
23	4. 下部钢筋1	25	2	长度计算公式	$34d+2600+700-30+15d$	4495	4		4495	4	
				长度公式描述	直锚长度 + 净长 + 支座宽 − 保护层厚度 + 弯折						
24	4. 箍筋1	10	1	长度计算公式	$2\times[(300-2\times20)+(700-2\times20)]+2\times11.9d$	2078			2078		
				根数计算公式	$2\times[\mathrm{Ceil}(1000/100)+1]+\mathrm{Ceil}(500/200)-1$		24			24	
25	4. 拉筋1	6	1	长度计算公式	$(300-2\times20)+2\times(75+1.9d)$	433			433		
				根数计算公式	$2\times[\mathrm{Ceil}(2500/400)+1]$		16			16	

（3）WKL2 钢筋软件手工答案对比

WKL2 钢筋软件答案见表 2.6.13。

表 2.6.13　WKL2 钢筋软件答案

构件名称:WKL2 -250×450 -300×700,位置:1、2、3、4、5 轴线,软件计算单构件钢筋重量:982.62kg,数量:5 根

序号	筋号	直径 d (mm)	级别	公式		长度 (mm)	根数	搭接	长度 (mm)	根数	搭接
				软件答案					手工答案		
1	1. 上通长筋1	25	2	长度计算公式	$600-20+680+14400+600-20+680$	16920	2	1	16920	2	1
				长度公式描述	支座宽 - 保护层厚度 + 弯折 + 净长 + 支座宽 - 保护层厚度 + 弯折						
2	1. 左支座筋1	25	2	长度计算公式	$600-20+680+(5400/3)$	3060	2		3060	2	
				长度公式描述	支座宽 - 保护层厚度 + 弯折 + 伸入跨中长度						
3	1. 左支座筋2	25	2	长度计算公式	$600-20+680+(5400/4)$	2610	2		2610	2	
				长度公式描述	支座宽 - 保护层厚度 + 弯折 + 伸入跨中长度						
4	1. 下部钢筋1	25	2	长度计算公式	$600-20+15d+5400+34d$	7205	4		7205	4	
				长度公式描述	支座宽 - 保护层厚度 + 弯折 + 净长 + 直锚长度						
5	1. 下部钢筋2	25	2	长度计算公式	$600-20+15d+5400+34d$	7205	2		7205	2	
				长度公式描述	支座宽 - 保护层厚度 + 弯折 + 净长 + 直锚长度						
6	1. 侧面受扭筋1	16	2	长度计算公式	$34d+14400+34d$	15488	4	1	15488	4	1
				长度公式描述	直锚长度 + 净长 + 直锚长度						
7	1. 箍筋1	10	1	长度计算公式	$2\times[(300-2\times20)+(700-2\times20)]+2\times11.9d$	2078			2078		
				根数计算公式	$2\times[\mathrm{Ceil}(1000/100)+1]+\mathrm{Ceil}(3300/200)-1$		38			38	
8	1. 拉筋1	6	1	长度计算公式	$(300-2\times20)+2\times(75+1.9d)$	433			433		
				根数计算公式	$2\times[\mathrm{Ceil}(5300/400)+1]$		30			30	
9	2. 跨中筋1	25	2	长度计算公式	$(5400/3)+600+2400+600+(5400/3)$	7200	2		7200	2	
				长度公式描述	伸入跨中长度 + 支座宽 + 净长 + 支座宽 + 伸入跨中长度						
10	2. 跨中筋2	25	2	长度计算公式	$(5400/4)+600+2400+600+(5400/4)$	6300	2		6300	2	
				长度公式描述	伸入跨中长度 + 支座宽 + 净长 + 支座宽 + 伸入跨中长度						
11	2. 下部钢筋1	25	2	长度计算公式	$34d+2400+34d$	4100	4		4100	4	
				长度公式描述	直锚长度 + 净长 + 直锚长度						
12	2. 箍筋1	10	1	长度计算公式	$2\times[(300-2\times20)+(700-2\times20)]+2\times11.9d$	2078			2078		
				根数计算公式	$2\times[\mathrm{Ceil}(1000/100)+1]+\mathrm{Ceil}(300/200)-1$		23			23	

序号	筋号	直径 d (mm)	级别	软件答案		长度 (mm)	根数	搭接	手工答案 长度 (mm)	根数	搭接
					公式						
13	2. 拉筋1	6	1	长度计算公式	$(300-2\times20)+2\times(75+1.9d)$	433			433		
				根数计算公式	$2\times[\mathrm{Ceil}(2300/400)+1]$		14			14	
14	3. 右支座筋1	25	2	长度计算公式	$(5400/3)+600-20+680$	3060	2		3060	2	
				长度公式描述	伸入跨中长度+支座宽-保护层厚度+弯折						
15	3. 右支座筋2	25	2	长度计算公式	$(5400/4)+600-30+670$	2610	2		2610	2	
				长度公式描述	伸入跨中长度+支座宽-保护层厚度+弯折						
16	3. 下部钢筋1	25	2	长度计算公式	$34d+5400+600-20+15d$	7205	4		7205	4	
				长度公式描述	直锚长度+净长+支座宽-保护层厚度+弯折						
17	3. 下部钢筋2	25	2	长度计算公式	$34d+5400+600-20+15d$	7205	2		7205	2	
				长度公式描述	直锚长度+净长+支座宽-保护层厚度+弯折						
18	3. 箍筋1	10	1	长度计算公式	$2\times[(300-2\times20)+(700-2\times20)]+2\times11.9d$	2078			2078		
				根数计算公式	$2\times[\mathrm{Ceil}(1000/100)+1]+\mathrm{Ceil}(3300/200)-1$		38			38	
19	3. 拉筋1	6	1	长度计算公式	$(300-2\times20)+2\times(75+1.9d)$	433			433		
				根数计算公式	$2\times[\mathrm{Ceil}(5300/400)+1]$		30			30	

五、画三层板及其钢筋

1. 修改和添加三层的板

卫生间上面的板原来为100厚的板要改成150厚度的板，楼梯间上面没有板要增加100厚的板，操作步骤如下：

（1）合并卫生间上面的板

单击"板"下拉菜单→单击"现浇板"→单击"选择"按钮→分别单击卫生间上面的三块板→单击右键出现右键菜单→单击"合并板"出现"确认"对话框→单击"是"出现"提示"对话框→单击"确定"。

（2）修改卫生间上面B100为B150

单击"板"下拉菜单→单击"现浇板"→单击"选择"按钮→单击卫生间上面的板→单击右键出现右键菜单→单击"修改构件图元名称"出现"修改构件图元名称"对话框→单击"目标构件"下的"B150"→单击"确定"。

（3）删除卫生间板的底筋

单击"板"下拉菜单→单击"板受力筋"→单击"选择"按钮→分别单击卫生间上面的6根筋→单击右键出现右键菜单→单击"删除"出现"确认"对话框 →单击"是"。

（4）删除跨板受力筋

单击"板"下拉菜单→单击"板受力筋"→单击"选择"按钮→分别单击4根跨板受力筋→单击右键出现右键菜单→单击"删除"出现"确认"对话框 →单击"是"。

（5）删除楼梯间平台板和休息平台板

单击"板"下拉菜单→单击"现浇板"→单击"选择"按钮→分别单击"楼梯楼层平台板"和"楼梯休息平台板"→单击右键出现右键菜单→单击"删除"出现 →单击"确认"→单击右键结束。

（6）增加楼梯间上面的100厚的板

单击"板"下拉菜单→单击"板"，选择"B100"→单击"点"画法→单击楼梯间上空→单击右键结束。

2. 增加卫生间顶板和楼梯间顶板的底筋

单击"板"下拉菜单→单击"板受力筋"，选择"底筋 A10@100"→单击"单板"→单击"水平"→单击卫生间上面的板→单击"垂直"→单击卫生间上面的板，选择"底筋 A8@150"→单击"单板"→单击"垂直"→单击楼梯间板，选择"底筋 A8@100"→单击"单板"→单击"水平"→单击楼梯间上面的板→单击右键结束。

3. 修改砌块墙标高

如果不修改 $1'/C'-D$ 轴线和 $C'/1-2$ 轴线的"砌块墙200"的标高，那么 $1-2/C-D$ 轴线板底筋和负筋的钢筋信息就会出错，具体操作步骤如下：

单击"墙"下拉菜单→单击"砌体墙"→单击"选择"按钮→分别单击 $1'/C'-D$ 轴线和 $C'/1-2$ 轴线的"砌块墙200"→单击右键出现右键菜单→单击"构件属性编辑器"→单击"其他属性"前面的"+"号将其展开→修改第13行属性的起点顶标高为"层顶标高 -0.2"→敲回车→ 修改第14行属性的终点顶标高为"层顶标高 -0.2"→敲回车→在黑屏上单击右键出现右键菜单→单击"取消选择"→关闭"属性编辑器"对话框。

4. 修改复制上来的负筋属性

因为三层的负筋和二层的负筋有很大区别，所以要把从二层复制上来的负筋修改成三层的负筋，操作步骤如下：

1）修改跨层板负筋

（1）修改1号负筋

单击"板"下拉菜单→单击"板受力筋"→单击"定义"按钮 →单击已经定义好的"1号负筋"，根据"结施7"修改属性编辑，如图 2.6.6 所示。

注意：因为板里有跨板负筋或温度筋，板上层形成网片，软件会自动按定义"板"时给的马凳信息计算，这里就不用填写马凳的排数了。

（2）修改 2 号负筋

单击"2 号负筋"，根据"结施 7"修改属性编辑，如图 2.6.7 所示。

（3）删除 3 号跨板负筋属性编辑

单击选中"3 号负筋"→单击右键出现右键菜单→单击"删除"，出现"确认"对话框→单击"是"→单击"绘图"退出。

2）修改板负筋

（1）新建 3 号板负筋

单击"板"下拉菜单→单击"板负筋"→单击"定义"→单击"新建"下拉菜单→单击"新建板负筋"→根据"结施 5"修改 3 号负筋的属性编辑，如图 2.6.8 所示。

	属性名称	属性值	附加
1	名称	1号负筋	
2	钢筋信息	Φ10@100	
3	左标注 (mm)	1800	
4	右标注 (mm)	1800	
5	马凳筋排数	0/0	
6	标注长度位置	支座轴线	
7	左弯折 (mm)	(0)	
8	右弯折 (mm)	(0)	
9	分布钢筋	Φ8@200	
10	钢筋锚固	(30)	
11	钢筋搭接	(42)	
12	归类名称	(1号负筋)	
13	汇总信息	板受力筋	
14	计算设置	按默认计算设置计算	
15	节点设置	按默认节点设置计算	
16	搭接设置	按默认搭接设置计算	
17	长度调整 (mm)		
18	备注		
19	⊞ 显示样式		

图 2.6.6

	属性名称	属性值	附加
1	名称	2号负筋	
2	钢筋信息	Φ8@100	
3	左标注 (mm)	1000	
4	右标注 (mm)	1000	
5	马凳筋排数	0/0	
6	标注长度位置	支座轴线	
7	左弯折 (mm)	(0)	
8	右弯折 (mm)	(0)	
9	分布钢筋	Φ8@200	
10	钢筋锚固	(30)	
11	钢筋搭接	(42)	
12	归类名称	(2号负筋)	
13	汇总信息	板受力筋	
14	计算设置	按默认计算设置计算	
15	节点设置	按默认节点设置计算	
16	搭接设置	按默认搭接设置计算	
17	长度调整 (mm)		
18	备注		
19	⊞ 显示样式		

图 2.6.7

	属性名称	属性值	附加
1	名称	3号负筋	
2	钢筋信息	Φ10@150	
3	左标注 (mm)	0	
4	右标注 (mm)	1650	
5	马凳筋排数	0/0	
6	单边标注位置	支座内边线	
7	左弯折 (mm)	(0)	
8	右弯折 (mm)	(0)	
9	分布钢筋	Φ8@200	
10	钢筋锚固	(30)	
11	钢筋搭接	(42)	
12	归类名称	(3号负筋)	
13	计算设置	按默认计算设置计算	
14	节点设置	按默认节点设置计算	
15	搭接设置	按默认搭接设置计算	
16	汇总信息	板负筋	
17	备注		
18	⊞ 显示样式		

图 2.6.8

（2）修改 4 号板负筋

单击"4 号负筋"→根据"结施 7"修改 4 号筋的属性编辑，如图 2.6.9 所示。

（3）修改 5 号板负筋

单击"5 号负筋"→根据"结施 7"修改 5 号筋的属性编辑，如图 2.6.10 所示。

（4）修改 6 号板负筋

单击"6 号负筋"→根据"结施 7"修改 6 号筋的属性编辑，如图 2.6.11 所示。

	属性名称	属性值	附加
1	名称	4号负筋	
2	钢筋信息	Φ8@150	☐
3	左标注(mm)	0	☐
4	右标注(mm)	850	☐
5	马凳筋排数	0/0	☐
6	单边标注位置	(支座中心线)	☐
7	左弯折(mm)	(0)	☐
8	右弯折(mm)	(0)	☐
9	分布钢筋	Φ8@200	☐
10	钢筋锚固	(30)	
11	钢筋搭接	(42)	
12	归类名称	(4号负筋)	☐
13	计算设置	按默认计算设置计算	
14	节点设置	按默认节点设置计算	
15	搭接设置	按默认搭接设置计算	
16	汇总信息	板负筋	
17	备注		☐
18	⊞ 显示样式		

图 2.6.9

	属性名称	属性值	附加
1	名称	5号负筋	
2	钢筋信息	Φ10@100	☐
3	左标注(mm)	1800	☐
4	右标注(mm)	1800	☐
5	马凳筋排数	0/0	☐
6	非单边标注含支座宽	(是)	☐
7	左弯折(mm)	(0)	☐
8	右弯折(mm)	(0)	☐
9	分布钢筋	Φ8@200	☐
10	钢筋锚固	(30)	
11	钢筋搭接	(42)	
12	归类名称	(5号负筋)	☐
13	计算设置	按默认计算设置计算	
14	节点设置	按默认节点设置计算	
15	搭接设置	按默认搭接设置计算	
16	汇总信息	板负筋	
17	备注		☐
18	⊞ 显示样式		

图 2.6.10

	属性名称	属性值	附加
1	名称	6号负筋	
2	钢筋信息	Φ10@120	☐
3	左标注(mm)	1800	☐
4	右标注(mm)	1000	☐
5	马凳筋排数	0/0	☐
6	非单边标注含支座宽	(是)	☐
7	左弯折(mm)	(0)	☐
8	右弯折(mm)	(0)	☐
9	分布钢筋	Φ8@200	☐
10	钢筋锚固	(30)	
11	钢筋搭接	(42)	
12	归类名称	(6号负筋)	☐
13	计算设置	按默认计算设置计算	
14	节点设置	按默认节点设置计算	
15	搭接设置	按默认搭接设置计算	
16	汇总信息	板负筋	
17	备注		☐
18	⊞ 显示样式		

图 2.6.11

（5）修改 7 号板负筋

单击"7 号负筋"→根据"结施 7"修改 7 号筋的属性编辑，如图 2.6.12 所示。

（6）修改 8 号板负筋

单击"8 号负筋"→根据"结施 7"修改 8 号筋的属性编辑，如图 2.6.13 所示。

（7）修改 9 号板负筋

单击"9 号负筋"→根据"结施 7"修改 9 号筋的属性编辑，如图 2.6.14 所示。

	属性名称	属性值	附加
1	名称	7号负筋	
2	钢筋信息	Φ8@150	☐
3	左标注 (mm)	1000	☐
4	右标注 (mm)	1000	☐
5	马凳筋排数	0/0	☐
6	非单边标注含支座宽	(是)	☐
7	左弯折 (mm)	(0)	☐
8	右弯折 (mm)	(0)	☐
9	分布钢筋	Φ8@200	
10	钢筋锚固	(30)	
11	钢筋搭接	(42)	
12	归类名称	(7号负筋)	☐
13	计算设置	按默认计算设置计算	
14	节点设置	按默认节点设置计算	
15	搭接设置	按默认搭接设置计算	
16	汇总信息	板负筋	☐
17	备注		☐
18	⊞ 显示样式		

图 2.6.12

	属性名称	属性值	附加
1	名称	8号负筋	
2	钢筋信息	Φ8@150	☐
3	左标注 (mm)	1500	☐
4	右标注 (mm)	1000	☐
5	马凳筋排数	0/0	☐
6	非单边标注含支座宽	(是)	☐
7	左弯折 (mm)	(0)	☐
8	右弯折 (mm)	(0)	☐
9	分布钢筋	Φ8@200	
10	钢筋锚固	(30)	
11	钢筋搭接	(42)	
12	归类名称	(8号负筋)	☐
13	计算设置	按默认计算设置计算	
14	节点设置	按默认节点设置计算	
15	搭接设置	按默认搭接设置计算	
16	汇总信息	板负筋	☐
17	备注		☐
18	⊞ 显示样式		

图 2.6.13

	属性名称	属性值	附加
1	名称	9号负筋	
2	钢筋信息	Φ10@100	☐
3	左标注 (mm)	1500	☐
4	右标注 (mm)	1500	☐
5	马凳筋排数	0/0	☐
6	非单边标注含支座宽	(是)	☐
7	左弯折 (mm)	(0)	☐
8	右弯折 (mm)	(0)	☐
9	分布钢筋	Φ8@200	
10	钢筋锚固	(30)	
11	钢筋搭接	(42)	
12	归类名称	(9号负筋)	☐
13	计算设置	按默认计算设置计算	
14	节点设置	按默认节点设置计算	
15	搭接设置	按默认搭接设置计算	
16	汇总信息	板负筋	
17	备注		☐
18	⊞ 显示样式		

图 2.6.14

单击"绘图"退出。

5. 画三层负筋

1）删除从二层复制上来的所有负筋

单击"板"下拉菜单→单击"板负筋"→单击"批量选择"按钮→单击"板负筋"前面的小方框，软件自动给所有的负筋打"√"→单击"确定"软件自动选中所有的负筋→单击右键出现右键菜单→单击"删除"出现"确认"对话框→单击"是"。

2）画三层负筋

（1）画 1 轴线负筋

单击"板"下拉菜单→单击"板负筋"→选择"3 号负筋"→单击"按梁布置"→单击 1 轴线 A – B 段梁两次→单击 1 轴线 B – C 段梁两次→单击 1 轴线 C – D 段两次→单击右键结束（如果方向不对用"交换左右标注调整"）。

（2）画 2 轴线负筋

→选择"5 号负筋"→单击"按梁布置"→单击 2 轴线 A – B 段梁一次→单击 2 轴线 B – C 段梁一次→单击 2 轴线 C – D 段一次→单击右键结束。

（3）画 3 轴线负筋

→单击 3 轴线 A－B 段梁一次→单击 3 轴线 B－C 段梁一次→单击 3 轴线 C－D 段一次→单击右键结束。

（4）画 4 轴线负筋

→选择"6 号负筋"→单击"按梁布置"按钮 →单击 4 轴线 A－B 段梁→单击 4 轴线 B－C 段梁两次→单击 4 轴线 C－D 段两次→单击右键结束（如果方向不对用"交换左右标注调整"）。

（5）画 5 轴线负筋

→选择"7 号负筋"→单击"画线布置"按钮→单击（5/A）交点处的梁头（这里还有墙头，为了操作准确，最好取消墙和柱子的显示）→单击（5/C）交点处的梁头→单击 A－C 段梁→单击"按梁布置"按钮→单击 5 轴线 C－D 段梁一次→单击右键结束。

（6）画 6 轴线负筋

→选择"8 号负筋"→单击"画线布置"→单击（6/A）交点→单击（6/C）交点→单击 6 轴线 A－C 段墙→单击（6/C）交点→单击（6/D）交点→单击 6 轴线 C－D 段墙→单击右键结束（如果方向不对用"交换左右标注调整"）。

（7）画 7 轴线负筋

→选择"3 号负筋"→单击"按墙布置"→单击 7 轴线 A－C 段墙两次→单击 7 轴线 C－D 段墙两次→单击右键结束（如果方向不对用"交换左右标注调整"）。

（8）画 A 轴线负筋

→选择"3 号负筋"→单击"画线布置"按钮 →单击（7/A）交点处暗柱中心点→单击（6/A）处墙交点→单击 A 轴线 6－7 段墙→单击"按梁布置"按钮 →单击 A 轴线 3－4 段梁两次→单击 A 轴线 2－3 段梁两次→单击 A 轴线 1－2 段梁两次→选择"4 号负筋"→单击 A 轴线 4－5 段梁两次→单击"按墙布置"→单击 A 轴线 5－6 段墙两次→单击右键结束（如果方向不对用"交换左右标注调整"）。

（9）画三层走廊处 B－C 轴线间板受力筋（面筋）

单击"板"下拉菜单→单击"板受力筋"→选择"1 号负筋"→单击"单板"→单击"垂直"→单击 1－2 轴线走廊板→单击 2－3 轴线走廊板→单击 3－4 轴线走廊板→单击右键结束。

（10）画三层走廊处 2 号跨板受力筋（面筋）

→选择"2 号负筋"→单击"单板"→单击"垂直"→单击 4－5 轴线走廊板→单击右键结束。

（11）画 C 轴线 9 号负筋

单击"板"下拉菜单→单击"板负筋"→选择"9 号负筋"→单击"按墙布置"→单击 C 轴线 6－7 段墙一次→单击"画线布置"按钮→单击（6/C）交点→单击（5/C）交点→单击 C 轴线 5－6 段墙→单击右键结束。

（12）画 D 轴线负筋

单击"板"下拉菜单→单击"板负筋"→选择"3 号负筋"→单击"按梁布置"→单击 D 轴线 1－2 段梁两次→单击 D 轴线 2－3 段梁两次→单击 D 轴线 3－4 段梁两次→单击"画线布置"按钮 →单击（6/D）处墙交点→单击（7/D）处墙交点→单击 D

轴线6-7段墙→选择"4号负筋"→单击"按墙布置"按钮→单击D轴线5-6轴线墙两次→单击"按梁布置"→单击D轴线4-5轴线段梁两次→单击右键结束。

6. 画三层板温度筋

（1）建立温度筋属性

单击"板"下拉菜单→单击"板受力筋"→单击"定义"→单击"新建"下拉菜单→单击"新建板受力筋"，根据"结施7"修改属性编辑，如图2.6.15所示→单击第10行"计算设置"后的"小三点"，弹出"计算参数设置"对话框→修改第8行计算设置的"否"为"是"→单击"确定"。

→单击"绘图"退出。

（2）画三层温度筋

单击"板"下拉菜单→单击"板受力筋"→选择"温度筋"→单击"单板"→单击"水平"按钮→分别单击各块单板（有跨板受力筋走廊地方不布置）→单击"垂直"按钮→分别单击各块单板（有跨板受力筋走廊地方不布置）→单击右键结束。

7. 三层板底筋、温度筋答案软件手工对比

（1）A-B段

汇总计算后查看三层板A-B段底筋、温度筋软件答案见表2.6.14。

	属性名称	属性值	附加
1	名称	温度筋	
2	钢筋信息	Φ8@200	
3	类别	温度筋	
4	左弯折(mm)	(0)	
5	右弯折(mm)	(0)	
6	钢筋锚固	(30)	
7	钢筋搭接	(42)	
8	归类名称	(温度筋)	
9	汇总信息	板受力筋	
10	计算设置	按默认计算设置计算	
11	节点设置	按默认节点设置计算	
12	搭接设置	按默认搭接设置计算	
13	长度调整(mm)		
14	备注		
15	⊞ 显示样式		

图2.6.15

表2.6.14　三层板A-B段底筋、温度筋软件答案

钢筋位置	名称	筋方向	筋号	直径d (mm)	级别	公式		长度 (mm)	根数	重量	长度 (mm)	根数	重量
						软件答案					手工答案		
1-2/A-B	底筋	X	板受力筋.1	10	一级	长度计算公式	5900+max(300/2,5d)+max(300/2,5d)+12.5d	6325	59	230.249	6325	59	230.249
						长度公式描述	净长+最大值(锚固长度)+最大值(锚固长度)+两倍弯钩						
		Y	板受力筋.1	10	一级	长度计算公式	5850+max(300/2,5d)+max(300/2,5d)+12.5d	6275	59	228.429	6275	59	228.429
						长度公式描述	净长+最大值(锚固长度)+最大值(锚固长度)+两倍弯钩温度筋						
	温度筋	X	板受力筋.1	8	一级	长度计算公式	2600+42d+42d	3272	13	15.509	3272	12	15.509
						长度公式描述	净长+搭接长度+搭接长度						
		Y	板受力筋.1	8	一级	长度计算公式	2550+42d+42d	3222	13	15.272	3222	12	15.272
						长度公式描述	净长+搭接长度+搭接长度						

钢筋位置	名称	筋方向	筋号	直径 d (mm)	级别	软件答案		长度 (mm)	根数	重量	手工答案 长度 (mm)	根数	重量
2-3/A-B	底筋	X	板受力筋.1	10	一级	长度计算公式	$5700 + \max(300/2, 5d) + \max(300/2, 5d) + 12.5d$	6125	59	222.968	6125	59	222.968
						长度公式描述	净长 + 最大值(锚固长度) + 最大值(锚固长度) + 两倍弯钩						
		Y	板受力筋.1	10	一级	长度计算公式	$5850 + \max(300/2, 5d) + \max(300/2, 5d) + 12.5d$	6275	57	220.685	6275	57	220.685
						长度公式描述	净长 + 最大值(锚固长度) + 最大值(锚固长度) + 两倍弯钩						
	温度筋	X	板受力筋.1	8	一级	长度计算公式	$2400 + 42d + 42d$	3072	13	14.561	3072	12	14.561
						长度公式描述	净长 + 搭接长度 + 搭接长度						
		Y	板受力筋.1	8	一级	长度计算公式	$2550 + 42d + 42d$	3222	11	14	3222	11	14
						长度公式描述	净长 + 搭接长度 + 搭接长度						
3-4/A-B	底筋	X	板受力筋.1	8	一级	长度计算公式	$6600 + \max(300/2, 5d) + \max(300/2, 5d) + 12.5d$	7025	49	212.387	7025	49	212.387
						长度公式描述	净长 + 最大值(锚固长度) + 最大值(锚固长度) + 两倍弯钩						
		Y	板受力筋.1	12	一级	长度计算公式	$5850 + \max(300/2, 5d) + \max(300/2, 5d) + 12.5d$	6300	66	369.23	6300	66	369.23
						长度公式描述	净长 + 最大值(锚固长度) + 最大值(锚固长度) + 两倍弯钩						
	温度筋	X	板受力筋.1	8	一级	长度计算公式	$3300 + 42d + 42d$	3972	12	18.827	3972	12	18.827
						长度公式描述	净长 + 搭接长度 + 搭接长度						
		Y	板受力筋.1	8	一级	长度计算公式	$2850 + 42d + 42d$	3222	16	20.363	3222	16	20.363
						长度公式描述	净长 + 搭接长度 + 搭接长度						
4-5/A-B	底筋	X	板受力筋.1	8	一级	长度计算公式	$3200 + \max(300/2, 5d) + \max(300/2, 5d) + 12.5d$	3600	59	83.898	3600	59	83.898
						长度公式描述	净长 + 最大值(锚固长度) + 最大值(锚固长度) + 两倍弯钩						
		Y	板受力筋.1	8	一级	长度计算公式	$5850 + \max(300/2, 5d) + \max(300/2, 5d) + 12.5d$	6250	22	54.313	6250	22	54.313
						长度公式描述	净长 + 最大值(锚固长度) + 最大值(锚固长度) + 两倍弯钩						
	温度筋	X	板受力筋.1	8	一级	长度计算公式	$1500 + 42d + 42d$	2172	21	17.159	2172	20	17.159
						长度公式描述	净长 + 搭接长度 + 搭接长度						
		Y	板受力筋.1	8	一级	长度计算公式	$4150 + 42d + 42d$	4822	7	13.333	4822	7	13.333
						长度公式描述	净长 + 搭接长度 + 搭接长度						

（2）A - C 段

三层板 A - C 段底筋、温度筋软件答案见表 2.6.15。

表 2.6.15　三层板 A - C 段底筋、温度筋软件答案

钢筋位置	名称	筋方向	筋号	直径 d (mm)	级别	公式		长度 (mm)	根数	重量	长度 (mm)	根数	重量
						软件答案					手工答案		
5 - 6/A - C	底筋	X	板受力筋.1	8	一级	长度计算公式	$2500 + max(300/2,5d) + max(300/2,5d) + 12.5d$	2900	89	101.95	2900	89	101.95
						长度公式描述	净长 + 最大值(锚固长度) + 最大值(锚固长度) + 两倍弯钩						
		Y	板受力筋.1	8	一级	长度计算公式	$8850 + max(300/2,5d) + max(300/2,5d) + 12.5d$	9250	17	64.37	9250	17	64.37
						长度公式描述	净长 + 最大值(锚固长度) + 最大值(锚固长度) + 两倍弯钩						
	温度筋	X	板受力筋.1	8	一级	长度计算公式	$800 + 42d + 42d$	1472	33	19.188	1472	33	19.188
						长度公式描述	净长 + 搭接长度 + 搭接长度						
		Y	板受力筋.1	8	一级	长度计算公式	$6650 + 150 + 42d + 42d$	7322	3	8.677	7322	3	8.677
						长度公式描述	净长 + 搭接长度 + 搭接长度						
6 - 7/A - C	底筋	Y	板受力筋.1	10	一级	长度计算公式	$8850 + max(300/2,5d) + max(300/2,5d) + 12.5d$	9275	57	336.342	9275	57	336.342
						长度公式描述	净长 + 最大值(锚固长度) + 最大值(锚固长度) + 两倍弯钩						
		X	板受力筋.1	10	一级	长度计算公式	$5700 + max(300/2,5d) + max(300/2,5d) + 12.5d$	6125	89	340.963	6125	89	340.963
						长度公式描述	净长 + 最大值(锚固长度) + 最大值(锚固长度) + 两倍弯钩						
	温度筋	X	板受力筋.1	8	一级	长度计算公式	$2700 + 42d + 42d$	3372	29	38.626	3372	29	38.626
						长度公式描述	净长 + 搭接长度 + 搭接长度						
		Y	板受力筋.1	8	一级	长度计算公式	$5850 + 42d + 42d$	6522	14	33.49	6522	14	33.49
						长度公式描述	净长 + 搭接长度 + 搭接长度						

（3）B - C 段

三层板 B - C 段底筋、温度筋软件答案见表 2.6.16。

表 2.6.16　三层板 B – C 段底筋、温度筋软件答案

钢筋位置	名称	筋方向	筋号	直径 d（mm）	级别	公式		长度（mm）	根数	重量	长度（mm）	根数	重量
						软件答案					手工答案		
1 – 2/B – C	底筋	X	板受力筋.1	8	一级	长度计算公式	$5900 + \max(300/2,5d) + \max(300/2,5d) + 12.5d$	6300	19	47.282	6300	19	47.282
						长度公式描述	净长 + 最大值（锚固长度）+ 最大值（锚固长度）+ 两倍弯钩						
		Y	板受力筋.1	8	一级	长度计算公式	$2700 + \max(300/2,5d) + \max(300/2,5d) + 12.5d$	3100	59	72.245	3100	59	72.245
						长度公式描述	净长 + 最大值（锚固长度）+ 最大值（锚固长度）+ 两倍弯钩						
2 – 3/B – C	底筋	X	板受力筋.1	8	一级	长度计算公式	$5700 + \max(300/2,5d) + \max(300/2,5d) + 12.5d$	6100	19	45.78	6100	19	45.78
						长度公式描述	净长 + 最大值（锚固长度）+ 最大值（锚固长度）+ 两倍弯钩						
		Y	板受力筋.1	8	一级	长度计算公式	$2700 + \max(300/2,5d) + \max(300/2,5d) + 12.5d$	3100	57	69.797	3100	57	69.797
						长度公式描述	净长 + 最大值（锚固长度）+ 最大值（锚固长度）+ 两倍弯钩						
3 – 4/B – C	底筋	X	板受力筋.1	8	一级	长度计算公式	$6600 + \max(300/2,5d) + \max(300/2,5d) + 12.5d$	7000	19	52.535	7000	19	52.535
						长度公式描述	净长 + 最大值（锚固长度）+ 最大值（锚固长度）+ 两倍弯钩						
		Y	板受力筋.1	8	一级	长度计算公式	$2700 + \max(300/2,5d) + \max(300/2,5d) + 12.5d$	3100	66	80.817	3100	66	80.817
						长度公式描述	净长 + 最大值（锚固长度）+ 最大值（锚固长度）+ 两倍弯钩						
4 – 5/B – C	底筋	X	板受力筋.1	8	一级	长度计算公式	$3200 + \max(300/2,5d) + \max(300/2,5d) + 12.5d$	3600	19	27.018	3600	19	27.018
						长度公式描述	净长 + 最大值（锚固长度）+ 最大值（锚固长度）+ 两倍弯钩						
		Y	板受力筋.1	8	一级	长度计算公式	$2700 + \max(300/2,5d) + \max(300/2,5d) + 12.5d$	3100	32	39.184	3100	32	39.184
						长度公式描述	净长 + 最大值（锚固长度）+ 最大值（锚固长度）+ 两倍弯钩						

（4）C – D 段

三层板 C – D 段底筋、温度筋软件答案见表 2.6.17。

表 2.6.17　三层板 C–D 段底筋、温度筋软件答案

钢筋位置	名称	筋方向	筋号	直径 d（mm）	级别	软件答案		长度（mm）	根数	重量	手工答案 长度（mm）	根数	重量
1–2/C–D	底筋	X	板受力筋.1	10	一级	长度计算公式	$5900 + \max(300/2,5d) + \max(300/2,5d) + 12.5d$	6325	57	230.249	6325	57	230.249
						长度公式描述	净长 + 最大值（锚固长度）+ 最大值（锚固长度）+ 两倍弯钩						
		Y	板受力筋.1	10	一级	长度计算公式	$5850 + \max(300/2,5d) + \max(300/2,5d) + 12.5d$	6275	59	228.429	6275	59	228.429
						长度公式描述	净长 + 最大值（锚固长度）+ 最大值（锚固长度）+ 两倍弯钩						
	温度筋	X	板受力筋.1	8	一级	长度计算公式	$2600 + 42d + 42d$	3272	12	15.509	3272	12	15.509
						长度公式描述	净长 + 搭接长度 + 搭接长度						
		Y	板受力筋.1	8	一级	长度计算公式	$2550 + 42d + 42d$	3222	12	15.272	3222	12	15.272
						长度公式描述	净长 + 搭接长度 + 搭接长度						
2–3/C–D	底筋	X	板受力筋.1	10	一级	长度计算公式	$5700 + \max(300/2,5d) + \max(300/2,5d) + 12.5d$	6125	59	222.968	6125	59	222.968
						长度公式描述	净长 + 最大值（锚固长度）+ 最大值（锚固长度）+ 两倍弯钩						
		Y	板受力筋.1	10	一级	长度计算公式	$5850 + \max(300/2,5d) + \max(300/2,5d) + 12.5d$	6275	57	220.685	6275	57	220.685
						长度公式描述	净长 + 最大值（锚固长度）+ 最大值（锚固长度）+ 两倍弯钩						
	温度筋	X	板受力筋.1	8	一级	长度计算公式	$2400 + 42d + 42d$	3072	13	14.561	3072	12	14.561
						长度公式描述	净长 + 搭接长度 + 搭接长度						
		Y	板受力筋.1	8	一级	长度计算公式	$2550 + 42d + 42d$	3222	11	14	3222	11	14
						长度公式描述	净长 + 搭接长度 + 搭接长度						
3–4/C–D	底筋	X	板受力筋.1	10	一级	长度计算公式	$6600 + \max(300/2,5d) + \max(300/2,5d) + 12.5d$	7025	49	212.387	7025	49	212.387
						长度公式描述	净长 + 最大值（锚固长度）+ 最大值（锚固长度）+ 两倍弯钩						
		Y	板受力筋.1	12	一级	长度计算公式	$5850 + \max(300/2,5d) + \max(300/2,5d) + 12.5d$	6300	66	369.23	6300	66	369.23
						长度公式描述	净长 + 锚固长度 + 锚固长度						
	温度筋	X	板受力筋.1	8	一级	长度计算公式	$3300 + 42d + 42d$	3972	13	18.827	3972	12	18.827
						长度公式描述	净长 + 搭接长度 + 搭接长度						
		Y	板受力筋.1	8	一级	长度计算公式	$2550 + 42d + 42d$	3222	16	20.363	2950	16	20.363
						长度公式描述	净长 + 搭接长度 + 搭接长度						

钢筋位置	名称	筋方向	筋号	直径d (mm)	级别	公式		长度 (mm)	根数	重量	长度 (mm)	根数	重量
						软件答案					手工答案		
4–5/C–D	底筋	X	板受力筋.1	8	一级	长度计算公式	$3200 + \max(300/2, 5d) + \max(300/2, 5d) + 12.5d$	3600	59	83.898	3600	59	83.898
						长度公式描述	净长 + 最大值(锚固长度) + 最大值(锚固长度) + 两倍弯钩						
		Y	板受力筋.1	8	一级	长度计算公式	$5850 + \max(300/2, 5d) + \max(300/2, 5d) + 12.5d$	6250	22	54.313	6250	22	54.313
						长度公式描述	净长 + 最大值(锚固长度) + 最大值(锚固长度) + 两倍弯钩						
	温度筋	X	板受力筋.1	8	一级	长度计算公式	$1500 + 42d + 42d$	2172	21	17.159	2172	20	17.159
						长度公式描述	净长 + 搭接长度 + 搭接长度						
		Y	板受力筋.1	8	一级	长度计算公式	$4150 + 42d + 42d$	4822	7	13.333	4822	7	13.333
						长度公式描述	净长 + 搭接长度 + 搭接长度						
5–6/C–D	底筋	X	板受力筋.1	8	一级	长度计算公式	$2500 + \max(300/2, 5d) + \max(300/2, 5d) + 12.5d$	2900	59	67.584	2900	59	67.584
						长度公式描述	净长 + 最大值(锚固长度) + 最大值(锚固长度) + 两倍弯钩						
		Y	板受力筋.1	8	一级	长度计算公式	$5850 + \max(300/2, 5d) + \max(300/2, 5d) + 12.5d$	6250	17	41.969	6250	17	41.969
						长度公式描述	净长 + 最大值(锚固长度) + 最大值(锚固长度) + 两倍弯钩						
	温度筋	X	板受力筋.1	8	一级	长度计算公式	$800 + 42d + 42d$	1472	18	10.466	1472	18	10.466
						长度公式描述	净长 + 搭接长度 + 搭接长度						
		Y	板受力筋.1	8	一级	长度计算公式	$3650 + 42d + 42d$	4322	3	5.122	4322	3	5.122
						长度公式描述	净长 + 搭接长度 + 搭接长度						
6–7/C–D	底筋	X	板受力筋.1	8	一级	长度计算公式	$5700 + \max(300/2, 5d) + \max(300/2, 5d) + 12.5d$	6125	59	222.968	6125	59	222.968
						长度公式描述	净长 + 最大值(锚固长度) + 最大值(锚固长度) + 两倍弯钩						
		Y	板受力筋.1	8	一级	长度计算公式	$5850 + \max(300/2, 5d) + \max(300/2, 5d) + 12.5d$	6275	57	220.685	6275	57	220.685
						长度公式描述	净长 + 最大值(锚固长度) + 最大值(锚固长度) + 两倍弯钩						
	温度筋	X	板受力筋.1	8	一级	长度计算公式	$2700 + 42d + 42d$	3372	14	18.647	3372	14	18.647
						长度公式描述	净长 + 搭接长度 + 搭接长度						
		Y	板受力筋.1	8	一级	长度计算公式	$2850 + 42d + 42d$	3522	14	18.085	3522	13	18.085
						长度公式描述	净长 + 搭接长度 + 搭接长度						

8. 三层板负筋答案软件手工对比

（1）1轴线

三层板1轴线负筋软件答案见表2.6.18。

表 2.6.18　三层板 1 轴线负筋软件答案

轴号	分段	名称	筋号	直径 d (mm)	级别	公式		长度 (mm)	根数	重量	长度 (mm)	根数	重量
											手工答案		
1	A－B	3 号负	板负筋.1	10	一级	长度计算公式	$1650+(300-20+15d)+120+6.25d$	2263	40	64.857	2263	40	64.857
						长度公式描述	右净长+设定锚固长度+弯折+弯钩						
		3 号负	分布筋.1	8	一级	长度计算公式	$2550+150+150$	2850	9		2850	9	
						长度公式描述	净长+搭接长度+搭接长度						
1	B－C	3 号负	板负筋.1	10	一级	长度计算公式	$1650+(300-20+15d)+70+6.25d$	2213	19	25.943	2033	19	25.943
						长度公式描述	左净长+设定锚固长度+弯折+弯钩						
1	C－D	3 号负	板负筋.1	10	一级	长度计算公式	$1650+(300-20+15d)+120+6.25d$	2263	40	64.857	2263	40	64.857
						长度公式描述	左净长+设定锚固长度+弯折+弯钩						
		3 号分	分布筋.1	8	一级	长度计算公式	$2550+150+150$	2850	9		2850	9	
						长度公式描述	净长+搭接长度+搭接长度						

（2）2轴线

三层板2轴线负筋软件答案见表2.6.19。

表 2.6.19　三层板 2 轴线负筋软件答案

轴号	分段	名称	筋号	直径 d (mm)	级别	公式		长度 (mm)	根数	重量	长度 (mm)	根数	重量
											手工答案		
2	A－B	5 号负	板负筋.1	10	一级	长度计算公式	$1800+1800+120+120$	3840	59	157.8	3840	59	157.8
						长度公式描述	左净长+右净长+弯折+弯折						
		5 号分	分布筋.1	8	一级	长度计算公式	$2550+150+150$	2850	16		2850	16	
						长度公式描述	净长+搭接长度+搭接长度						

						软件答案					手工答案		
轴号	分段	名称	筋号	直径 d (mm)	级别	公式		长度 (mm)	根数	重量	长度 (mm)	根数	重量
2	B－C	5号负	板负筋.1	10	一级	长度计算公式	1800＋1800＋70＋70	3740	27	62.305	3740	27	62.305
						长度公式描述	左净长＋右净长＋弯折＋弯折						
2	C－D	5号负	板负筋.1	10	一级	长度计算公式	1800＋1800＋120＋120	3840	59	157.8	3840	59	157.8
						长度公式描述	左净长＋右净长＋弯折＋弯折						
		5号分	分布筋.1	8	一级	长度计算公式	2550＋150＋150	2850	16		2850	16	
						长度公式描述	净长＋搭接长度＋搭接长度						

（3）3轴线

三层板3轴线负筋软件答案见表2.6.20。

表2.6.20　三层板3轴线负筋软件答案

						软件答案					手工答案		
轴号	分段	名称	筋号	直径 d (mm)	级别	公式		长度 (mm)	根数	重量	长度 (mm)	根数	重量
3	A－B	5号负	板负筋.1	10	一级	长度计算公式	1800＋1800＋120＋120	3840	59	157.8	3840	59	157.8
						长度公式描述	左净长＋右净长＋弯折＋弯折						
		5号分	分布筋.1	8	一级	长度计算公式	2550＋150＋150	2850	16		2850	16	
						长度公式描述	净长＋搭接长度＋搭接长度						
3	B－C	5号负	板负筋.1	10	一级	长度计算公式	1800＋1800＋70＋70	3740	27	62.305	3740	27	62.305
						长度公式描述	左净长＋右净长＋弯折＋弯折						
3	C－D	5号负	板负筋.1	10	一级	长度计算公式	1800＋1800＋120＋120	3840	59	157.8	3840	59	157.8
						长度公式描述	左净长＋右净长＋弯折＋弯折						
		5号分	分布筋.1	8	一级	长度计算公式	2550＋150＋150	2850	16		2850	16	
						长度公式描述	净长＋搭接长度＋搭接长度						

（4）4轴线

三层板4轴线负筋软件答案见表2.6.21。

表 2.6.21　三层板 4 轴线负筋软件答案

轴号	分段	名称	筋号	直径 d (mm)	级别	公式		长度 (mm)	根数	重量	长度 (mm)	根数	重量
							软件答案				**手工答案**		
4	A - B	6 号负	板负筋.1	10	一级	长度计算公式	1800 + 1000 + 120 + 70	2990	49	106.434	2990	49	106.434
						长度公式描述	左净长 + 右净长 + 弯折 + 弯折						
		6 号分1	分布筋.1	8	一级	长度计算公式	2550 + 150 + 150	2850	9		2850	9	
						长度公式描述	净长 + 搭接长度 + 搭接长度						
		6 号分2	分布筋.2	8	一级	长度计算公式	4150 + 150 + 150	4450	4		4450	4	
						长度公式描述	净长 + 搭接长度 + 搭接长度						
4	B - C	6 号负	板负筋.1	10	一级	长度计算公式	1800 + 1000 + 70 + 70	2940	23	41.69	2940	23	41.69
						长度公式描述	左净长 + 右净长 + 弯折 + 弯折						
4	C - D	6 号负	板负筋.1	10	一级	长度计算公式	1800 + 1000 + 120 + 70	2990	49	106.434	2990	49	106.434
						长度公式描述	左净长 + 右净长 + 弯折 + 弯折						
		6 号分1	分布筋.1	8	一级	长度计算公式	2550 + 150 + 150	2850	8		2850	8	
						长度公式描述	净长 + 搭接长度 + 搭接长度						
		6 号分2	分布筋.2	8	一级	长度计算公式	4150 + 150 + 150	4450	4		4450	4	
						长度公式描述	净长 + 搭接长度 + 搭接长度						

（5）5 轴线

三层板 5 轴线负筋软件答案见表 2.6.22。

表 2.6.22　三层板 5 轴线负筋软件答案

轴号	分段	名称	筋号	直径 d (mm)	级别	公式		长度 (mm)	根数	重量	长度 (mm)	根数	重量
							软件答案				**手工答案**		
5	A - C	7 号负1	板负筋.1	8	一级	长度计算公式	1000 + 1000 + 70 + 70	2140	58	67.995	2140	58	67.995
						长度公式描述	左净长 + 右净长 + 弯折 + 弯折						
		7 号负2	板负筋.2	8	一级	长度计算公式	$850 + 30d + 70 + 6.25d$	1220	2		1220	2	
						长度公式描述	右净长 + 设定锚固长度 + 弯折 + 弯钩						
		7 号分1	分布筋.1	8	一级	长度计算公式	4150 + 150 + 150	4450	4		4450	4	
						长度公式描述	净长 + 搭接长度 + 搭接长度						
		7 号分2	分布筋.2	8	一级	长度计算公式	6550 + 150 + 150	6950	4		6950	4	
						长度公式描述	净长 + 搭接长度 + 搭接长度						

轴号	分段	名称	筋号	直径 d (mm)	级别	公式		长度 (mm)	根数	重量	长度 (mm)	根数	重量
								软件答案			手工答案		
5	D－C	7号负	板负筋.1	8	一级	长度计算公式	1000＋1000＋70＋70	2140	40		2140	40	
						长度公式描述	左净长＋右净长＋弯折＋弯折						
		7号分1	分布筋.1	8	一级	长度计算公式	4150＋150＋150	4450	4	47.084	4450	4	47.084
						长度公式描述	净长＋搭接长度＋搭接长度						
		7号分2	分布筋.2	8	一级	长度计算公式	3650＋150＋150	3950	4		3950	4	
						长度公式描述	净长＋搭接长度＋搭接长度						

（6）6轴线

三层板6轴线负筋软件答案见表2.6.23。

表2.6.23 三层板6轴线负筋软件答案

轴号	分段	名称	筋号	直径 d (mm)	级别	公式		长度 (mm)	根数	重量	长度 (mm)	根数	重量
								软件答案			手工答案		
6	A－C	8号负	板负筋.1	10	一级	长度计算公式	1000＋1500＋70＋120	2690	60		2690	60	
						长度公式描述	左净长＋右净长＋弯折＋弯折						
		8号分1	分布筋.1	8	一级	长度计算公式	6650＋150＋150	6950	4	91.739	6950	4	91.739
						长度公式描述	净长＋搭接长度＋搭接长度						
		8号分2	分布筋.2	8	一级	长度计算公式	5850＋150＋150	6150	7		6150	7	
						长度公式描述	净长＋搭接长度＋搭接长度						
6	D－C	8号负	板负筋.1	10	一级	长度计算公式	1000＋1500＋70＋120	2690	40		2690	40	
						长度公式描述	左净长＋右净长＋弯折＋弯折						
		8号分1	分布筋.1	8	一级	长度计算公式	3650＋150＋150	3950	4	57.453	3950	4	82.833
						长度公式描述	净长＋搭接长度＋搭接长度						
		8号分2	分布筋.2	8	一级	长度计算公式	2850＋150＋150	3150	7		3150	7	
						长度公式描述	净长＋搭接长度＋搭接长度						

558

（7）7 轴线

三层板 7 轴线负筋软件答案见表 2.6.24。

表 2.6.24　三层板 7 轴线负筋软件答案

轴号	分段	名称	筋号	直径 d（mm）	级别	公式		长度（mm）	根数	重量	长度（mm）	根数	重量
							软件答案				手工答案		
7	A－C	3 号负	板负筋.1	10	一级	长度计算公式	$1650+(300-15+15d)+120+6.25d$	2268	60	103.395	2268	60	105.825
						长度公式描述	右净长＋设定锚固长度＋弯折＋弯钩						
		3 号分	分布筋.1	8	一级	长度计算公式	$5850+150+150$	6150	8		6150	9	
						长度公式描述	净长＋搭接长度＋搭接长度						
7	D－C	3 号负	板负筋.1	10	一级	长度计算公式	$1650+(300-15+15d)+120+6.25d$	2268	40	65.928	2268	40	62.557
						长度公式描述	右净长＋设定锚固长度＋弯折＋弯钩						
		3 号分	分布筋.1	8	一级	长度计算公式	$5850+150+150$	6150	8		6150	9	
						长度公式描述	净长＋搭接长度＋搭接长度						

（8）A 轴线

三层板 A 轴线负筋软件答案见表 2.6.25。

表 2.6.25　三层板 A 轴线负筋软件答案

轴号	分段	名称	筋号	直径 d（mm）	级别	公式		长度（mm）	根数	重量	长度（mm）	根数	重量
							软件答案				手工答案		
A	1－2	3 号负	板负筋.1	10	一级	长度计算公式	$1650+(300-15+15d)+120+6.25d$	2268	40	65.015	2268	40	66.16
						长度公式描述	右净长＋设定锚固长度＋弯折＋弯钩						
		3 号分	分布筋.1	8	一级	长度计算公式	$2600+150+150$	2900	8		2900	9	
						长度公式描述	净长＋搭接长度＋搭接长度						
A	2－3	3 号负	板负筋.1	10	一级	长度计算公式	$1650+(300-15+15d)+120+6.25d$	2268	39	62.987	2268	39	64.053
						长度公式描述	右净长＋设定锚固长度＋弯折＋弯钩						
		3 号分	分布筋.1	8	一级	长度计算公式	$2400+150+150$	2700	8		2700	9	
						长度公式描述	净长＋搭接长度＋搭接长度						

轴号	分段	名称	筋号	直径d(mm)	级别	软件答案		长度(mm)	根数	重量	手工答案 长度(mm)	根数	重量
A	3-4	3号负	板负筋.1	10	一级	长度计算公式	$1650 + (300 - 20 + 15d) + 120 + 6.25d$	2263	45	74.208	2263	45	75.63
						长度公式描述	右净长 + 设定锚固长度 + 弯折 + 弯钩						
		3号分	分布筋.1	8	一级	长度计算公式	$3300 + 150 + 150$	3600	8		3600	9	
						长度公式描述	净长 + 搭接长度 + 搭接长度						
A	4-5	4号负	板负筋.1	8	一级	长度计算公式	$850 + 30d + 70 + 6.25d$	1210	22	13.359	1210	22	13.359
						长度公式描述	右净长 + 设定锚固长度 + 弯折 + 弯钩						
		4号分	分布筋.1	8	一级	长度计算公式	$1500 + 150 + 150$	1800	4		1800	4	
						长度公式描述	净长 + 搭接长度 + 搭接长度						
A	5-6	4号负	板负筋.1	8	一级	长度计算公式	$850 + 30d + 70 + 6.25d$	1210	17	9.863	1210	17	10.354
						长度公式描述	右净长 + 设定锚固长度 + 弯折 + 弯钩						
		4号分	分布筋.1	8	一级	长度计算公式	$800 + 150 + 150$	1100	4		1100	4	
						长度公式描述	净长 + 搭接长度 + 搭接长度						
A	6-7	3号负	板负筋.1	10	一级	长度计算公式	$1650 + (300 - 15 + 15d) + 120 + 6.25d$	2268	39	64.055	2268	39	65.24
						长度公式描述	右净长 + 设定锚固长度 + 弯折 + 弯钩						
		3号分	分布筋.1	8	一级	长度计算公式	$2700 + 150 + 150$	3000	8		3000	9	
						长度公式描述	净长 + 搭接长度 + 搭接长度						

（9）D 轴线

三层板 D 轴线负筋软件答案见表2.6.26。

表2.6.26　三层板 D 轴线负筋软件答案

轴号	分段	名称	筋号	直径d(mm)	级别	软件答案		长度(mm)	根数	重量	手工答案 长度(mm)	根数	重量
D	1-2	3号负	板负筋.1	10	一级	长度计算公式	$1650 + (300 - 20 + 15d) + 120 + 6.25d$	2263	40	65.015	2263	40	66.16
						长度公式描述	右净长 + 设定锚固长度 + 弯折 + 弯钩						
		3号分	分布筋.1	8	一级	长度计算公式	$2600 + 150 + 150$	2900	8		2900	9	
						长度公式描述	净长 + 搭接长度 + 搭接长度						

轴号	分段	名称	筋号	直径 d (mm)	级别	软件答案		长度 (mm)	根数	重量	手工答案 长度 (mm)	根数	重量
D	2–3	3号负	板负筋.1	10	一级	长度计算公式	$1650 + (300 - 20 + 15d) + 120 + 6.25d$	2263	39	65.015	2263	39	66.16
						长度公式描述	右净长 + 设定锚固长度 + 弯折 + 弯钩						
		3号分	分布筋.1	8	一级	长度计算公式	$2400 + 150 + 150$	2700	8		2700	9	
						长度公式描述	净长 + 搭接长度 + 搭接长度						
D	3–4	3号负	板负筋.1	10	一级	长度计算公式	$1650 + (300 - 20 + 15d) + 120 + 6.25d$	2263	45	74.208	2263	45	75.63
						长度公式描述	右净长 + 设定锚固长度 + 弯折 + 弯钩						
		3号分	分布筋.1	8	一级	长度计算公式	$3300 + 150 + 150$	3600	8		3600	9	
						长度公式描述	净长 + 搭接长度 + 搭接长度						
D	4–5	4号负	板负筋.1	8	一级	长度计算公式	$850 + 30d + 70 + 6.25d$	1210	22	13.359	1210	22	13.359
						长度公式描述	右净长 + 设定锚固长度 + 弯折 + 弯钩						
		4号分	分布筋.1	8	一级	长度计算公式	$1500 + 150 + 150$	1800	4		1800	4	
						长度公式描述	净长 + 搭接长度 + 搭接长度						
D	5–6	4号负	板负筋.1	8	一级	长度计算公式	$850 + 30d + 70 + 6.25d$	1210	17	9.863	1210	17	9.863
						长度公式描述	右净长 + 设定锚固长度 + 弯折 + 弯钩						
		4号分	分布筋.1	8	一级	长度计算公式	$800 + 150 + 150$	1100	4		1100	4	
						长度公式描述	净长 + 搭接长度 + 搭接长度						
D	6–7	3号负	板负筋.1	10	一级	长度计算公式	$1650 + (300 - 15 + 15d) + 120 + 6.25d$	2268	39	64.055	2268	39	65.24
						长度公式描述	右净长 + 设定锚固长度 + 弯折 + 弯钩						
		3号分	分布筋.1	8	一级	长度计算公式	$2700 + 150 + 150$	3000	8		3000	9	
						长度公式描述	净长 + 搭接长度 + 搭接长度						

（10）B–C 轴线

三层板 B–C 轴线负筋软件答案见表 2.6.27。

表 2.6.27　三层板 B－C 轴线负筋软件答案

轴号	分段	名称	筋号	直径 d (mm)	级别	公式		长度 (mm)	根数	重量	长度 (mm)	根数	重量
						软件答案					**手工答案**		
C	5－6	9 号负	板负筋.1	10	一级	长度计算公式	1500＋1500＋70＋70	3140	25	54.518	3140	25	54.518
						长度公式描述	右净长＋左净长＋弯折＋弯折						
		9 号分	分布筋.1	8	一级	长度计算公式	800＋150＋150	1100	14		1100	14	
						长度公式描述	净长＋搭接长度＋搭接长度						
C	6－7	9 号负	板负筋.1	10	一级	长度计算公式	1500＋1500＋120＋120	3240	57	130.538	3240	57	130.538
						长度公式描述	右净长＋左净长＋弯折＋弯折						
		9 号分	分布筋.1	8	一级	长度计算公式	2700＋150＋150	3000	14		3000	14	
						长度公式描述	净长＋搭接长度＋搭接长度						
B－C	1－2	1 号跨板负	板负筋.1	10	一级	长度计算公式	$3000＋1800＋1800＋(150－2\times15)＋(150－2\times15)$	6840	59	283.362	6840	59	283.362
						长度公式描述	净长＋左标注＋右标注＋弯折＋弯折						
		1 号跨板分	分布筋.1	8	一级	长度计算公式	2600＋150＋150	2900	30		2900	30	
						长度公式描述	净长＋搭接长度＋搭接长度						
B－C	2－3	1 号跨板负	板负筋.1	10	一级	长度计算公式	$3000＋1800＋1800＋(150－2\times15)＋(150－2\times15)$	6840	57	272.551	6840	57	272.551
						长度公式描述	净长＋左标注＋右标注＋弯折＋弯折						
		1 号跨板分	分布筋.1	8	一级	长度计算公式	2400＋150＋150	2700	30		2700	30	
						长度公式描述	净长＋搭接长度＋搭接长度						
B－C	3－4	1 号跨板负	板负筋.1	10	一级	长度计算公式	$3000＋1800＋1800＋(150－2\times15)＋(150－2\times15)$	6840	66	323.198	6840	66	323.198
						长度公式描述	净长＋左标注＋右标注＋弯折＋弯折						
		1 号跨板分	分布筋.1	8	一级	长度计算公式	3300＋150＋150	3600	30		3600	30	
						长度公式描述	净长＋搭接长度＋搭接长度						
B－C	4－5	2 号跨板负	板负筋.1	10	一级	长度计算公式	$3000＋1000＋1000＋(100－2\times15)＋(100－2\times15)$	5140	32	80.612	5140	32	80.612
						长度公式描述	净长＋左标注＋右标注＋弯折＋弯折						
		2 号跨板分	分布筋.1	8	一级	长度计算公式	1500＋150＋150	1800	22		1800	22	
						长度公式描述	净长＋搭接长度＋搭接长度						

9. 三层板马凳答案软件手工对比

三层马凳数量根据三层马凳布置图计算，如图 2.6.16 所示。

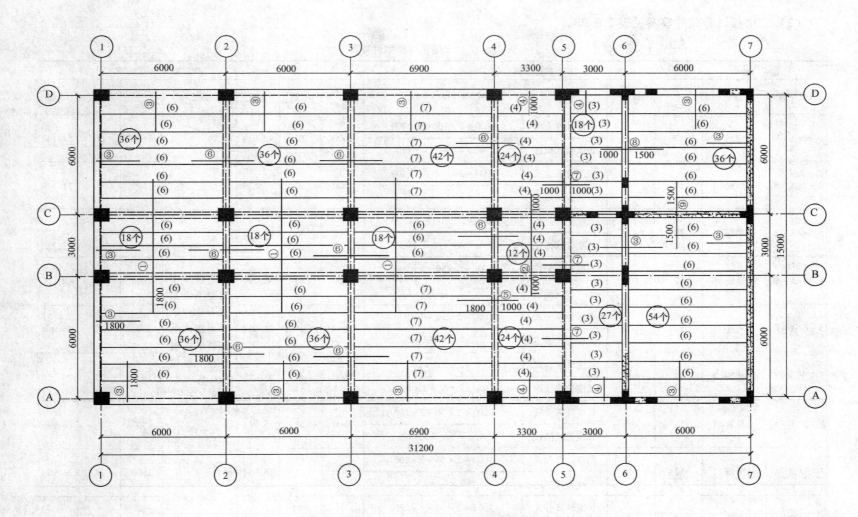

图 2.6.16 10.75 屋面板 Ⅱ 型马凳布置图

563

（2）三层板马凳软件答案见表2.6.28。

表 2.6.28　三层板马凳软件答案

马凳位置	筋号	直径 d（mm）	级别	公式		长度（mm）	根数	重量	备注	长度（mm）	根数	重量
					软件答案					手工答案		
1 - 2/A - B	马凳筋.1	12	一级	长度计算公式	$1000 + 2 \times 100 + 2 \times 200$	1600	30	42.624		1600	36	51.149
				长度公式描述	$L_1 + 2 \times L_2 + 2 \times L_3$							
2 - 3/A - B	马凳筋.1	12	一级	长度计算公式	$1000 + 2 \times 100 + 2 \times 200$	1600	30	42.624		1600	36	51.149
				长度公式描述	$L_1 + 2 \times L_2 + 2 \times L_3$							
3 - 4/A - B	马凳筋.1	12	一级	长度计算公式	$1000 + 2 \times 100 + 2 \times 200$	1600	35	49.728		1600	42	59.674
				长度公式描述	$L_1 + 2 \times L_2 + 2 \times L_3$							
4 - 5/A - B	马凳筋.1	12	一级	长度计算公式	$1000 + 2 \times 50 + 2 \times 200$	1500	20	30.192	软件和手工对不上是因为软件未考虑横向负筋和纵向负筋相交区域的马凳	1500	24	36.23
				长度公式描述	$L_1 + 2 \times L_2 + 2 \times L_3$							
5 - 6/A - C	马凳筋.1	12	一级	长度计算公式	$1000 + 2 \times 50 + 2 \times 200$	1500	24	31.968		1500	27	35.964
				长度公式描述	$L_1 + 2 \times L_2 + 2 \times L_3$							
6 - 7/ A - C	马凳筋.1	12	一级	长度计算公式	$1000 + 2 \times 100 + 2 \times 200$	1600	48	68.198		1600	54	76.723
				长度公式描述	$L_1 + 2 \times L_2 + 2 \times L_3$							
1 - 2/ B - C	马凳筋.1	12	一级	长度计算公式	$1000 + 2 \times 50 + 2 \times 200$	1500	12	15.984		1500	18	23.976
				长度公式描述	$L_1 + 2 \times L_2 + 2 \times L_3$							
2 - 3/ B - C	马凳筋.1	12	一级	长度计算公式	$1000 + 2 \times 50 + 2 \times 200$	1500	12	15.984		1500	18	23.976
				长度公式描述	$L_1 + 2 \times L_2 + 2 \times L_3$							
3 - 4/ B - C	马凳筋.1	12	一级	长度计算公式	$1000 + 2 \times 50 + 2 \times 200$	1500	14	18.648		1500	21	27.972
				长度公式描述	$L_1 + 2 \times L_2 + 2 \times L_3$							

				软件答案		长度（mm）	根数	重量	手工答案			
马凳位置	筋号	直径 d（mm）	级别	公式					备注	长度（mm）	根数	重量
4－5/ B－C	马凳筋.1	12	一级	长度计算公式	$1000+2\times50+2\times200$	1500	8	10.656		1500	12	15.984
				长度公式描述	$L_1+2\times L_2+2\times L_3$							
1－2/C－D	马凳筋.1	12	一级	长度计算公式	$1000+2\times100+2\times200$	1600	30	42.624		1600	36	51.149
				长度公式描述	$L_1+2\times L_2+2\times L_3$							
2－3/C－D	马凳筋.1	12	一级	长度计算公式	$1000+2\times100+2\times200$	1600	30	42.624	软件和手工对不上是因为软件未考虑横向负筋和纵向负筋相交区域的马凳	1600	36	51.149
				长度公式描述	$L_1+2\times L_2+2\times L_3$							
3－4/C－D	马凳筋.1	12	一级	长度计算公式	$1000+2\times100+2\times200$	1600	35	49.728		1600	42	59.674
				长度公式描述	$L_1+2\times L_2+2\times L_3$							
4－5/ C－D	马凳筋.1	12	一级	长度计算公式	$1000+2\times50+2\times200$	1500	20	26.64		1500	24	31.968
				长度公式描述	$L_1+2\times L_2+2\times L_3$							
5－6/ C－D	马凳筋.1	12	一级	长度计算公式	$1000+2\times50+2\times200$	1500	15	19.98		1500	18	23.976
				长度公式描述	$L_1+2\times L_2+2\times L_3$							
6－7/ C－D	马凳筋.1	12	一级	长度计算公式	$1000+2\times100+2\times200$	1600	30	42.624		1600	36	51.149
				长度公式描述	$L_1+2\times L_2+2\times L_3$							

此时马凳钢筋软件量和手工量不一致，这是由于我们手工计算马凳排数是按"向上取整＋1"，每排马凳个数是按"向上取整"计算的，而软件在算马凳排数和每排个数时都是按"向下取整＋1"计算的，两者的计算方法不同，会存在一些误差。

六、修改三层的边柱和角柱

1. 修改角柱

单击"柱"下拉菜单里的"柱"→单击"选择"按钮→分别单击（1/A）、（1/D）轴线的 KZ1→单击右键出现右键菜单→单击

"构件属性编辑器",切换"柱类型"为"角柱"→关闭"属性编辑器"→单击右键出现右键菜单→单击"取消选择"。

2. 修改边柱

（1）修改 x 方向边柱

单击"选择"按钮，分别选中图 2.6.17 所示的柱子→单击"属性"按钮，修改属性编辑，如图 2.6.18 所示，修改 KZ1 - 边 x 定义，打开 KZ1 - 边 x 截面编辑→点击"修改纵筋"，选中一边纵筋（含两边角筋），点右键，将钢筋信息改为"#4B25"，如图 2.6.19 所示。

（2）修改 y 方向边柱

单击"选择"按钮→分别选中图 2.6.20 所示的柱子→单击"属性"按钮，修改属性编辑，如图 2.6.21 所示，修改方法同"KZ1 - 边 x"，如图 2.6.22 所示。

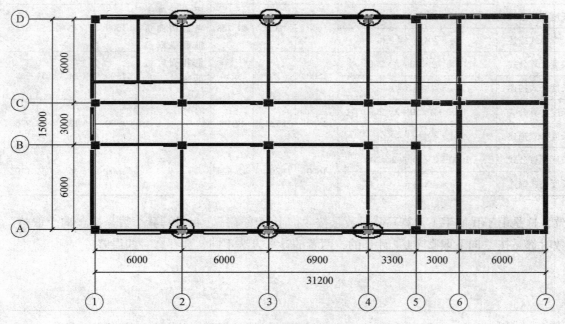

图 2.6.17

属性编辑器	中 ×
属性名称	属性值
1 名称	KZ1-边x
2 类别	框架柱
3 截面编辑	是
4 截面宽(B边)(mm)	700
5 截面高(H边)(mm)	600
6 全部纵筋	18Φ25
7 柱类型	边柱-B
8 其它箍筋	
9 备注	
10 ⊞ 芯柱	
15 ⊞ 其它属性	
28 ⊞ 锚固搭接	

图 2.6.18

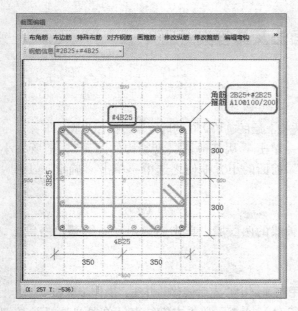

图 2.6.19

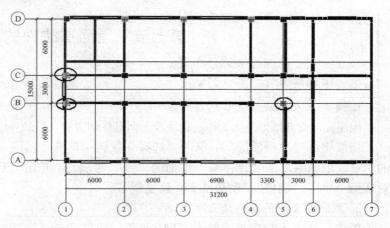

图 2.6.20

	属性名称	属性值
1	名称	KZ1-边y
2	类别	框架柱
3	截面编辑	是
4	截面宽(B边)(mm)	700
5	截面高(H边)(mm)	600
6	全部纵筋	#5 Φ25+13 Φ25
7	柱类型	边柱-H
8	其它箍筋	
9	备注	
10	⊞ 芯柱	
15	⊞ 其它属性	
28	⊞ 锚固搭接	

图 2.6.21

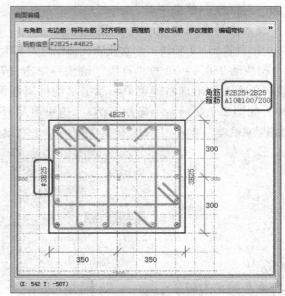

图 2.6.22

第七节　屋面层构件的属性、画法及其答案对比

一、画女儿墙

1. 复制三层砌块墙250到屋面层

因屋面层女儿墙厚度为250的砌块墙，而且外墙皮和三层的外墙对齐，要先把三层的砌块250的墙复制，操作步骤如下：

切换楼层到"屋面层"→单击"选择"按钮→单击"楼层"下拉菜单→单击"从其他楼层复制构件图元"，把所有小方框前的"√"取消→单击"砌体墙"前面的"＋"号展开→单击"砌块墙250"前面的小方框使之选中→单击"确定"出现"提示"对话框→单击"确定"，砌块墙250就复制了。

2. 删除多复制的砌块墙250

单击"墙"下拉菜单→单击"砌体墙"→单击"选择"按钮，选中5轴线的两段墙→单击右键出现右键菜单→单击"删除"出现"确认"对话框→单击"是"。

3. 画7轴线上的女儿墙（砌块墙250）

从图中可以计算出，7轴线上的女儿墙在轴线内为100，在轴线外为150，用先画到中心先后偏移的办法，操作步骤如下：

选择"砌块墙250"→单击"直线"画法→单击（7/D）交点→单击（7/A）交点→单击右键结束→单击"选择"按钮→单击7轴线的墙→单击右键出现右键菜单→单击"构件属性编辑器"出现图2.7.1所示的对话框架，修改"轴线距左墙皮"的"属性值"为150，如图2.7.2所示→敲回车键。（这里填写150或100与画墙的方向有关，如果画墙是按照逆时针方向画的就填写100）→单击"属性编辑器"的小"×"使其关闭→单击右键出现右键菜单→单击"取消选择"。

图2.7.1　　　　　　　　　　　　　　图2.7.2

4. 延伸女儿墙使之相交

单击"选择"按钮→单击"延伸"按钮→单击7轴线墙作为目的墙→分别单击与7轴线垂直的墙→单击右键结束→选中A轴

线旁的墙为目的墙→分别单击与 A 轴线垂直的墙→单击右键结束→选中 D 轴线旁的墙作为目的墙→分别单击与 D 轴线垂直的墙→单击右键结束。

二、画构造柱

1. 建立构造柱属性

单击"柱"下拉菜单→单击"构造柱"→单击"定义"→单击"新建"下拉菜单→单击"新建矩形柱"→根据"建施 7"定义构造柱的属性编辑，如图 2.7.3 所示→单击"绘图"退出。

2. 画构造柱

1）建立辅助轴线

（1）先删除原来的辅助轴线

单击"轴线"下拉菜单→单击"辅助轴线"→拉框选中所有的辅助轴线（用鼠标滚轮将图放小拉大框选择）→单击右键出现右键菜单→单击"删除"出现"确认"对话框→单击"是"辅助轴线就删除了。

（2）建立新的辅助轴线

单击"轴线"下拉菜单→单击"辅助轴线"→单击"平行"按钮→单击 1 轴线（注意不要选择交点处）出现"请确认"对话框→根据"建施 7"填写"偏移距离"为"3000"→单击"确定"→单击 2 轴线（注意不要选择交点处）→单击"确认"→单击 3 轴线→填写"偏移距离"为"3450"→单击"确定"→单击 6 轴线→填写"偏移距离"为"3000"→单击 A 轴线→单击"确认"→单击 C 轴线→单击"确认"→单击右键结束。

2）画构造柱

（1）先将构造柱画到轴线交点上

单击"柱"下拉菜单→单击"构造柱"→选择"GZ1"→单击"点"按钮→分别单击 D 轴线、7 轴线、A 轴线、1 轴线正辅轴线的相交点→单击右键结束，如图 2.7.4 所示。

（2）偏移构造柱使其与女儿墙外皮对齐

单击"柱"下拉菜单→单击"构造柱"→单击"选择"按钮→拉框选择 D 轴线所有的构造柱→单击右键出现右键菜单→单击"批量对齐"→单击 D 轴线旁的墙上侧边线→单击右键两次结束。

→拉框选择 7 轴线所有的构造柱（包括角上的柱）→单击右键出现右键菜单→单击"批量对齐"→单击 7 轴线旁的墙右侧边

	属性名称	属性值	附加
1	名称	GZ-1	
2	类别	构造柱	☐
3	截面编辑	否	
4	截面宽 (B边) (mm)	250	☐
5	截面高 (H边) (mm)	250	☐
6	全部纵筋	4 Φ12	☐
7	角筋		☐
8	B边一侧中部筋		☐
9	H边一侧中部筋		☐
10	箍筋	Φ6@200	☐
11	肢数	2*2	
12	其它箍筋		
13	备注		☐
14	⊞ 其它属性		
26	⊞ 锚固搭接		
41	⊞ 显示样式		

图 2.7.3

569

线→单击右键两次结束。

　　→拉框选择 A 轴线所有的构造柱（包括角上的柱）→单击右键出现右键菜单→单击"批量对齐"→单击 A 轴线旁的墙下侧边线→单击右键两次结束。

　　→拉框选择 1 轴线所有的构造柱（包括角上的柱）→单击右键出现右键菜单→单击"批量对齐"→单击 1 轴线旁的墙左侧边线→单击右键两次结束。

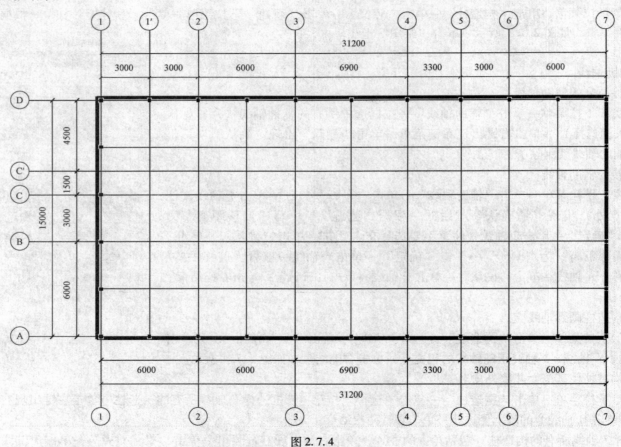

图 2.7.4

（3）设置构造柱锚固到压顶的"计算设置"

构造柱锚固到压顶有两种设置，软件默认是一种设置，现在讲第二种计算设置。

单击"柱"下拉菜单→单击"构造柱"→单击"选择"按钮，拉框选中所有"GZ1"→单击右键出现右键菜单→单击"构件属性编辑器"→单击"其他属性"前面的"＋"号→单击第21行"计算设置"后面的"三点"，出现"计算参数设置"对话框→单击第15行为"31d"→单击"确定"，关闭"属性编辑器"对话框→单击右键出现右键菜单→单击"取消选择"。

3）修改构造柱的保护层厚度

在进入楼层时如果没有调整构造柱的保护层厚度，这里补调也可以，操作步骤如下：

单击"工程设置"→单击"楼层设置"→单击"屋面层"，将构造柱的保护层厚度改为25→敲回车→单击"绘图输入"。

三、画压顶

1. 建立压顶属性

软件里压顶构件不能设置纵筋，按圈梁来画压顶，操作步骤如下：

单击"梁"下拉菜单→单击"圈梁"→单击"定义构件"→单击"新建矩形圈梁"，修改"名称"为"压顶"，截面宽填写300，截面高填写60→删除自带的箍筋→箍筋肢数填写1，删除自带的上部钢筋，填写下部钢筋为3A12→单击"其他箍筋"后面的"三点"→单击"新建"，修改箍筋图号为"485"→敲回车键→填写箍筋信息，图2.7.5→单击"确定"（属性编辑，如图2.7.6所示）→单击"绘图"退出。

	属性名称	属性值	附加
1	名称	压顶	
2	截面宽度(mm)	300	☐
3	截面高度(mm)	60	☐
4	轴线距梁左边线距离	(150)	☐
5	上部钢筋		☐
6	下部钢筋	3Φ12	☐
7	箍筋		☐
8	肢数	2	
9	其它箍筋	485	
10	备注		☐
11	⊞ 其它属性		
23	⊞ 锚固搭接		
38	⊞ 显示样式		

图2.7.6

	箍筋图号	箍筋信息	图形
1	485	Φ6@200	260

图2.7.5

2. 画压顶

单击"梁"下拉菜单→单击"圈梁"→选择"压顶"→单击"智能布置"下拉菜单→单击"砌体墙中心线"→单击"批量选择"按钮→单击"砌块墙250"前面的小方框→单击"确定"→单击右键结束。

四、画砌体加筋

1. 建立砌体加筋

（1）建立 L 形砌体加筋

单击"墙"下拉菜单→单击"砌体加筋"→单击"定义"→单击"新建"下拉菜单→单击"新建砌体加筋"→选择"L 形"，选中"L－1 形"，填写参数，如图 2.7.7 所示→单击"确定"，建好的属性编辑，如图 2.7.8 所示。

（2）建立一字形墙体加筋

单击"新建"下拉菜单→单击"新建墙体加筋"→选择"一字形"→选中"一字－1 形"→填写参数，如图 2.7.9 所示→单击"确定"，建好的属性编辑，如图 2.7.10 所示→单击"绘图"退出。

参数

	属性名称	属性值
1	Ls1 (mm)	1000
2	Ls2 (mm)	1000
3	b1 (mm)	250
4	b2 (mm)	250

图 2.7.7

	属性名称	属性值	附加
1	名称	L-1形-1	
2	砌体加筋形式	L-1形	☐
3	1#加筋	Φ6@500	☐
4	2#加筋	Φ6@500	☐
5	其它加筋		
6	计算设置	按默认计算设置计算	
7	汇总信息	砌体拉结筋	☐
8	备注		
9	⊞ 显示样式		

图 2.7.8

参数

	属性名称	属性值
1	Ls1 (mm)	1000
2	Ls2 (mm)	1000
3	b1 (mm)	250

图 2.7.9

	属性名称	属性值	附加
1	名称	一字-1形-1	
2	砌体加筋形式	一字-1形	☐
3	1#加筋	2Φ6@500	☐
4	其它加筋		
5	计算设置	按默认计算设置计算	
6	汇总信息	砌体拉结筋	☐
7	备注		
8	⊞ 显示样式		

图 2.7.10

2. 画砌体加筋

（1）画 L 形砌体加筋

单击"墙"下拉菜单里的"砌体加筋"→选择"L－1 形－1"→单击"点"→单击（1/D）墙交点→单击"旋转点"→单击（7/D）处墙交点→单击 7 轴线上的任意一根构造柱的中心点（注意不要选择轴线交点，用鼠标滚轮放大选）→单击（7/A）附近墙交点→单击 A 轴线上任意一个柱子中心点（注意不要选中轴线交点）→单击（1/A）附近墙交点→单击 1 轴线附近任意一根构造柱中心点→单击右键结束。

（2）画一字形砌体加筋

选择"一字－1 形"→单击"点"→分别单击 D 轴线和 A 轴线的柱的中心点（注意不要选中轴线交点）→单击"旋转点"→单击 7 轴线任意一个柱子中心点（注意不要选中轴线交点）→单击 1 轴线旁的另一根柱子的中心点→单击右键结束。

单击"选择"按钮→选中 1 轴线上画好的一字 - 1 形墙体加筋→单击右键出现右键菜单→单击"复制"→单击"一字 - 1 形"墙体加筋的中心点（也是构造柱的中心点，注意不要选中轴线交点）→分别单击 1 轴线和 7 轴线附加没有布置墙体加筋的构造柱→单击右键结束。

五、屋面层构件钢筋答案软件手工对比

1. 压顶钢筋答案软件手工对比

（1）A、D 轴线

汇总计算后查看 A、D 轴线压顶钢筋软件答案见表 2.7.1。

表 2.7.1 A、D 轴线压顶钢筋软件答案

构件名称：A 轴线压顶,软件计算重量:104.193kg,屋面层根数:1 根,D 轴线同 A 轴线

序号	筋号	直径 d （mm）	级别	公式		长度 （mm）	根数	搭接	长度 （mm）	根数	搭接
									手工答案		
1	下部钢筋.1	12	一级	长度计算公式	$31750 - 20 - 20$	31700	1	1344	31700	1	1344
				长度公式描述	外皮长度 - 保护层厚度 - 保护层厚度						
2	下部钢筋.2	12	一级	长度计算公式	$31150 + 40d + 40d + 12.5d$	32260	1	1344	32260	1	1344
				长度公式描述	净长 + 锚固长度 + 锚固长度 + 两倍弯钩						
3	下部钢筋.3	12	一级	长度计算公式	$31450 + 12.5d$	31600	1	1344	32260	1	1344
				长度公式描述	净长 + 两倍弯钩						
4	其他箍筋.1	6	一级	长度计算公式	$260 + 2 \times 11.9d$	403			433		
				根数计算公式	$Ceil[(2750 - 50 - 50)/200) + 1] +$ $Ceil[(2750 - 50 - 50/200) + 1] +$ $Ceil[(2750 - 50 - 50/200) + 1] +$ $Ceil[(3050 - 50 - 50/200) + 1] +$ $Ceil[(3200 - 50 - 50/200) + 1] +$ $Ceil[(3200 - 50 - 50/200) + 1] +$ $Ceil[(2750 - 50 - 50/200) + 1] +$ $Ceil[(2750 - 50 - 50/200) + 1] +$ $Ceil[(2750 - 50 - 50/200) + 1] +$ $Ceil[(2950 - 50 - 50/200) + 1]$		156			156	

（2）1、7轴线

1、7轴线压顶钢筋软件答案见表 2.7.2。

表 2.7.2　1、7 轴线压顶钢筋软件答案

构件名称：1 轴线压顶，软件计算重量：50.476kg，屋面层根数：1 根，7 轴线同/轴线

序号	筋号	直径 d（mm）	级别	软件答案		长度（mm）	根数	搭接	手工答案 长度（mm）	根数	搭接
1	下部钢筋 . 1	12	一级	长度计算公式	$15650-20-20$	15610	1	672	15610	1	672
				长度公式描述	外皮长度 - 保护层厚度 - 保护层厚度						
2	下部钢筋 . 2	12	一级	长度计算公式	$15050+40d+40d+12.5d$	16160	1	672	16160	1	672
				长度公式描述	净长 + 锚固长度 + 锚固长度 + 两倍弯钩						
3	下部钢筋 . 3	12	一级	长度计算公式	$15350+12.5d$	15500	1	672	15500	1	672
				长度公式描述	净长 + 两倍弯钩						
4	其他箍筋 . 1	6	一级	长度计算公式	$260+2\times11.9d$	403			433		
				根数计算公式	Ceil[（2900 - 50 - 50/200）+1] + Ceil[（2750 - 50 - 50/200）+1] + Ceil[（2750 - 50 - 50/200）+1] + Ceil[（2750 - 50 - 50/200）+1] + Ceil[（2900 - 50 - 50/200）+1]	75			77		

2. 构造柱钢筋答案软件手工对比

构造柱钢筋软件答案见表 2.7.3。

表 2.7.3　构造柱钢筋软件答案

构件名称：构造柱，软件计算单根重量：7.869kg，屋面层根数：30 根

序号	筋号	直径 d（mm）	级别	软件答案		长度（mm）	根数	搭接	手工答案 长度（mm）	根数	搭接
1	角筋 . 1	12	一级钢	长度计算公式	$600-60+10d+12.5d$	810	4		810	4	
				长度公式描述	层高 - 节点高 + 预留埋件纵筋弯折长度 + 两倍弯钩						

				软件答案					手工答案		
序号	筋号	直径 d（mm）	级别		公式		长度（mm）	根数	搭接	长度（mm）	根数	搭接
2	插筋.1	12	一级钢	长度计算公式	$56d + 40d$		1152	4		1302	4	
				长度公式描述	搭接长度 + 锚固长度							
3	箍筋.1	6	一级钢	长度计算公式	$2 \times \big[(250 - 2 \times 20) + (250 - 2 \times 20) \big]$ $+ 2 \times (75 + 1.9d)$		1013			1013		
				根数计算公式	$\mathrm{Ceil}(550/200) + 1$			4			4	

由表 2.7.3 可以看出插筋.1 软件和手工量不一致,这是由于软件在计算构造柱预埋件插筋时没有计算弯钩长度。

3. 墙体加筋答案软件手工对比

墙体加筋软件答案见表 2.7.4。

表 2.7.4 墙体加筋软件答案

构件名称:转角处墙体加筋,软件计算单根重量:2.353kg,数量:4 个

					软件答案			手工答案	
加筋位置	型号名称	筋号	直径 d（mm）	级别		公式	长度（mm）	根数	长度（mm）	根数
4 角	L－1 形－1	砌体加筋.1	6	一级钢	长度计算公式	$250 - 2 \times 60 + 1000 + 200 + 60 + 1000 + 200 + 60$	2650	4	2650	4
					长度公式描述	宽度 - 2 × 保护层厚度 + 端头长度 + 锚固长度 + 弯折 + 端头长度 + 锚固长度 + 弯折				

构件名称:非转角处墙体加筋,软件计算单根重量:2.105kg,数量:26 个

					软件答案			手工答案	
加筋位置	型号名称	筋号	直径 d（mm）	级别		公式	长度（mm）	根数	长度（mm）	根数
非角处	一字－1 形－1	砌体加筋.1	6	一级钢	长度计算公式	$125 + 1000 + 60 + 125 + 1000 + 60$	2370	4	2370	4
					长度公式描述	延伸长度 + 端头长度 + 弯折 + 延伸长度 + 端头长度 + 弯折				

第八节　基础层构件的属性、画法及其答案对比

一、复制首层的柱和墙到基础层

将楼层切换到基础层→单击"选择"按钮→单击"楼层"下拉菜单→单击"从其他楼层复制构件图元"，将"源楼层"切换为"首层"→把所有小方框里的"√"取消→单击"框柱"前面的小方框使其加上"√"→单击"剪力墙"前面的小方框使其加上"√"→单击"砌体墙"前面的小方框使其加上"√"→单击"暗柱"前面的小方框使其加上"√"→单击"端柱"前面的小方框使其加上"√"→单击"暗梁"前面的小方框使其加上"√"→单击"确定"，出现"提示"对话框架→单击"确定"。

二、画平板式筏形基础

1. 建立平板式筏形基础属性

单击"基础"下拉菜单→单击"筏板基础"→单击"定义"→单击"新建"下拉菜单→单击"新建筏板基础"，修改筏板基础的"名称"、"底标高"、"厚度"等，如图 2.8.1 所示→单击"马凳筋参数图形"后面的"三点"，选择"Ⅱ型"马凳并填写相应的数值，如图 2.8.2 所示，填写马凳筋信息为"B20@1000"→单击"确定"，将马凳数量计算调整为"向下取整+1"→单击"绘图"退出。

2. 画平板式筏形基础

单击"基础"下拉菜单里的"筏板基础"，选择"MJ-1"→单击"三点画弧"后面的"矩形"画法→单击（1/D）交点→单击（7/A）交点→单击右键结束→单击"选择"按钮→单击左键选中刚画好的筏板基础→单击右键出现右键菜单→单击"偏移"出现"请选择偏移方式"对话框→单击"整体偏移"→单击"确定"，向外挪动鼠标输入偏移距离为"800"→敲回车。

	属性名称	属性值	附加
1	名称	MJ-1	
2	混凝土强度等级	(C30)	
3	厚度(mm)	600	
4	顶标高(m)	层底标高+0.6	
5	底标高(m)	层底标高	
6	保护层厚度(mm)	(40)	
7	马凳筋参数图	Ⅱ型	
8	马凳筋信息	Φ20@1000	
9	线形马凳筋方向	平行横向受力筋	
10	拉筋		
11	拉筋数量计算方式	向上取整+1	
12	马凳筋数量计算方式	向上取整+1	
13	筏板侧面纵筋		
14	U形构造封边钢筋		
15	U形构造封边钢筋弯折长度(mm)	max(15*d,200)	
16	归类名称	(MJ-1)	
17	汇总信息	筏板基础	
18	备注		
19	显示样式		

图 2.8.1

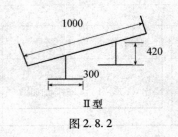

Ⅱ型

图 2.8.2

三、画筏板主筋

1. 建立筏板主筋属性

（1）B20@200 筏板底筋的属性建立

单击"基础"下拉菜单→单击"筏板主筋"→单击"定义"→单击"新建"下拉菜单→单击"新建筏板主筋"，新建筏板底筋属性编辑，如图 2.8.3 所示。

（2）B20@200 筏板面筋的属性建立

新建筏板底筋属性编辑，如图 2.8.4 所示。

	属性名称	属性值	附加
1	名称	B20@200底筋	
2	类别	底筋	☐
3	钢筋信息	Φ20@200	☐
4	钢筋锚固	(34)	
5	钢筋搭接	(48)	
6	归类名称	(B20@200底筋)	☐
7	汇总信息	筏板主筋	☐
8	计算设置	按默认计算设置计算	
9	节点设置	按默认节点设置计算	
10	搭接设置	按默认搭接设置计算	
11	长度调整 (mm)		☐
12	备注		☐
13	⊞ 显示样式		

图 2.8.3

	属性名称	属性值	附加
1	名称	B20@200面筋	
2	类别	面筋	☐
3	钢筋信息	Φ20@200	☐
4	钢筋锚固	(34)	
5	钢筋搭接	(48)	
6	归类名称	(B20@200面筋)	☐
7	汇总信息	筏板主筋	☐
8	计算设置	按默认计算设置计算	
9	节点设置	按默认节点设置计算	
10	搭接设置	按默认搭接设置计算	
11	长度调整 (mm)		☐
12	备注		☐
13	⊞ 显示样式		

图 2.8.4

→单击"绘图"退出。

2. 画筏板主筋

（1）画 B20@200 筏板底筋

单击"基础"下拉菜单→单击"筏板主筋"→单击"选择"按钮→选择"B20@200 底筋"→单击"单板"按钮→单击"水平"按钮→单击"筏板基础"→单击"垂直"按钮→单击"筏板基础"→单击右键结束。

（2）画 B20@200 筏板面筋

选择"B20@200 面筋"→单击"单板"按钮→单击"水平"按钮→单击"筏板基础"→单击"垂直"按钮→单击"筏板基础"→单击右键结束。

四、基础层构件钢筋答案软件手工对比

1. 平板式筏形基础钢筋答案软件手工对比

基础马凳布置图，如图 2.8.5 所示。

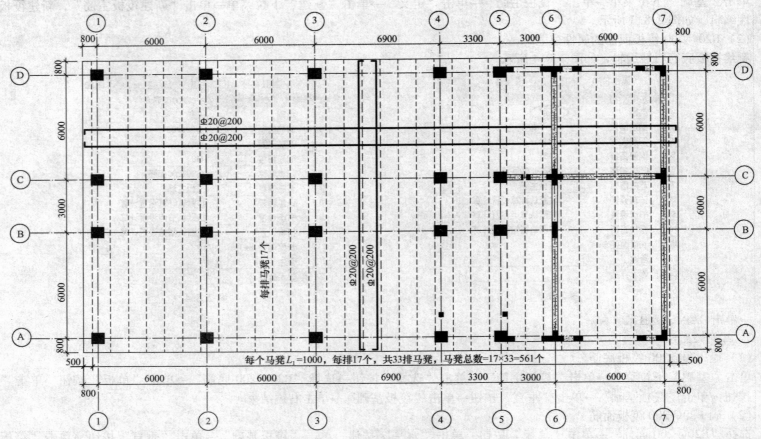

图 2.8.5 基础Ⅱ型马凳布置图

每个马凳 L_1=1000，每排17个，共33排马凳，马凳总数=17×33=561个

平板式筏形基础钢筋软件答案见表2.8.1。

表 2.8.1　平板式筏形基础钢筋软件答案

位置	方向	筋号	直径 d (mm)	级别	公式		长度 (mm)	根数	搭接	重量	长度 (mm)	根数	搭接	重量
					软件答案						手工答案			
筏基底部	x 方向	筏板受力筋.1	20	二级	长度计算公式	$32800-40+12d-40+12d$	33200	84	3	6888.336	33200	84	3	6888.336
					长度公式描述	净长 − 保护层厚度 + 设定弯折 − 保护层厚度 + 设定弯折								
	y 方向	筏板受力筋.1	20	二级	长度计算公式	$16600-40+12d-40+12d$	17000	165	1	6928.35	17000	165	1	6928.35
					长度公式描述	净长 − 保护层厚度 + 设定弯折 − 保护层厚度 + 设定弯折								
筏基顶部	x 方向	筏板受力筋.1	20	二级	长度计算公式	$32800-40+12d-40+12d$	33200	84	3	6888.336	33200	84	3	6888.336
					长度公式描述	净长 − 保护层厚度 + 设定弯折 − 保护层厚度 + 设定弯折								
	y 方向	筏板受力筋.1	20	二级	长度计算公式	$16600-40+12d-40+12d$	17000	165	1	6928.35	17000	165	1	6928.35
					长度公式描述	净长 − 保护层厚度 + 设定弯折 − 保护层厚度 + 设定弯折								
查看基础马凳钢筋操作步骤:单击"基础"下拉菜单→单击"筏形基础"查看														
筏基中部	平行纵向	马凳,1	20	二级	长度计算公式	$1000+2\times420+2\times300$	2440	592		3567.866	2440	561		3381.035
					长度公式描述	$L_1-250\times500+2\times L_2-250\times450+2\times L_3$								

　　此时马凳钢筋软件量和手工量不一致，这是由于我们手工计算马凳排数是按"向上取整 + 1"，每排马凳个数是按"向上取整"计算的，而软件在算马凳排数和每排个数时都是按"向下取整 + 1"计算的，两者的计算方法不同，会存在一些误差。

　　2. 首层门下连梁钢筋答案软件手工答案对比

　　首层连梁 LL3 − 300 × 500 和 LL4 − 300 × 500 的属性定义和画法在首层里已经讲过，现对其钢筋的量如下：

　　（1）LL3 − 300 × 500 钢筋答案软件手工对比

　　单击"汇总计算"按钮→单击"全选"→单击"计算"，计算成功后→单击"确定"。

　　将楼层切换到"首层"→单击"门窗洞"下拉菜单→单击"连梁"，在"动态观察"状态下，选中"连梁 LL3 − 300 × 500"。

查看 LL3 - 300 ×500 钢筋的软件答案见表 2.8.2。

表 2.8.2 LL3 - 300 ×500 钢筋软件答案

构件名称:LL3 - 300 ×500,位置:6/A - C,软件计算单构件钢筋重量:108.528kg,数量:1 根

序号	筋号	直径 d (mm)	级别	公式		长度 (mm)	根数	长度 (mm)	根数
				软件答案				手工答案	
1	连梁上部纵筋.1	22	二级	长度计算公式	$2100 + 34d + 34d$	3596	4	3596	4
				长度公式描述	净长 + 锚固长度 + 锚固长度				
2	连梁下部纵筋.1	22	二级	长度计算公式	$2100 + 34d + 34d$	3596	4	3596	4
				长度公式描述	净长 + 锚固长度 + 锚固长度				
3	连梁箍筋.1	10	一级	长度计算公式	$2 \times [(300 - 2 \times 20) + (500 - 2 \times 20)] + 2 \times 11.9d$	1678		1678	
				根数计算公式	$Ceil(2100 - 100/150) + 1$		15		15
4	连梁拉筋.1	6	一级	长度计算公式	$(300 - 2 \times 20) + 2 \times (75 + 1.9d)$	433		433	
				根数计算公式	$Ceil(2100 - 100/300) + 1)$		8		8

(2) LL4 - 300 ×500 钢筋答案软件手工对比

LL4 - 300 ×5000 钢筋的软件答案见表 2.8.3。

表 2.8.3 LL4 - 300 ×500 钢筋软件答案

构件名称:LL4 - 300 ×500, 位置:C /5 - 6、6/C - D,软件计算单构件钢筋重量:66.919kg,数量:2 根

序号	筋号	直径 d (mm)	级别	公式		长度 (mm)	根数	长度 (mm)	根数
				软件答案				手工答案	
1	连梁上部纵筋.1	22	二级	长度计算公式	$900 + 34d + 34d$	2396	4	2396	4
				长度描述公式	净长 + 锚固长度 + 锚固长度				
2	连梁下部纵筋.1	22	二级	长度计算公式	$900 + 34d + 34d$	2396	4	2396	4
				长度描述公式	净长 + 锚固长度 + 锚固长度				
3	连梁箍筋.1	10	一级	长度计算公式	$2 \times [(300 - 2 \times 20) + (500 - 2 \times 20)] + 2 \times 11.9d$	1678		1678	
				根数计算公式	$Ceil[(900 - 100)/150] + 1$		7		7
4	连梁拉筋.1	6	一级	长度计算公式	$(300 - 2 \times 20) + 2 \times (75 + 1.9d)$	425		425	
				根数计算公式	$3 \times [Ceil(900 - 100/300) + 1]$		4		5

第九节　垂直构件钢筋答案软件手工对比

一、基础层垂直构件钢筋答案软件手工对比

1. KZ1 基础插筋答案软件手工对比

将楼层切换到"基础层"，查看 KZ1 基础插筋软件答案见表 2.9.1。

表 2.9.1　KZ1 基础插筋软件答案

							长度(mm)	根数	搭接	长度(mm)	根数	搭接
序号	筋号	直径 d (mm)	级别		公式							
1	全部纵筋插筋.1	25	二级	长度计算公式	$3850/3 + 600 - 40 + 15d$		2218	9		2218	9	
				长度公式描述	上层露出长度 + 基础厚度 - 保护层厚度 + 计算设置设定的弯折							
2	全部纵筋插筋.2	25	二级	长度计算公式	$3850/3 + 1 \times \max(35d,500) + 600 - 40 + 15d$		3093	9		3093	9	
				长度公式描述	上层露出长度 + 最大值(错开长度) + 基础厚度 - 保护层厚度 + 计算设置设定的弯折							
3	箍筋.1	10	一级	长度计算公式	$2 \times (660 + 560) + 2 \times 11.9d$		2678	2		2678	2	
				根数计算公式	$\max\{[\text{Ceil}(560 - 100)/500] + 1,2\}$							

构件名称:KZ1 基础插筋,软件计算单件钢筋重量:187.331kg,根数 18 根；手工答案

2. Z1 基础插筋答案软件手工对比

Z1 基础插筋软件答案见表 2.9.2。

表 2.9.2　Z1 基础插筋软件答案

							长度(mm)	根数	搭接	长度(mm)	根数	搭接
序号	筋号	直径 d (mm)	级别		公式							
1	全部纵筋插筋.1	25	二级	长度计算公式	$3850/3 + 600 - 40 + 15d$		2143	4		2143	4	
				长度公式描述	上层露出长度 + 基础厚度 - 保护层厚度 + 计算设置设定的弯折							

构件名称:Z1 基础插筋,软件计算单件钢筋重量:50.075kg,根数 2 根；手工答案

序号	筋号	直径d (mm)	级别	公式		长度 (mm)	根数	搭接	长度 (mm)	根数	搭接
				手工答案					手工答案		
2	全部纵筋插筋.2	25	二级	长度计算公式	$3850/3 + 1 \times max(35d,500) + 600 - 40 + 15d$	2843	4		2843	4	
				长度公式描述	上层露出长度+最大值(错开长度)+基础厚度-保护层厚度 +计算设置设定的弯折						
3	箍筋.1	10	一级	长度计算公式	$2 \times (210 + 210) + 2 \times 11.9d$	2678	2		2678	2	
				根数计算公式	$max\{[Ceil(560-100)/500]+1,2\}$						

3. DZ1 基础插筋答案软件手工对比

DZ1 基础插筋软件答案见表 2.9.3。

表 2.9.3 DZ1 基础插筋软件答案

构件名称:DZ1,位置:5/A、5/D,软件计算单件钢筋重量:139.54kg,根数2根

序号	筋号	直径d (mm)	级别	公式		长度 (mm)	根数	搭接	长度 (mm)	根数	搭接
				手工答案					手工答案		
1	全部纵筋插筋.1	22	二级	长度计算公式	$500 + 600 - 40 + 15d$	1390	12		1390	12	
				长度公式描述	上层露出长度+基础厚度-保护层厚度+计算设置设定的弯折						
2	全部纵筋插筋.2	22	二级	长度计算公式	$500 + 1 \times max(35d,500) + 600 - 40 + 15d$	2160	12		2160	12	
				长度公式描述	上层露出长度+最大值(错开长度)+基础厚度-保护层厚度 +计算设置设定的弯折						
3	箍筋.1	10	一级	长度计算公式	$2 \times (660 + 560) + 2 \times 11.9d$	2678			2678		
				根数计算公式	$max\{[Ceil(560-100)/500]+1,2\}$		2			2	
4	箍筋.2	10	一级	长度计算公式	$2 \times (660 + 560) + 2 \times 11.9d$	2878			2878		
				根数计算公式	$max\{[Ceil(560-100)/500]+1,2\}$		2			2	
5	箍筋.3	10	一级	长度计算公式	$2 \times (560 + 166) + 2 \times 11.9d$	1690			1690		
				根数计算公式	$max\{[Ceil(560-100)/500]+1,2\}$		2			2	
6	箍筋.4	10	一级	长度计算公式	$2 \times (660 + 301) + 2 \times 11.9d$	2160			2160		
				根数计算公式	$max\{[Ceil(560-100)/500]+1,2\}$		2			2	
7	拉筋.1	10	一级	长度计算公式	$560 + 2 \times 11.9d$	798			798		
				根数计算公式	$max\{[Ceil(560-100)/500]+1,2\}$		2			2	

4. DZ2 基础插筋答案软件手工对比

DZ2 基础插筋软件答案见表 2.9.4。

表 2.9.4　DZ2 基础插筋软件对比

构件名称:DZ2,位置:5/C,软件计算单件钢筋重量:138.814kg,根数 1 根

序号	筋号	直径 d (mm)	级别	公式		长度 (mm)	根数	搭接	长度 (mm)	根数	搭接
									手工答案		
1	全部纵筋插筋.1	25	二级	长度计算公式	$500+600-40+15d$	1435	9		1435	9	
				长度公式描述	上层露出长度 + 基础厚度 − 保护层厚度 + 计算设置设定的弯折						
2	全部纵筋插筋.2	25	二级	长度计算公式	$500+1\times\max(35d,500)+600-40+15d$	2310	9		2310	9	
				长度公式描述	上层露出长度 + 最大值(错开长度) + 基础厚度 − 保护层厚度 + 计算设置设定的弯折						
3	箍筋.1	10	一级	长度计算公式	$2\times(660+560)+2\times11.9d$	2678			2678		
				根数计算公式	$\max\{[\mathrm{Ceil}(560-100)/500]+1,2\}$		2			2	
4	箍筋.2	10	一级	长度计算公式	$560+2\times11.9d$	798			798		
				根数计算公式	$\max\{[\mathrm{Ceil}(560-100)/500]+1,2\}$		2			2	
5	箍筋.3	10	一级	长度计算公式	$2\times(660+303)+2\times11.9d$	2164			2164		
				根数计算公式	$\max\{[\mathrm{Ceil}(560-100)/500]+1,2\}$		2			2	
6	箍筋.4	10	一级	长度计算公式	$2\times(560+168)+2\times11.9d$	1694			1694		
				根数计算公式	$\max\{[\mathrm{Ceil}(560-100)/500]+1,2\}$		2			2	

5. AZ1 基础插筋答案软件手工对比

AZ1 基础插筋软件答案见表 2.9.5。

表 2.9.5　AZ1 基础插筋答案软件答案

构件名称:AZ1,位置:6/A、6/A,软件计算单件钢筋重量:85.69kg,根数 2 根

序号	筋号	直径 d (mm)	级别	公式		长度 (mm)	根数	搭接	长度 (mm)	根数	搭接
									手工答案		
1	基础插筋.1	18	二级	长度计算公式	$500+600-40+15d$	1330	12		1330	12	
				长度公式描述	上层露出长度 + 基础厚度 − 保护层厚度 + 计算设置设定的弯折						

序号	筋号	直径 d (mm)	级别	公式 (手工答案)		长度 (mm)	根数	搭接	长度 (mm)	根数 (手工答案)	搭接
2	基础插筋.2	18	二级	长度计算公式	$500 + \max(35d,500) + 600 - 40 + 15d$	1960	12		1960	12	
				长度公式描述	上层露出长度 + 最大值(错开长度) + 基础厚度 - 保护层厚度 + 计算设置设定的弯折						
3	箍筋.1	10	一级	长度计算公式	$2 \times (600 + 300 + 300 - 2 \times 20 + 300 - 2 \times 20) + 2 \times 11.9d$	3078			3078		
				根数计算公式	$\max\{[\mathrm{Ceil}(560-100)/500]+1,2\}$		2			2	
4	拉筋.1	10	一级	长度计算公式	$300 - 2 \times 20 + 2 \times 11.9d$	498			498		
				根数计算公式	$\max\{[\mathrm{Ceil}(560-100)/500]+1,2\}$		2			2	
5	箍筋.2	10	一级	长度计算公式	$2 \times (300 + 300 - 2 \times 20 + 300 - 2 \times 20) + 2 \times 11.9d$	1878			1878		
				根数计算公式	$\max\{[\mathrm{Ceil}(560-100)/500]+1,2\}$		2			2	

6. AZ2 基础插筋答案软件手工对比

AZ2 基础插筋软件答案见表 2.9.6。

表 2.9.6 AZ2 基础插筋软件答案

构件名称:AZ2,位置:7/A、7/D,软件计算单件钢筋重量:53.355kg,根数 2 根

序号	筋号	直径 d (mm)	级别	公式 (手工答案)		长度 (mm)	根数	搭接	长度 (mm)	根数 (手工答案)	搭接
1	基础插筋.1	18	二级	长度计算公式	$500 + 600 - 40 + 15d$	1330	7		1330	7	
				长度公式描述	上层露出长度 + 基础厚度 - 保护层厚度 + 计算设置设定的弯折						
2	基础插筋.2	18	二级	长度计算公式	$500 + \max(35d,500) + 600 - 40 + 15d$	1960	8		1960	8	
				长度公式描述	上层露出长度 + 最大值(错开长度) + 基础厚度 - 保护层厚度 + 计算设置设定的弯折						
3	箍筋.1	10	一级	长度计算公式	$2 \times (300 + 300 - 2 \times 20 + 300 - 2 \times 20) + 2 \times 11.9d$	1878			1878		
				根数计算公式	$\max\{[\mathrm{Ceil}(560-100)/500]+1,2\}$		2			2	
5	箍筋.2	10	一级	长度计算公式	$2 \times (300 + 300 - 2 \times 20 + 300 - 2 \times 20) + 2 \times 11.9d$	1878			1878		
				根数计算公式	$\max\{[\mathrm{Ceil}(560-100)/500]+1,2\}$		2			2	

7. AZ3 基础插筋答案软件手工对比

AZ3 基础插筋软件答案见表 2.9.7。

表 2.9.7 AZ3 基础插筋软件答案

构件名称:AZ3,位置:6~7/A 窗两边、6~7/D 窗两边、5~6/C 门一侧、6/C~D 门一侧,软件计算单件钢筋重量:34.971kg,根数 6 根

序号	筋号	直径 d (mm)	级别	公式		长度 (mm)	根数	搭接	长度 (mm)	根数	搭接
				手工答案					手工答案		
1	基础插筋.1	18	二级	长度计算公式	$500 + 600 - 40 + 15d$	1330	5		1330	5	
				长度公式描述	上层露出长度 + 基础厚度 - 保护层厚度 + 计算设置设定的弯折						
2	基础插筋.2	18	二级	长度计算公式	$500 + \max(35d,500) + 600 - 40 + 15d$	1960	5		1960	5	
				长度公式描述	上层露出长度 + 最大值(错开长度) + 基础厚度 - 保护层厚度 + 计算设置设定的弯折						
3	箍筋.1	10	一级	长度计算公式	$2 \times (250 + 250 - 2 \times 20 + 150 + 150 - 2 \times 20) + 2 \times 11.9d$	1678			1678		
				根数计算公式	$\max\{\lceil \text{Ceil}(560 - 100)/500 \rceil + 1, 2\}$		2			2	

8. AZ4 基础插筋答案软件手工对比

AZ4 基础插筋软件答案见表 2.9.8。

表 2.9.8 AZ4 基础插筋软件答案

构件名称:AZ4,位置:6/A~C 门一侧,软件计算单件钢筋重量:43.152kg,根数 1 根

序号	筋号	直径 d (mm)	级别	公式		长度 (mm)	根数	搭接	长度 (mm)	根数	搭接
				手工答案					手工答案		
1	基础插筋.1	18	二级	长度计算公式	$500 + 600 - 40 + 15d$	1330	6		1330	6	
				长度公式描述	上层露出长度 + 基础厚度 - 保护层厚度 + 计算设置设定的弯折						
2	基础插筋.2	18	二级	长度计算公式	$500 + \max(35d,500) + 600 - 40 + 15d$	1960	6		1960	6	
				长度公式描述	上层露出长度 + 最大值(错开长度) + 基础厚度 - 保护层厚度 + 计算设置设定的弯折						
3	箍筋.1	10	一级	长度计算公式	$2 \times (450 + 450 - 2 \times 20 + 150 + 150 - 2 \times 20) + 2 \times 11.9d$	2478			2478		
				根数计算公式	$\max\{\lceil \text{Ceil}(560 - 100)/500 \rceil + 1, 2\}$		2			2	
4	拉筋.1	10	一级	长度计算公式	$150 + 150 - 2 \times 20 + 2 \times 11.9d$	498			498		
				根数计算公式	$\max\{\lceil \text{Ceil}(560 - 100)/500 \rceil + 1, 2\}$		2			2	

9. AZ5 基础插筋答案软件手工对比

AZ5 基础插筋软件答案见表2.9.9。

表 2.9.9　AZ5 基础插筋软件答案

构件名称:AZ5,位置:6/C,手工计算单件钢筋重量:85.076kg,根数 1 根

序号	筋号	直径 d (mm)	级别	公式		长度 (mm)	根数	搭接	长度 (mm)	根数	搭接
				软件答案					手工答案		
1	基础插筋.1	18	二级	长度计算公式	$500 + 600 - 40 + 15d$	1330	12		1330	12	
				长度公式描述	上层露出长度 + 基础厚度 - 保护层厚度 + 计算设置设定的弯折						
2	基础插筋.2	18	二级	长度计算公式	$500 + \max(35d, 500) + 600 - 40 + 15d$	1960	12		1960	12	
				长度公式描述	上层露出长度 + 最大值(错开长度) + 基础厚度 - 保护层厚度 + 计算设置设定的弯折						
3	箍筋.1	10	一级	长度计算公式	$2 \times (300 + 300 + 300 - 2 \times 20 + 300 - 2 \times 20) + 2 \times 11.9d$	2478			2478		
				根数计算公式	$\max\{[\mathrm{Ceil}(560 - 100)/500] + 1, 2\}$		2			2	
4	拉筋.1	10	一级	长度计算公式	$2 \times (300 + 300 + 300 - 2 \times 20 + 300 - 2 \times 20) + 2 \times 11.9d$	2478			2478		
				根数计算公式	$\max\{[\mathrm{Ceil}(560 - 100)/500] + 1, 2\}$		2			2	

10. AZ6 基础插筋答案软件手工对比

AZ6 基础插筋软件答案见表2.9.10。

表 2.9.10　AZ6 基础插筋软件答案

构件名称:AZ6,位置:7/C,软件计算单件钢筋重量:67.255kg,根数 1 根

序号	筋号	直径 d (mm)	级别	公式		长度 (mm)	根数	搭接	长度 (mm)	根数	搭接
				手工答案					手工答案		
1	基础插筋.1	18	二级	长度计算公式	$500 + 600 - 40 + 15d$	1330	9		1330	9	
				长度公式描述	上层露出长度 + 基础厚度 - 保护层厚度 + 计算设置设定的弯折						
2	基础插筋.2	18	二级	长度计算公式	$500 + \max(35d, 500) + 600 - 40 + 15d$	1960	10		1960	10	
				长度公式描述	上层露出长度 + 最大值(错开长度) + 基础厚度 - 保护层厚度 + 计算设置设定的弯折						
3	箍筋.1	10	一级	长度计算公式	$2 \times (300 + 300 + 300 - 2 \times 20 + 300 - 2 \times 20) + 2 \times 11.9d$	2478			2478		
				根数计算公式	$\max\{[\mathrm{Ceil}(560 - 100)/500] + 1, 2\}$		2			2	

序号	筋号	直径d (mm)	级别	公式		长度 (mm)	根数	搭接	长度 (mm)	根数	搭接
					手工答案				手工答案		
4	拉筋.1	10	一级	长度计算公式	$2 \times (300+300-2\times20+300-2\times20)+2\times11.9d$	1878			1878		
				根数计算公式	$max\{[Ceil(560-100)/500]+1,2\}$		2			2	

11. 基础层剪力墙钢筋答案软件手工对比

1）A、D轴线

A、D轴线基础层剪力墙钢筋软件答案见表2.9.11。

表 2.9.11　A、D轴线基础层剪力墙钢筋软件答案

构件名称:基础层剪力墙,位置:5～7/A、5～7/D,软件计算单件钢筋重量:130.312kg,数量:2 段

序号	筋号	直径d (mm)	级别	公式		长度 (mm)	根数	搭接	长度 (mm)	根数	搭接
					手工答案				软件答案		
1	墙在基础左侧水平筋.1	12	二级	长度计算公式	$9500-15-15+10d$	9590	2		9590	2	
				长度公式描述	外皮长度 - 保护层厚度 - 保护层厚度 + 设定弯折						
2	墙在基础右侧水平筋.1	12	二级	长度计算公式	$9200+(300-15+15d)-15+10d$	9770	2		9770	2	
				长度公式描述	净长 + (支座宽 - 保护层厚度 + 弯折) - 保护层厚度 + 设定弯折						
3	墙身左侧插筋.1	12	二级	长度计算公式	$(1.2 \times 34d)+600-40+6d$	1122	15		1122	15	
				长度公式描述	搭接 + 节点高 - 保护层厚度 + 弯折						
4	墙身左侧插筋.1	12	二级	长度计算公式	$500+(1.2 \times 34d)+(1.2 \times 34d)+600-40+6d$	2111	14		2111	14	
				长度公式描述	错开长度 + 搭接长度 + 搭接长度 + 节点高 - 保护层厚度 + 弯折						
5	墙身右侧插筋.1	12	二级	长度计算公式	$(1.2 \times 34d)+600-40+6d$	1122	15		1122	15	
				长度公式描述	搭接长度 + 节点高 - 保护层厚度 + 弯折						
6	墙身右侧插筋.2	12	二级	长度计算公式	$500+(1.2 \times 34d)+(1.2 \times 34d)+600-40+6d$	2111	14		2111	14	
				长度公式描述	错开长度 + 搭接长度 + 搭接长度 + 节点高 - 保护层厚度 + 弯折						
7	墙身拉筋.1	6	一级	长度计算公式	$(300-2\times15)+2\times(75+1.9d)$	443			443		
				根数计算公式	$2 \times [Ceil(5600/400)+1]$		30			32	

（1）软件计算墙内外侧水平筋遇见（A/5）交点处 DZ1 是按照（支座宽 - 保护层厚度 + 15d）计算的，而手工是按照 $L_a(34d)$ 计算的。

（2）软件计算墙插筋是按照实际下料计算的考虑到"错开长度"，而手工没有考虑到"错开长度"。

2）C 轴线

C 轴线基础层剪力墙钢筋软件答案见表 2.9.12。

表 2.9.12　C 轴线基础层剪力墙钢筋软件答案

构件名称：基础层剪力墙，位置：5～7/C，软件计算单件钢筋重量：138.925kg，数量：1 段

序号	筋号	直径 d（mm）	级别	手工答案		长度（mm）	根数	搭接	软件答案 长度（mm）	根数	搭接
1	墙在基础左侧水平筋.1	12	二级	长度计算公式	$8500+700+300-15-15+15d$	9650	2		9650	2	
				长度公式描述	净长 + 伸入相邻构件长度 + 支座宽 - 保护层厚度 - 保护层厚度 + 弯折						
2	墙在基础右侧水平筋.1	12	二级	长度计算公式	$8500+700+300-15-15+15d$	9650	2		9650	2	
				长度公式描述	净长 + 伸入相邻构件长度 + 支座宽 - 保护层厚度 - 保护层厚度 + 弯折						
3	墙身左侧插筋.1	12	二级	长度计算公式	$(1.2\times34d)+600-40+6d$	1122	15		1122	15	
				长度公式描述	搭接 + 节点高 - 保护层厚度 + 弯折						
4	墙身左侧插筋.2	12	二级	长度计算公式	$500+(1.2\times34d)+(1.2\times34d)+600-40+6d$	2111	15		2111	15	
				长度公式描述	错开长度 + 搭接长度 + 搭接长度 + 节点高 - 保护层厚度 + 弯折						
5	墙身左侧插筋.3	12	二级	长度计算公式	$950+600-40+6d-15+10d$	1687	5		1687	5	
				长度公式描述	墙实际高度 + 节点高 - 保护层厚度 + 弯折 - 保护层厚度 + 设定弯折						
6	墙身右侧插筋.1	12	二级	长度计算公式	$(1.2\times34d)+600-40+6d$	1122	15		1122	15	
				长度公式描述	搭接 + 节点高 - 保护层厚度 + 弯折						
7	墙身右侧插筋.2	12	二级	长度计算公式	$500+(1.2\times34d)+(1.2\times34d)+600-40+6d$	2111	15		2111	15	
				长度公式描述	错开长度 + 搭接长度 + 搭接长度 + 节点高 - 保护层厚度 + 弯折						
8	墙身右侧插筋.3	12	二级	长度计算公式	$950+600-40+6d-15+10d$	1687	5		1687	5	
				长度公式描述	墙实际高度 + 节点高 - 保护层厚度 + 弯折 - 保护层厚度 + 设定弯折						
9	墙身拉筋.1	6	一级	长度计算公式	$(300-2\times15)+2\times(75+1.9d)$	443			443		
				根数计算公式	$2\times[\,\mathrm{Ceil}(6800/400)+1\,]$		36			37	

588

3）6 轴线

6 轴线基础层剪力墙钢筋软件答案见表2.9.13。

表 2.9.13　6 轴线基础层剪力墙钢筋软件答案

构件名称:基础层剪力墙,位置:6/A ~ D,软件计算单件钢筋重量:247.495kg,数量:1 段

序号	筋号	直径 d (mm)	级别		公式	手工答案 长度 (mm)	根数	搭接	软件答案 长度 (mm)	根数	搭接
1	墙在基础左侧水平筋.1	12	二级	长度计算公式	$15000 + 300 - 15 + 15d + 300 - 15 + 15d$	15930	2	492	15930	2	492
				长度公式描述	净长 + 支座宽 - 保护层厚度 + 弯折 + 支座宽 - 保护层厚度 + 弯折						
2	墙在基础右侧水平筋.1	12	二级	长度计算公式	$15000 + 300 - 15 + 15d + 300 - 15 + 15d$	15930	2	492	15930	2	492
				长度公式描述	净长 + 支座宽 - 保护层厚度 + 弯折 + 支座宽 - 保护层厚度 + 弯折						
3	墙身左侧插筋.1	12	二级	长度计算公式	$(1.2 \times 34d) + 600 - 40 + 6d$	1122	24		1122	24	
				长度公式描述	搭接 + 节点高 - 保护层厚度 + 弯折						
4	墙身左侧插筋.2	12	二级	长度计算公式	$500 + (1.2 \times 34d) + (1.2 \times 34d) + 600 - 40 + 6d$	2111	23		2111	23	
				长度公式描述	错开长度 + 搭接长度 + 搭接长度 + 节点高 - 保护层厚度 + 弯折						
5	墙身左侧插筋.3	12	二级	长度计算公式	$950 + 600 - 40 + 6d - 15 + 10d$	1687	16		1687	16	
				长度公式描述	墙实际高度 + 节点高 - 保护层厚度 + 弯折 - 保护层厚度 + 设定弯折						
6	墙身右侧插筋.1	12	二级	长度计算公式	$(1.2 \times 34d) + 600 - 40 + 6d$	1122	24		1122	24	
				长度公式描述	搭接 + 节点高 - 保护层厚度 + 弯折						
7	墙身右侧插筋.2	12	二级	长度计算公式	$500 + (1.2 \times 34d) + (1.2 \times 34d) + 600 - 40 + 6d$	2111	23		2111	23	
				长度公式描述	错开长度 + 搭接长度 + 搭接长度 + 节点高 - 保护层厚度 + 弯折						
8	墙身右侧插筋.3	12	二级	长度计算公式	$950 + 600 - 40 + 6d - 15 + 10d$	1687	16		1687	16	
				长度公式描述	墙实际高度 + 节点高 - 保护层厚度 + 弯折 - 保护层厚度 + 设定弯折						
9	墙身拉筋.1	6	一级	长度计算公式	$(300 - 2 \times 15) + 2 \times (75 + 1.9d)$	443			443		
				根数计算公式	$2 \times [\, \mathrm{Ceil}(12100/400) + 1 \,]$		64			64	

4）7 轴线

7 轴线基础层剪力墙钢筋软件答案见表2.9.14。

表 2.9.14 7 轴线基础层剪力墙钢筋软件答案

构件名称:基础层剪力墙,位置:7/A～D,软件计算单件钢筋重量:262.668kg,数量:1 段

序号	筋号	直径 d (mm)	级别	手工答案		长度 (mm)	根数	搭接	软件答案 长度 (mm)	根数	搭接
1	墙在基础左侧水平筋.1	12	二级	长度计算公式	$15600 - 15 - 15$	15570	2	492	15570	2	492
				长度公式描述	外皮长度 - 保护层厚度 - 保护层厚度						
2	墙在基础右侧水平筋.1	12	二级	长度计算公式	$15000 + 300 - 15 + 15d + (300 - 15 + 15d)$	15930	2	492	15930	2	492
				长度公式描述	净长 + 支座宽 - 保护层厚度 + 弯折 +(支座宽 - 保护层厚度 + 弯折)						
3	墙身左侧插筋.1	12	二级	长度计算公式	$(1.2 \times 34d) + 600 - 40 + 6d$	1122	35		1122	35	
				长度公式描述	搭接 + 节点高 - 保护层厚度 + 弯折						
4	墙身左侧插筋.2	12	二级	长度计算公式	$500 + (1.2 \times 34d) + (1.2 \times 34d) + 600 - 40 + 6d$	2111	34		2111	34	
				长度公式描述	错开长度 + 搭接长度 + 搭接长度 + 节点高 - 保护层厚度 + 弯折						
5	墙身右侧插筋.1	12	二级	长度计算公式	$(1.2 \times 34d) + 600 - 40 + 6d$	1122	35		1122	35	
				长度公式描述	搭接长度 + 节点高 - 保护层厚度 + 弯折						
6	墙身右侧插筋.2	12	二级	长度计算公式	$500 + (1.2 \times 34d) + (1.2 \times 34d) + 600 - 40 + 6d$	2111	34		2111	34	
				长度公式描述	错开长度 + 搭接长度 + 搭接长度 + 节点高 - 保护层厚度 + 弯折						
7	墙身拉筋.1	6	一级	长度计算公式	$(300 - 2 \times 15) + 2 \times (75 + 1.9d)$	443			443		
				根数计算公式	$2 \times [Ceil(13500/400) + 1]$		70			70	

二、首层垂直构件钢筋答案软件手工对比

1. KZ1 首层钢筋答案软件手工对比

KZ1 首层钢筋软件答案见表 2.9.15。

表 2.9.15 KZ1 首层钢筋软件答案

构件名称:KZ1 首层钢筋,软件计算单件钢筋重量:446.955kg,根数 17 根

序号	筋号	直径 d（mm）	级别	手工答案		长度（mm）	根数	搭接	软件答案 长度（mm）	根数	搭接
1	全部纵筋.1	25	二级	长度计算公式	$4550 - 1283 + \max(2900/6, 700, 500)$	3967	9	1	3967	9	1
				长度公式描述	层高 - 本层的露出长度 + 最大值(上层露出长度)						
2	全部纵筋.2	25	二级	长度计算公式	$4550 - 2158 + \max(2900/6, 700, 500) + 1 \times \max(35d, 500)$	3967	9	1	3967	9	1
				长度公式描述	层高 - 本层的露出长度 + 最大值(上层露出长度) + 最大值(错开长度)						
3	箍筋1	10	一级	长度计算公式	$2 \times (660 + 560) + 2 \times 11.9d$	2678			2678		
				根数计算公式	$\mathrm{Ceil}(700/100) + 1 + \mathrm{Ceil}(1233/100) + 1 + \mathrm{Ceil}(700/100) + \mathrm{Ceil}(1867/200) - 1$		38			38	
4	箍筋2	10	一级	长度计算公式	$2 \times (560 + 168) + 2 \times 11.9d$	1694			1694		
				根数计算公式	$\mathrm{Ceil}(700/100) + 1 + \mathrm{Ceil}(1233/100) + 1 + \mathrm{Ceil}(700/100) + \mathrm{Ceil}(1867/200) - 1$		38			38	
5	箍筋3	10	一级	长度计算公式	$560 + 2 \times 11.9d$	798			798		
				根数计算公式	$\mathrm{Ceil}(700/100) + 1 + \mathrm{Ceil}(1233/100) + 1 + \mathrm{Ceil}(700/100) + \mathrm{Ceil}(1867/200) - 1$		38			38	
6	箍筋4	10	一级	长度计算公式	$2 \times (660 + 303) + 2 \times 11.9d$	2163			2163		
				根数计算公式	$\mathrm{Ceil}(700/100) + 1 + \mathrm{Ceil}(1233/100) + 1 + \mathrm{Ceil}(700/100) + \mathrm{Ceil}(1867/200) - 1$		38			38	

2. Z1 首层钢筋答案软件手工对比

Z1 首层钢筋软件答案见表 2.9.16。

表 2.9.16 Z1 首层钢筋软件答案

构件名称:Z1 首层钢筋,软件计算单件钢筋重量:83.923kg,根数 2 根

序号	筋号	直径 d（mm）	级别	手工答案		长度（mm）	根数	搭接	手工答案 长度（mm）	根数	搭接
1	全部纵筋插筋.1	25	二级	长度计算公式	$4550 - 1283 + \max(2900/6, 250, 500)$	3767	4		3767	4	
				长度公式描述	层高 - 本层的露出长度 + 最大值(上层露出长度)						
2	全部纵筋插筋.2	25	二级	长度计算公式	$4550 - 1983 + \max(2900/6, 250, 500) + 1 \times \max(35d, 500)$	3767	4		3767	4	
				长度公式描述	层高 - 本层的露出长度 + 最大值(上层露出长度) + 最大值(错开长度)						
3	箍筋.1	10	一级	长度计算公式	$2 \times (210 + 210) + 2 \times 11.9d$	2678			2678		
				根数计算公式	$\mathrm{Ceil}(4500/200) + 1$		24			24	

3. DZ1 首层钢筋答案软件手工对比

DZ1 首层钢筋软件答案见表 2.9.17。

表 2.9.17　DZ1 首层钢筋软件答案

构件名称:DZ1,位置:5/A、5/D,软件计算单件钢筋重量:577.251kg,根数2 根

序号	筋号	直径 d (mm)	级别	手工答案		长度 (mm)	根数	搭接	长度 (mm)	根数	搭接
1	全部纵筋插筋.1	25	二级	长度计算公式	$4550 - 500 + 500$	4550	12		4550	12	
				长度公式描述	层高－本层的露出长度＋上层露出长度						
2	全部纵筋插筋.2	25	二级	长度计算公式	$4550 - 1270 + 500 + 1 \times \max(35d, 500)$	4550	12		4550	12	
				长度公式描述	层高－本层的露出长度＋上层露出长度＋最大值(错开长度)						
3	箍筋.1	10	一级	长度计算公式	$2 \times (660 + 560) + 2 \times 11.9d$	2678			2678		
				根数计算公式	$\mathrm{Ceil}(1100/100) + 1 + \mathrm{Ceil}(1234/100) + 1 + \mathrm{Ceil}(700/100) + \mathrm{Ceil}(1466/200) - 1$		40			40	
4	箍筋.2	10	一级	长度计算公式	$2 \times (660 + 560) + 2 \times 11.9d$	2678			2678		
				根数计算公式	$\mathrm{Ceil}(1100/100) + 1 + \mathrm{Ceil}(1234/100) + 1 + \mathrm{Ceil}(700/100) + \mathrm{Ceil}(1466/200) - 1$		40			40	
5	箍筋.3	10	一级	长度计算公式	$2 \times (560 + 166) + 2 \times 11.9d$	1690			1690		
				根数计算公式	$\mathrm{Ceil}(1100/100) + 1 + \mathrm{Ceil}(1234/100) + 1 + \mathrm{Ceil}(700/100) + \mathrm{Ceil}(1466/200) - 1$		40			40	
6	箍筋.4	10	一级	长度计算公式	$2 \times (660 + 301) + 2 \times 11.9d$	2160			2160		
				根数计算公式	$\mathrm{Ceil}(1100/100) + 1 + \mathrm{Ceil}(1234/100) + 1 + \mathrm{Ceil}(700/100) + \mathrm{Ceil}(1466/200) - 1$		40			40	
7	拉筋.1	10	一级	长度计算公式	$560 + 2 \times 11.9d$	798			798		
				根数计算公式	$\mathrm{Ceil}(1100/100) + 1 + \mathrm{Ceil}(1234/100) + 1 + \mathrm{Ceil}(700/100) + \mathrm{Ceil}(1466/200) - 1$		40			40	

4. DZ2 首层钢筋答案软件手工对比

DZ2 首层钢筋软件答案见表 2.9.18。

表 2.9.18　DZ2 首层钢筋软件答案

构件名称:DZ2,位置:5/A、5/D,软件计算单件钢筋重量:487.268kg,根数 2 根

序号	筋号	直径 d (mm)	级别	公式		长度 (mm)	根数	搭接	长度 (mm)	根数	搭接
									手工答案		
1	全部纵筋插筋.1	25	二级	长度计算公式	$4550 - 500 + 500$	4550	9		4550	9	
				长度公式描述	层高 − 本层的露出长度 + 上层露出长度						
2	全部纵筋插筋.2	25	二级	长度计算公式	$4550 - 1375 + 500 + 1 \times \max(35d, 500)$	4550	9		4550	9	
				长度公式描述	层高 − 本层的露出长度 + 上层露出长度 + 最大值(错开长度)						
3	箍筋.1	10	一级	长度计算公式	$2 \times (660 + 560) + 2 \times 11.9d$	2678			2678		
				根数计算公式	$\mathrm{Ceil}(700/100) + 1 + \mathrm{Ceil}(1234/100) + 1 + \mathrm{Ceil}(700/100) + \mathrm{Ceil}(1866/200) - 1$		38			38	
4	箍筋.2	10	一级	长度计算公式	$560 + 2 \times 11.9d$	798			798		
				根数计算公式	$\mathrm{Ceil}(700/100) + 1 + \mathrm{Ceil}(1234/100) + 1 + \mathrm{Ceil}(700/100) + \mathrm{Ceil}(1866/200) - 1$		38			38	
5	箍筋.3	10	一级	长度计算公式	$2 \times (660 + 303) + 2 \times 11.9d$	2164			2164		
				根数计算公式	$\mathrm{Ceil}(700/100) + 1 + \mathrm{Ceil}(1234/100) + 1 + \mathrm{Ceil}(700/100) + \mathrm{Ceil}(1866/200) - 1$		38			38	
6	箍筋.4	10	一级	长度计算公式	$2 \times (560 + 168) + 2 \times 11.9d$	1694			1694	38	
				根数计算公式	$\mathrm{Ceil}(700/100) + 1 + \mathrm{Ceil}(1234/100) + 1 + \mathrm{Ceil}(700/100) + \mathrm{Ceil}(1866/200) - 1$		38				

5. AZ1 首层钢筋答案软件手工对比

AZ1 首层钢筋软件答案见表 2.9.19。

表 2.9.19　AZ1 首层钢筋软件答案

构件名称:AZ1,位置:6/A、6/D,软件计算单构件钢筋重量:373.195kg,数量:2 根

序号	筋号	直径 d (mm)	级别	软件答案		长度 (mm)	根数	搭接	长度 (mm)	根数	搭接
				公式					手工答案		
1	全部纵筋.1	18	二级	长度计算公式	$4550 - 500 + 500$	4550	12	1	4550	12	1
				长度公式描述	层高 − 本层的露出长度 + 上层露出长度						
2	全部纵筋插筋.2	18	二级	长度计算公式	$4550 - 1130 + 500 + 1 \times \max(35d, 500)$	4550	12		4550	12	
				长度公式描述	层高 − 本层的露出长度 + 上层露出长度 + 最大值(错开长度)						

序号	筋号	直径 d（mm）	级别	手工答案	公式	长度（mm）	根数	搭接	长度（mm）	根数	搭接
3	箍筋1	10	一级	长度计算公式	$2\times(600+300+300-2\times20+300-2\times20)+2\times11.9d$	3078			3078		
				根数计算公式	Ceil（4500/100）+1		46			46	
4	拉筋1	10	一级	长度计算公式	$300-2\times20+2\times11.9d$	498			498		
				根数计算公式	Ceil（4500/100）+1		46			46	
5	箍筋2	10	一级	长度计算公式	$2\times(300+300-2\times20+300-2\times20)+2\times11.9d$	1878			1878		
				根数计算公式	Ceil（4500/100）+1		46			46	

6. AZ2 首层钢筋答案软件手工对比

AZ2 首层钢筋软件答案见表 2.9.20。

表 2.9.20　AZ2 首层钢筋软件答案

构件名称：AZ2，位置：7/A、7/D，软件计算单构件钢筋重量：243.103kg，数量：2 根

序号	筋号	直径 d（mm）	级别	软件答案	公式	长度（mm）	根数	搭接	长度（mm）	根数	搭接
1	全部纵筋.1	18	二级	长度计算公式	$4550-500+500$	4550	8	1	4550	8	1
				长度公式描述	层高－本层的露出长度＋上层露出长度						
2	全部纵筋插筋.2	18	二级	长度计算公式	$4550-1130+500+1\times\max(35d,500)$	4550	7		4550	7	
				长度公式描述	层高－本层的露出长度＋上层露出长度＋最大值（错开长度）						
3	箍筋1	10	一级	长度计算公式	$2\times(300+300-2\times20+300-2\times20)+2\times11.9d$	1878			1878		
				根数计算公式	Ceil（4500/100）+1		46			46	
4	箍筋2	10	一级	长度计算公式	$2\times(300+300-2\times20+300-2\times20)+2\times11.9d$	1878			1878		
				根数计算公式	Ceil（4500/100）+1		46			46	

7. AZ3 首层钢筋答案软件手工对比

AZ3 首层钢筋软件答案见表 2.9.21。

表 2.9.21　AZ3 首层钢筋软件答案

构件名称:AZ3,位置:A/6 – 7 窗两边、D/6 – 7 窗两边、C/5 – 6 门一侧、6/C – D 门一侧,软件计算单构件钢筋重量:138.625kg,数量:6 根

序号	筋号	直径 d (mm)	级别	公式		软件答案 长度 (mm)	根数	搭接	手工答案 长度 (mm)	根数	搭接
1	全部纵筋.1	18	二级	长度计算公式	$4550 - 500 + 500$	4550	5	1	4550	5	1
				长度公式描述	层高 – 本层的露出长度 + 上层露出长度						
2	全部纵筋插筋.2	18	二级	长度计算公式	$4550 - 1130 + 500 + 1 \times \max(35d, 500)$	4550	5		4550	5	
				长度公式描述	层高 – 本层的露出长度 + 上层露出长度 + 最大值(错开长度)						
3	箍筋1	10	一级	长度计算公式	$2 \times (250 + 250 - 2 \times 20 + 150 + 150 - 2 \times 20) + 2 \times 11.9d$	1678			1678		
				根数计算公式	$\text{Ceil}(4500/100) + 1$		46			46	

8. AZ4 首层钢筋答案软件手工对比

AZ4 首层钢筋软件答案见表 2.9.22。

表 2.9.22　AZ4 首层钢筋软件答案

构件名称:AZ4,位置:6/A – C 门一侧,软件计算单构件钢筋重量:193.665kg,数量:1 根

序号	筋号	直径 d (mm)	级别	公式		软件答案 长度 (mm)	根数	搭接	手工答案 长度 (mm)	根数	搭接
1	全部纵筋.1	18	二级	长度计算公式	$4550 - 500 + 500$	4550	6	1	4550	6	1
				长度公式描述	层高 – 本层的露出长度 + 上层露出长度						
2	全部纵筋插筋.2	18	二级	长度计算公式	$4550 - 1130 + 500 + 1 \times \max(35d, 500)$	4550	6		4550	6	
				长度公式描述	层高 – 本层的露出长度 + 上层露出长度 + 最大值(错开长度)						
3	箍筋1	10	一级	长度计算公式	$2 \times (450 + 450 - 2 \times 20 + 150 + 150 - 2 \times 20) + 2 \times 11.9d$	2478			2478		
				根数计算公式	$\text{Ceil}(4500/100) + 1$		46			46	
4	拉筋1	10	一级	长度计算公式	$150 + 150 - 2 \times 20 + 2 \times 11.9d$	498			498		
				根数计算公式	$\text{Ceil}(4500/100) + 1$		46			46	

9. AZ5 首层钢筋答案软件手工对比

AZ5 首层钢筋软件答案见表 2.9.23。

表 2.9.23 AZ5 首层钢筋软件答案

构件名称:AZ5,位置:6/C,软件计算单构件钢筋重量:359.061kg,数量:1 根

序号	筋号	直径 d (mm)	级别	软件答案		长度 (mm)	根数	搭接	手工答案		
					公式				长度 (mm)	根数	搭接
1	全部纵筋.1	18	二级	长度计算公式	$4550 - 500 + 500$	4550	12	1	4550	12	1
				长度公式描述	层高 - 本层的露出长度 + 上层露出长度						
2	全部纵筋插筋.2	18	二级	长度计算公式	$4550 - 1130 + 500 + 1 \times max(35d,500)$	4550	12		4550	12	
				长度公式描述	层高 - 本层的露出长度 + 上层露出长度 + 最大值(错开长度)						
3	箍筋1	10	一级	长度计算公式	$2 \times (300 + 300 + 300 - 2 \times 20 + 300 - 2 \times 20) + 2 \times 11.9d$	2478			2478		
				根数计算公式	$Ceil(4500/100) + 1$		46			46	
4	箍筋2	10	一级	长度计算公式	$2 \times (300 + 300 + 300 - 2 \times 20 + 300 - 2 \times 20) + 2 \times 11.9d$	2478			2478		
				根数计算公式	$Ceil(4500/100) + 1$		46			46	

10. AZ6 首层钢筋答案软件手工对比

AZ6 首层钢筋软件答案见表 2.9.24。

表 2.9.24 AZ6 首层钢筋软件答案

构件名称:AZ6,位置:7/C,软件计算单构件钢筋重量:296.532kg,数量:1 根

序号	筋号	直径 d (mm)	级别	软件答案		长度 (mm)	根数	搭接	手工答案		
					公式				长度 (mm)	根数	搭接
1	全部纵筋.1	18	二级	长度计算公式	$4550 - 500 + 500$	4550	9	1	4550	9	1
				长度公式描述	层高 - 本层的露出长度 + 上层露出长度						
2	全部纵筋插筋.2	18	二级	长度计算公式	$4550 - 1130 + 500 + 1 \times max(35d,500)$	4550	12		4550	12	
				长度公式描述	层高 - 本层的露出长度 + 上层露出长度 + 最大值(错开长度)						
3	箍筋1	10	一级	长度计算公式	$2 \times (300 + 300 + 300 - 2 \times 20 + 300 - 2 \times 20) + 2 \times 11.9d$	2478			2478		
				根数计算公式	$Ceil(4500/100) + 1$		46			46	

序号	筋号	直径 d (mm)	级别		手工答案 公式	长度 (mm)	根数	搭接	手工答案 长度 (mm)	根数	搭接
4	箍筋2	10	一级	长度计算公式	$2 \times (300 + 300 - 2 \times 20 + 300 - 2 \times 20) + 2 \times 11.9d$	1878			1878		
				根数计算公式	$Ceil(4500/100) + 1$		46			46	

11. 首层剪力墙钢筋答案软件手工对比

（1）A、D 轴线

A、D 轴线首层剪力墙钢筋软件答案见表 2.9.25。

表 2.9.25　A、D 轴线首层剪力墙钢筋软件答案

构件名称:首层剪力墙,位置:5~7/A、5~7/D,软件计算单件钢筋重量:428.022kg,数量:2 段

序号	筋号	直径 d (mm)	级别		手工答案 公式	长度 (mm)	根数	搭接	手工答案 长度 (mm)	根数	搭接
1	墙身水平钢筋.1	12	二级	长度计算公式	$9500 - 15 - 15 + 10d$	9590	13		9590	14	
				长度公式描述	外皮长度 – 保护层厚度 – 保护层厚度 + 设定弯折						
2	墙身水平钢筋.2	12	二级	长度计算公式	$1650 - 15 - 15 + 10d$	1740	11		1740	10	
				长度公式描述	外皮长度 – 保护层厚度 – 保护层厚度 + 设定弯折						
3	墙身水平钢筋.3	12	二级	长度计算公式	$2250 - 15 + 10d - 15 + 10d$	2460	22		2460	20	
				长度公式描述	净长 – 保护层厚度 + 设定弯折 – 保护层厚度 + 设定弯折						
4	墙身水平钢筋.4	12	二级	长度计算公式	$9200 + (300 - 15 + 15d) - 15 + 10d$	9770	13		9770	13	
				长度公式描述	净长 + (支座宽 – 保护层厚度 + 弯折) – 保护层厚度 + 设定弯折						
5	墙身水平钢筋.5	12	二级	长度计算公式	$1350 + (300 - 15 + 15d) - 15 + 10d$	1920	11		1920	10	
				长度公式描述	净长 + (支座宽 – 保护层厚度 + 弯折) – 保护层厚度 + 设定弯折						
6	墙身垂直钢筋.1	12	二级	长度计算公式	$4550 + (1.2 \times 34d)$	5040	12		5040	12	
				长度公式描述	墙实际高度 + 搭接长度						
7	墙身垂直钢筋.2	12	二级	长度计算公式	$1850 - 500 - (1.2 \times 34d) - 15 + 10d$	965	23		965	23	
				长度公式描述	墙实际高度 – 错开长度 – 搭接长度 – 保护层厚度 + 设定弯折						

序号	筋号	直径d (mm)	级别	公式（手工答案）		长度 (mm)	根数	搭接	长度 (mm)	根数	搭接
8	墙身垂直钢筋.1	12	二级	长度计算公式	$1850-15+10d$	1955	23		1955	23	
				长度公式描述	墙实际高度－保护层厚度＋设定弯折						
9	墙身拉筋.1	6	一级	长度计算公式	$(300-2\times15)+2\times(75+1.9d)$	443			443		
				根数计算公式	$\mathrm{Ceil}[2502500/(400\times400)]+1+\mathrm{Ceil}[4050000/(400\times400)]+1$ $+\mathrm{Ceil}[2502500/(400\times400)]+1+\mathrm{Ceil}[2025000/(400\times400)]+1$		75			75	

（2）C 轴线

C 轴线首层剪力墙钢筋软件答案见表 2.9.26。

表 2.9.26　C 轴线首层剪力墙钢筋软件答案

构件名称：首层剪力墙,位置:C/5－7,软件计算单构件钢筋重量:673.24kg,数量:1 段

序号	筋号	直径d (mm)	级别	公式（软件答案）		长度 (mm)	根数	搭接	长度 (mm)	根数	搭接
1	墙身水平钢筋.1	12	二级	长度计算公式	$8500+700-15+300-15+15d$	9373	24		9373	22	
				长度公式描述	净长＋伸入相邻构件长度＋支座宽－保护层厚度＋弯折						
2	墙身水平钢筋.2	12	二级	长度计算公式	$1300+700-15-15+10d$	1873	24		1873	24	
				长度公式描述	净长＋伸入保护构件长度－保护层厚度－保护层厚度＋设定弯折						
3	墙身水平钢筋.3	12	二级	长度计算公式	$6300-15+10d+300-15+15d$	6870	24		6870	22	
				长度公式描述	净长－保护层厚度＋设定弯折＋支座宽－保护层厚度＋设定弯折						
4	墙身垂直钢筋.1	12	二级	长度计算公式	$4550+(1.2\times34d)$	5040	60		5040	60	
				长度公式描述	墙实际高度＋搭接长度						
5	墙身拉筋.1	6	一级	长度计算公式	$(300-2\times15)+2\times(75+1.9d)$	455			455		
				根数计算公式	$\mathrm{Ceil}[3640000/(400\times400)]+1+$ $\mathrm{Ceil}[405000/(400\times400)]+1+$ $\mathrm{Ceil}[23205000/(400\times400)]+1$		175			169	

(3) 6 轴线

6 轴线首层剪力墙钢筋软件答案见表 2.9.27。

表 2.9.27　6 轴线首层剪力墙钢筋软件答案

构件名称:首层剪力墙,位置:6/A-D,软件计算单构件钢筋重量:1049.931kg,数量:1 段

序号	筋号	直径 d (mm)	级别	软件答案		长度 (mm)	根数	搭接	手工答案 长度 (mm)	根数	搭接
1	墙身水平钢筋.1	12	二级	长度计算公式	$15000+300-15+15d+300-15+15d$	15930	22		15930	22	
				长度公式描述	净长 + 支座宽 - 保护层厚度 + 设定弯折 + 支座宽 - 保护层厚度 + 设定弯折						
2	墙身水平钢筋.2	12	二级	长度计算公式	$4650+300-15+10d-15+15d$	5220	24		5220	24	
				长度公式描述	净长 + 支座宽 - 保护层厚度 + 设定弯折 - 保护层厚度 + 设定弯折						
3	墙身水平钢筋.3	12	二级	长度计算公式	$6450-15+15d+300-15+10d$	7020	28		7020	30	
				长度公式描述	净长 - 保护层厚度 + 设定弯折 + 支座宽 - 保护层厚度 + 设定弯折						
4	墙身垂直钢筋.1	12	二级	长度计算公式	$4550+(1.2\times34d)$	5040	94		5040	94	
				长度公式描述	墙实际高度 + 搭接长度						
5	墙身拉筋.1	6	一级	长度计算公式	$(300-2\times15)+2\times(75+1.9d)$	455			455		
				根数计算公式	$Ceil[17517500/(400\times400)]+1+$ $Ceil[405000/(400\times400)]+1+$ $Ceil[945000/(400\times400)]+1+$ $Ceil[23887500/(400\times400)]+1$		273			260	

(4) 7 轴线

7 轴线首层剪力墙钢筋软件答案见表 2.9.28。

表 2.9.28 7 轴线首层剪力墙钢筋软件答案

构件名称:首层剪力墙,位置:7/A－D,软件计算单构件钢筋重量:1347.981kg,数量:1 段

序号	筋号	直径 d (mm)	级别	软件答案		长度 (mm)	根数	搭接	手工答案		
					公式				长度 (mm)	根数	搭接
1	墙身水平钢筋.1	12	二级	长度计算公式	$15600-15-15$	15570	24	492	15570	24	492
				长度公式描述	外皮长度－保护层厚度－保护层厚度						
2	墙身水平钢筋.2	12	二级	长度计算公式	$15000+300-15+15d+300-15+15d$	15930	24	492	15930	24	492
				长度公式描述	净长＋支座宽－保护层厚度＋弯折＋支座宽－保护层厚度＋弯折						
3	墙身垂直钢筋.1	12	二级	长度计算公式	$4550+(1.2\times34d)$	5040	138		5040	138	
				长度公式描述	墙实际高度＋搭接长度						
4	墙身拉筋.1	6	一级	长度计算公式	$(300-2\times15)+2\times(75+1.9d)$	455			455		
				根数计算公式	$Ceil[18900000/(400\times400)]+1+$ $Ceil[29700000/(400\times400)]+1$		387			385	

三、二层垂直构件钢筋答案软件手工对比

1. KZ1 二层钢筋答案软件手工对比

KZ1 二层钢筋软件答案见表 2.9.29。

表 2.9.29 KZ1 二层钢筋软件答案

构件名称:KZ1 二层钢筋,软件计算单件钢筋重量:385.331kg,根数 17 根

序号	筋号	直径 d (mm)	级别	手工答案		长度 (mm)	根数	搭接	软件答案		
					公式				长度 (mm)	根数	搭接
1	全部纵筋.1	25	二级	长度计算公式	$3600-700+max(2900/6,700,500)$	3967	9	1	3967	9	1
				长度公式描述	层高－本层的露出长度＋最大值(上层露出长度)						
2	全部纵筋.2	25	二级	长度计算公式	$3600-1575+max(2900/6,700,500)+1\times max(35d,500)$	3967	9	1	3967	9	1
				长度公式描述	层高－本层的露出长度＋最大值(上层露出长度)＋最大值(错开长度)						
3	箍筋1	10	一级	长度计算公式	$2\times(660+560)+2\times11.9d$	2678			2678		
				根数计算公式	$Ceil(700/100)+1+Ceil(1233/100)+1+Ceil(700/100)+Ceil(1867/200)-1$		38			38	

序号	筋号	直径 d (mm)	级别	公式		长度 (mm)	根数	搭接	长度 (mm)	根数	搭接
									手工答案		
4	箍筋2	10	一级	长度计算公式	$2 \times (560 + 168) + 2 \times 11.9d$	1694			1694		
				根数计算公式	Ceil(700/100) + 1 + Ceil(1233/100) + 1 + Ceil(700/100) + Ceil(1867/200) − 1		38			38	
5	箍筋3	10	一级	长度计算公式	$560 + 2 \times 11.9d$	798			798		
				根数计算公式	Ceil(700/100) + 1 + Ceil(1233/100) + 1 + Ceil(700/100) + Ceil(1867/200) − 1		38			38	
6	箍筋4	10	一级	长度计算公式	$2 \times (660 + 303) + 2 \times 11.9d$	2163			2163		
				根数计算公式	Ceil(700/100) + 1 + Ceil(1233/100) + 1 + Ceil(700/100) + Ceil(1867/200) − 1		38			38	

2. Z1 二层钢筋答案软件手工对比

Z1 二层钢筋软件答案见表 2.9.30。

表 2.9.30 Z1 二层钢筋软件答案

构件名称:Z1 二层钢筋,软件计算单件钢筋重量:61.675kg,根数 2 根

序号	筋号	直径 d (mm)	级别	公式		长度 (mm)	根数	搭接	长度 (mm)	根数	搭接
									手工答案		
1	全部纵筋插筋.1	25	二级	长度计算公式	$3600 - 500 - 700 + 700 - 20$	3080	4		3080	4	
				长度公式描述	层高 − 本层的露出长度 − 节点高 + 节点高 − 保护层厚度						
2	全部纵筋插筋.2	25	二级	长度计算公式	$3600 - 1200 - 700 + 700 - 20$	2380	4		2380	4	
				长度公式描述	层高 − 本层的露出长度 − 节点高 + 节点高 − 保护层厚度						
3	箍筋.1	10	一级	长度计算公式	$2 \times (210 + 210) + 2 \times 11.9d$	2678			2678		
				根数计算公式	Ceil(3550/200) + 1		19			19	

3. DZ1 二层钢筋答案软件手工对比

DZ1 二层钢筋软件答案见表 2.9.31。

表 2.9.31　DZ1 二层钢筋软件答案

构件名称:DZ1,位置:5/A、5/D,软件计算单件钢筋重量:577.251kg,根数 2 根

序号	筋号	直径 d（mm）	级别	公式		长度（mm）	根数	搭接	长度（mm）	根数	搭接
				手工答案					手工答案		
1	全部纵筋插筋.1	22	二级	长度计算公式	$3600-500+500$	3600	12		3600	12	
				长度公式描述	层高 - 本层的露出长度 + 上层露出长度						
2	全部纵筋插筋.2	22	二级	长度计算公式	$3600-1270+500+1\times\max(35d,500)$	3600	12		3600	12	
				长度公式描述	层高 - 本层的露出长度 + 上层露出长度 + 最大值（错开长度）						
3	箍筋.1	10	一级	长度计算公式	$2\times(660+560)+2\times11.9d$	2678			2678		
				根数计算公式	$\mathrm{Ceil}(1100/100)+1+\mathrm{Ceil}(1234/100)+1+\mathrm{Ceil}(700/100)+\mathrm{Ceil}(1466/200)-1$		40			40	
4	箍筋.2	10	一级	长度计算公式	$2\times(660+560)+2\times11.9d$	2878			2878		
				根数计算公式	$\mathrm{Ceil}(1100/100)+1+\mathrm{Ceil}(1234/100)+1+\mathrm{Ceil}(700/100)+\mathrm{Ceil}(1466/200)-1$		40			40	
5	箍筋.3	10	一级	长度计算公式	$2\times(560+166)+2\times11.9d$	1690			1690		
				根数计算公式	$\mathrm{Ceil}(1100/100)+1+\mathrm{Ceil}(1234/100)+1+\mathrm{Ceil}(700/100)+\mathrm{Ceil}(1466/200)-1$		40			40	
6	箍筋.4	10	一级	长度计算公式	$2\times(660+301)+2\times11.9d$	2160			2160		
				根数计算公式	$\mathrm{Ceil}(1100/100)+1+\mathrm{Ceil}(1234/100)+1+\mathrm{Ceil}(700/100)+\mathrm{Ceil}(1466/200)-1$		40			40	
7	拉筋.1	10	一级	长度计算公式	$560+2\times11.9d$	798			798		
				根数计算公式	$\mathrm{Ceil}(1100/100)+1+\mathrm{Ceil}(1234/100)+1+\mathrm{Ceil}(700/100)+\mathrm{Ceil}(1466/200)-1$		40			40	

4. DZ2 二层钢筋答案软件手工对比

DZ2 二层钢筋软件答案见表 2.9.32。

表 2.9.32　DZ2 二层钢筋软件答案

构件名称:DZ2,位置:5/A、5/D,软件计算单件钢筋重量:577.251kg,根数 2 根

序号	筋号	直径 d（mm）	级别	公式		长度（mm）	根数	搭接	长度（mm）	根数	搭接
				手工答案					手工答案		
1	全部纵筋插筋.1	22	二级	长度计算公式	$3600-500+500$	3600	9		3600	9	
				长度公式描述	层高 - 本层的露出长度 + 上层露出长度						

序号	筋号	直径d(mm)	级别		手工答案 公式	长度(mm)	根数	搭接	手工答案 长度(mm)	根数	搭接
2	全部纵筋插筋.2	22	二级	长度计算公式	$3600-1375+500+1\times\max(35d,500)$	3600	9		3600	9	
				长度公式描述	层高−本层的露出长度+上层露出长度+最大值(错开长度)						
3	箍筋.1	10	一级	长度计算公式	$2\times(660+560)+2\times11.9d$	2678			2678		
				根数计算公式	$Ceil(700/100)+1+Ceil(650/100)+1+Ceil(700/100)+Ceil(1500/200)-1$		30			30	
4	箍筋.2	10	一级	长度计算公式	$560+2\times11.9d$	798			798		
				根数计算公式	$Ceil(700/100)+1+Ceil(650/100)+1+Ceil(700/100)+Ceil(1500/200)-1$		30			30	
5	箍筋.3	10	一级	长度计算公式	$2\times(660+303)+2\times11.9d$	2164			2164		
				根数计算公式	$Ceil(700/100)+1+Ceil(650/100)+1+Ceil(700/100)+Ceil(1500/200)-1$		30			30	
6	箍筋.4	10	一级	长度计算公式	$2\times(560+168)+2\times11.9d$	1694			1694		
				根数计算公式	$Ceil(700/100)+1+Ceil(650/100)+1+Ceil(700/100)+Ceil(1500/200)-1$		30			30	

5. AZ1 二层钢筋答案软件手工对比

AZ1 二层钢筋软件答案见表 2.9.33。

表 2.9.33 AZ1 二层钢筋软件答案

构件名称:AZ1,位置:6/A、6/D,软件计算单构件钢筋重量:297.309kg,数量:2 根

序号	筋号	直径d(mm)	级别		软件答案 公式	长度(mm)	根数	搭接	手工答案 长度(mm)	根数	搭接
1	全部纵筋.1	18	二级	长度计算公式	$3600-500+500$	3600	12	1	3600	12	1
				长度公式描述	层高−本层的露出长度+上层露出长度						
2	全部纵筋插筋.2	18	二级	长度计算公式	$3600-1130+500+1\times\max(35d,500)$	3600	12		3600	12	
				长度公式描述	层高−本层的露出长度+上层露出长度+最大值(错开长度)						
3	箍筋1	10	一级	长度计算公式	$2\times(600+300+300-2\times20+300-2\times20)+2\times11.9d$	3078			3078		
				根数计算公式	$Ceil(3550/100)+1$		37			37	

序号	筋号	直径d(mm)	级别	手工答案		长度(mm)	根数	搭接	手工答案 长度(mm)	根数	搭接
4	箍筋2	10	一级	长度计算公式	$2 \times (300 + 300 - 2 \times 20 + 300 - 2 \times 20) + 2 \times (11.9d)$	1878			1878		
				根数计算公式	$Ceil(3550/100) + 1$		37			37	
5	拉筋1	10	一级	长度计算公式	$300 - 2 \times 20 + 2 \times 11.9d$	498			498		
				根数计算公式	$Ceil(3550/100) + 1$		37			37	

6. AZ2 二层钢筋答案软件手工对比

AZ2 二层钢筋软件答案见表 2.9.34。

表 2.9.34 AZ2 二层钢筋软件答案

构件名称:AZ2,位置:7/A、7/D,软件计算单构件钢筋重量:193.746kg,数量:2 根

序号	筋号	直径d(mm)	级别	软件答案		长度(mm)	根数	搭接	手工答案 长度(mm)	根数	搭接
1	全部纵筋.1	18	二级	长度计算公式	$3600 - 500 + 500$	3600	8	1	3600	8	
				长度公式描述	层高 - 本层的露出长度 + 上层露出长度						
2	全部纵筋插筋.2	18	二级	长度计算公式	$3600 - 1130 + 500 + 1 \times max(35d, 500)$	3600	7		3600	7	
				长度公式描述	层高 - 本层的露出长度 + 上层露出长度 + 最大值(错开长度)						
3	箍筋1	10	一级	长度计算公式	$2 \times (300 + 300 - 2 \times 20 + 300 - 2 \times 20) + 2 \times 11.9d$	1878			1878		
				根数计算公式	$Ceil(3550/100) + 1$		37			37	
4	箍筋2	10	一级	长度计算公式	$2 \times (300 + 300 - 2 \times 20 + 300 - 2 \times 20) + 2 \times 11.9d$	1878			1878		
				根数计算公式	$Ceil(3550/100) + 1$		37			37	

7. AZ3 二层钢筋答案软件手工对比

AZ3 二层钢筋软件答案见表 2.9.35。

表 2.9.35　AZ3 二层钢筋软件答案

构件名称:AZ3,位置:A/6 - 7 窗两边、D/6 - 7 窗两边、C/5 - 6 门一侧、6/C - D 门一侧,软件计算单构件钢筋重量:110.307kg,数量:6 根

序号	筋号	直径 d (mm)	级别	软件答案		长度 (mm)	根数	搭接	手工答案 长度 (mm)	根数	搭接
				公式							
1	全部纵筋.1	18	二级	长度计算公式	$3600 - 500 + 500$	3600	5	1	3600	5	
				长度公式描述	层高 - 本层的露出长度 + 上层露出长度						
2	全部纵筋插筋.2	18	二级	长度计算公式	$3600 - 1130 + 500 + 1 \times \max(35d, 500)$	3600	5		3600	5	
				长度公式描述	层高 - 本层的露出长度 + 上层露出长度 + 最大值(错开长度)						
3	箍筋1	10	一级	长度计算公式	$2 \times (500 + 0 - 2 \times 20 + 150 + 150 - 2 \times 20) + 2 \times 11.9d$	1678			1678		
				根数计算公式	$\mathrm{Ceil}(3550/100) + 1$		37			37	

8. AZ4 二层钢筋答案软件手工对比

AZ4 二层钢筋软件答案见表 2.9.36。

表 2.9.36　AZ4 二层钢筋软件答案

构件名称:AZ4,位置:6/A - C 门一侧,软件计算单构件钢筋重量:154.339kg,数量:1 根

序号	筋号	直径 d (mm)	级别	软件答案		长度 (mm)	根数	搭接	手工答案 长度 (mm)	根数	搭接
				公式							
1	全部纵筋.1	18	二级	长度计算公式	$3600 - 500 + 500$	3600	6	1	3600	6	1
				长度公式描述	层高 - 本层的露出长度 + 上层露出长度						
2	全部纵筋插筋.2	18	二级	长度计算公式	$3600 - 1130 + 500 + 1 \times \max(35d, 500)$	3600	6		3600	6	
				长度公式描述	层高 - 本层的露出长度 + 上层露出长度 + 最大值(错开长度)						
3	箍筋1	10	一级	长度计算公式	$2 \times (900 + 0 - 2 \times 20 + 150 + 150 - 2 \times 20) + 2 \times 11.9d$	2478			2478		
				根数计算公式	$\mathrm{Ceil}(3550/100) + 1$		37			37	
4	拉筋1	10	一级	长度计算公式	$150 + 150 - 2 \times 20 + 2 \times 11.9d$	498			498		
				根数计算公式	$\mathrm{Ceil}(3550/100) + 1$		37			37	

9. AZ5 二层钢筋答案软件手工对比

AZ5 二层钢筋软件答案见表 2.9.37。

605

表 2.9.37　AZ5 二层钢筋软件答案

构件名称:AZ5,位置:6/C,软件计算单构件钢筋重量:285.941kg,数量:1 根

序号	筋号	直径 d (mm)	级别	软件答案		长度 (mm)	根数	搭接	手工答案		
					公式				长度 (mm)	根数	搭接
1	全部纵筋	18	二级	长度计算公式	$3600 - 500 + 500$	3600	12	1	3600	12	1
				长度公式描述	层高 - 本层的露出长度 + 上层露出长度						
2	全部纵筋插筋.2	18	二级	长度计算公式	$3600 - 1130 + 500 + 1 \times \max(35d,500)$	3600	12		3600	12	
				长度公式描述	层高 - 本层的露出长度 + 上层露出长度 + 最大值(错开长度)						
3	箍筋1	10	一级	长度计算公式	$2 \times (300 + 300 + 300 - 2 \times 20 + 300 - 2 \times 20) + 2 \times 11.9d$	2478			2478		
				根数计算公式	$Ceil(3550/100) + 1$		37			37	
4	箍筋2	10	一级	长度计算公式	$2 \times (300 + 300 + 300 - 2 \times 20 + 300 - 2 \times 20) + 2 \times 11.9d$	2478			2478		
				根数计算公式	$Ceil(3550/100) + 1$		37			37	

10. AZ6 二层钢筋答案软件手工对比

AZ6 二层钢筋软件答案见表 2.9.38。

表 2.9.38　AZ6 二层钢筋软件答案

构件名称:AZ6,位置:7/C,软件计算单构件钢筋重量:236.243kg,数量:1 根

序号	筋号	直径 d (mm)	级别	软件答案		长度 (mm)	根数	搭接	手工答案		
					公式				长度 (mm)	根数	搭接
1	全部纵筋	18	二级	长度计算公式	$3600 - 500 + 500$	3600	9	1	3600	9	1
				长度公式描述	层高 - 本层的露出长度 + 上层露出长度						
2	全部纵筋插筋.2	18	二级	长度计算公式	$3600 - 1130 + 500 + 1 \times \max(35d,500)$	3600	10		3600	10	
				长度公式描述	层高 - 本层的露出长度 + 上层露出长度 + 最大值(错开长度)						
3	箍筋1	10	一级	长度计算公式	$2 \times (300 + 300 + 300 - 2 \times 20 + 300 - 2 \times 20) + 2 \times 11.9d$	2478			2478		
				根数计算公式	$Ceil(3550/100) + 1$		37			37	
4	箍筋2	10	一级	长度计算公式	$2 \times (300 + 300 - 2 \times 20 + 300 - 2 \times 20) + 2 \times 11.9d$	1878			1878		
				根数计算公式	$Ceil(3550/100) + 1$		37			37	

11. 二层剪力墙钢筋答案软件手工对比

（1）A、D 轴线

A、D 轴线二层剪力墙钢筋软件答案见表 2.9.39。

表 2.9.39　A、D 轴线二层剪力墙钢筋软件答案

构件名称：二层剪力墙，位置：A/5 - 7,D/5 - 7,软件计算单构件钢筋重量：277.252kg,数量：2 段

序号	筋号	直径 d（mm）	级别	公式		长度（mm）	根数	搭接	长度（mm）	根数	搭接
				软件答案					手工答案		
1	墙身水平钢筋.1	12	二级	长度计算公式	$9500 - 15 - 15 + 10d$	9590	8		9590	9	
				长度公式描述	外皮长度 - 保护层厚度 - 保护层厚度 + 设定弯折						
2	墙身水平钢筋.2	12	二级	长度计算公式	$1650 - 15 - 15 + 10d$	1740	11		1740	10	
				长度公式描述	外皮长度 - 保护层厚度 - 保护层厚度 + 设定弯折						
3	墙身水平钢筋.3	12	二级	长度计算公式	$2250 - 15 + 10d - 15 + 10d$	2460	22		2460	20	
				长度公式描述	净长 - 保护层厚度 + 设定弯折 - 保护层厚度 + 设定弯折						
4	墙身水平钢筋.4	12	二级	长度计算公式	$9200 + 300 - 15 + 10d - 15 + 10d$	9770	8		9770	9	
				长度公式描述	净长 + 支座宽 - 保护层厚度 + 设定弯折 - 保护层厚度 + 设定弯折						
5	墙身水平钢筋.5	12	二级	长度计算公式	$1350 + 300 - 15 + 10d - 15 + 10d$	1920	11		1920	10	
				长度公式描述	净长 + 支座宽 - 保护层厚度 + 设定弯折 - 保护层厚度 + 设定弯折						
6	墙身垂直钢筋.1	12	二级	长度计算公式	$3600 + 1.2 \times 34d$	4092	12		4092	12	
				长度公式描述	墙实际高度 + 搭接长度						
7	墙身垂直钢筋.2	12	二级	长度计算公式	$(300 - 2 \times 15) + 2 \times (75 + 1.9d)$	443			443		
				根数计算公式	$\text{Ceil}[\,1980000/(400 \times 400)\,] + 1 +$ $\text{Ceil}[\,1980000/(400 \times 400)\,] + 1$		28			28	

将拉筋根数计算方式调整为：向下取整 +1,调整方法参考首层。

（2）C 轴线

C 轴线二层剪力墙钢筋软件答案见表 2.9.40。

表 2.9.40　C 轴线二层剪力墙钢筋软件答案

构件名称:二层剪力墙,位置:C/5 - 7,软件计算单构件钢筋重量:542.116kg,数量:1 段

序号	筋号	直径 d (mm)	级别	软件答案		长度 (mm)	根数	搭接	手工答案		
					公式				长度 (mm)	根数	搭接
1	墙身水平钢筋.1	12	二级	长度计算公式	$1300 + 700 - 15 - 15 + 10d$	2090	24		2090	22	
				长度公式描述	净长 + 伸入相邻构件长度 - 保护层厚度 - 保护层厚度 + 设定弯折						
2	墙身水平钢筋.2	12	二级	长度计算公式	$6300 - 15 + 10d + 300 - 15 + 10d$	6870	24		6870	22	
				长度公式描述	净长 - 保护层厚度 + 设定弯折 + 支座宽 - 保护层厚度 + 设定弯折						
3	墙身水平钢筋.3	12	二级	长度计算公式	$8500 + 700 - 15 + 300 - 15 + 10d$	9650	14		9650	14	
				长度公式描述	净长 + 伸入相邻构件长度 - 保护层厚度 + 支座宽 - 保护层厚度 + 设定弯折						
4	墙身垂直钢筋.1	12	二级	长度计算公式	$3600 + (1.2 \times 34d)$	4090	60		4090	60	
				长度公式描述	墙实际高度 + 搭接长度						
5	墙身拉筋.1	6	一级	长度计算公式	$(300 - 2 \times 15) + 2 \times (75 + 1.9d)$	443			443		
				根数计算公式	$\text{Ceil}[2880000/(400 \times 400)] + 1 + \text{Ceil}[18360000/(400 \times 400)] + 1$		135			135	

(3) 6 轴线

6 轴线二层剪力墙钢筋软件答案见表 2.9.41。

表 2.9.41　6 轴线二层剪力墙钢筋软件答案

构件名称:二层剪力墙,位置:6/A - D,软件计算单构件钢筋重量:818.413kg,数量:1 段

序号	筋号	直径 d (mm)	级别	软件答案		长度 (mm)	根数	搭接	手工答案		
					公式				长度 (mm)	根数	搭接
1	墙身水平钢筋.1	12	二级	长度计算公式	$6450 + (300 - 15 + 10d) - 15 + 10d$	7020	32		7020	30	
				长度公式描述	净长 + (支座宽 - 保护层厚度 + 设定弯折) - 保护层厚度 + 设定弯折						
2	墙身水平钢筋.2	12	二级	长度计算公式	$4650 + (300 - 15 + 10d) - 15 + 10d$	5220	24		5220	24	
				长度公式描述	净长 + (支座宽 - 保护层厚度 + 设定弯折) - 保护层厚度 + 设定弯折						

序号	筋号	直径d（mm）	级别	软件答案 公式		长度（mm）	根数	搭接	长度（mm）	根数	搭接
3	墙身水平钢筋.3	12	二级	长度计算公式	$15000 + (300 - 15 + 10d) + (300 - 15 + 10d)$	15930	10	492	1593	12	492
				长度公式描述	净长 +（支座宽 - 保护层厚度 + 设定弯折）+（支座宽 - 保护层厚度 + 设定弯折）						
4	墙身垂直钢筋.1	12	二级	长度计算公式	$3600 + (1.2 \times 34d)$	4090	94	4090	4090	94	4090
				长度公式描述	墙实际高度 + 搭接长度						
5	墙身拉筋.1	6	一级	长度计算公式	$(300 - 2 \times 15) + 2 \times (75 + 1.9d)$	443			443		
				根数计算公式	$\mathrm{Ceil}[18900000/(400 \times 400)] + 1 +$ $\mathrm{Ceil}[13860000/(400 \times 400)] + 1$		208			208	

（4）7 轴线

7 轴线二层剪力墙钢筋软件答案见表 2.9.42。

表 2.9.42　7 轴线二层剪力墙钢筋软件答案

构件名称:二层剪力墙,位置:7/A - D,软件计算单构件钢筋重量:1079.467kg,数量:1 段

序号	筋号	直径d（mm）	级别	软件答案 公式		长度（mm）	根数	搭接	长度（mm）	根数	搭接
1	墙身水平钢筋.1	12	二级	长度计算公式	$15600 - 15 - 15$	15570	19	492	15570	19	492
				长度公式描述	外皮长度 - 保护层厚度 - 保护层厚度						
2	墙身水平钢筋.2	12	二级	长度计算公式	$15000 + (300 - 15 + 10d) + (300 - 15 + 10d)$	15930	19	492	15930	19	492
				长度公式描述	净长 +（支座宽 - 保护层厚度 + 设定弯折）+（支座宽 - 保护层厚度 + 设定弯折）						
3	墙身垂直钢筋.1	12	二级	长度计算公式	$3600 + (1.2 \times 34d)$	4090	138		4090	138	
				长度公式描述	墙实际高度 + 搭接长度						
4	墙身拉筋.1	6	一级	长度计算公式	$(300 - 2 \times 15) + 2 \times (75 + 1.9d)$	443			443		
				根数计算公式	$\mathrm{Ceil}[18900000/(400 \times 400)] + 1 +$ $\mathrm{Ceil}[29700000/(400 \times 400)] + 1$		307			307	

四、三层垂直构件钢筋答案软件手工对比

1. KZ1 三层钢筋答案软件手工对比

（1）KZ1 三层中柱位置

KZ1 三层中柱钢筋软件答案见表 2.9.43。

表 2.9.43 KZ1 三层中柱钢筋软件答案

构件名称：KZ1 三层中柱钢筋，软件计算单件钢筋重量：325.808kg，根数 6 根

序号	筋号	直径 d (mm)	级别	手工答案		长度 (mm)	根数	搭接	长度 (mm)	根数	搭接
									软件答案		
1	全部纵筋.1	25	二级	长度计算公式	$3600 - 700 - 700 + 700 - 20 + 12d$	3180	9	1	3180	9	1
				长度公式描述	层高 - 本层的露出长度 - 节点高 + 节点高 - 保护层厚度 + 节点设置中的柱纵筋顶层弯折						
2	全部纵筋.2	25	二级	长度计算公式	$3600 - 1575 - 700 + 700 - 20 + 12d$	2305	9	1	2305	9	1
				长度公式描述	层高 - 本层的露出长度 - 节点高 + 节点高 - 保护层厚度 + 节点设置中的柱纵筋顶层弯折						
3	箍筋1	10	一级	长度计算公式	$2 \times (660 + 560) + 2 \times 11.9d$	2678			2678		
				根数计算公式	$Ceil(700/100) + 1 + Ceil(650/100) + 1 + Ceil(700/100) + Ceil(1500/200) - 1$		30			30	
4	箍筋2	10	一级	长度计算公式	$2 \times (560 + 168) + 2 \times 11.9d$	1694			1694		
				根数计算公式	$Ceil(700/100) + 1 + Ceil(650/100) + 1 + Ceil(700/100) + Ceil(1500/200) - 1$		30			30	
5	箍筋3	10	一级	长度计算公式	$560 + 2 \times 11.9d$	798			798		
				根数计算公式	$Ceil(700/100) + 1 + Ceil(650/100) + 1 + Ceil(700/100) + Ceil(1500/200) - 1$		30			30	
6	箍筋4	10	一级	长度计算公式	$2 \times (660 + 303) + 2 \times 11.9d$	2163			2163		
				根数计算公式	$Ceil(700/100) + 1 + Ceil(650/100) + 1 + Ceil(700/100) + Ceil(1500/200) - 1$		30			30	

（2）KZ1－A、D 轴线边柱位置

KZ1 三层 A、D 轴线边柱位置钢筋软件答案见表 2.9.44。

表 2.9.44　KZ1 三层 A、D 轴线边柱钢筋软件答案

构件名称:KZ1 三层 A、D 轴线边柱钢筋,软件计算单件钢筋重量:325.808kg,根数 6 根

序号	筋号	直径 d（mm）	级别	公式		长度（mm）	根数	搭接	长度（mm）	根数	搭接
						手工答案			软件答案		
1	全部纵筋.1	25	二级	长度计算公式	$3600-700-700+(1.5\times34d)$	3475	3	1	3475	3	1
				长度公式描述	层高－本层的露出长度－节点高＋节点设置中的柱顶锚固长度						
2	全部纵筋.2	25	二级	长度计算公式	$3600-1575-700+(1.5\times34d)$	2600	2	1	2600	2	1
				长度公式描述	层高－本层的露出长度－节点高＋节点设置中的柱顶锚固长度						
3	全部纵筋.1	25	二级	长度计算公式	$3600-700-700+700-20+12d$	3180	7	1	3180	7	1
				长度公式描述	层高－本层的露出长度－节点高＋节点高－保护层厚度＋节点设置中的柱纵筋顶层弯折						
4	全部纵筋.2	25	二级	长度计算公式	$3600-1575-700+700-20+12d$	2305	6	1	2305	6	1
				长度公式描述	层高－本层的露出长度－节点高＋节点高－保护层厚度＋节点设置中的柱纵筋顶层弯折						
5	箍筋1	10	一级	长度计算公式	$2\times(660+560)+2\times11.9d$	2678			2678		
				根数计算公式	$Ceil(700/100)+1+Ceil(650/100)+1+Ceil(700/100)+Ceil(1500/200)-1$		30			30	
6	箍筋2	10	一级	长度计算公式	$2\times(560+168)+2\times11.9d$	1694			1694		
				根数计算公式	$Ceil(700/100)+1+Ceil(650/100)+1+Ceil(700/100)+Ceil(1500/200)-1$		30			30	
7	箍筋3	10	一级	长度计算公式	$560+2\times11.9d$	798			798		
				根数计算公式	$Ceil(700/100)+1+Ceil(650/100)+1+Ceil(700/100)+Ceil(1500/200)-1$		30			30	
8	箍筋4	10	一级	长度计算公式	$2\times(660+303)+2\times11.9d$	2163			2163		
				根数计算公式	$Ceil(700/100)+1+Ceil(650/100)+1+Ceil(700/100)+Ceil(1500/200)-1$		30			30	

（3）KZ1 –1、5 轴线边柱位置

KZ1 三层1、5 轴线边柱位置钢筋软件答案见表2.9.45。

表 2.9.45　KZ1 三层 1、5 轴线边柱钢筋软件答案

构件名称:KZ1 三层1、5 轴线边柱钢筋,软件计算单件钢筋重量:332.622kg,根数6 根

序号	筋号	直径 d (mm)	级别		公式	长度 (mm)	根数	搭接	长度 (mm)	根数	搭接
					手工答案				**软件答案**		
1	全部纵筋.1	25	二级	长度计算公式	$3600 - 700 - 700 + 1.5 \times 34d$	3475	3	1	3475	3	1
				长度公式描述	层高 – 本层的露出长度 – 节点高 + 节点设置中的柱顶锚固长度						
2	全部纵筋.2	25	二级	长度计算公式	$3600 - 1575 - 700 + 1.5 \times 34d$	2600	3	1	2600	3	1
				长度公式描述	层高 – 本层的露出长度 – 节点高 + 节点设置中的柱顶锚固长度						
3	全部纵筋.1	25	二级	长度计算公式	$3600 - 700 - 700 + 700 - 20 + 12d$	3180	6	1	3180	6	1
				长度公式描述	层高 – 本层的露出长度 – 节点高 + 节点高 – 保护层厚度 + 节点设置中的柱纵筋顶层弯折						
4	全部纵筋.2	25	二级	长度计算公式	$3600 - 1575 - 700 + 700 - 20 + 12d$	2305	6	1	2305	6	1
				长度公式描述	层高 – 本层的露出长度 – 节点高 + 节点高 – 保护层厚度 + 节点设置中的柱纵筋顶层弯折						
5	箍筋1	10	一级	长度计算公式	$2 \times (660 + 560) + 2 \times 11.9d$	2678			2678		
				根数计算公式	Ceil(700/100) + 1 + Ceil(650/100) + 1 + Ceil(700/100) + Ceil(1500/200) – 1		30			30	
6	箍筋2	10	一级	长度计算公式	$2 \times (560 + 168) + 2 \times 11.9d$	1694			1694		
				根数计算公式	Ceil(700/100) + 1 + Ceil(650/100) + 1 + Ceil(700/100) + Ceil(1500/200) – 1		30			30	
7	箍筋3	10	一级	长度计算公式	$560 + 2 \times 11.9d$	798			798		
				根数计算公式	Ceil(700/100) + 1 + Ceil(650/100) + 1 + Ceil(700/100) + Ceil(1500/200) – 1		30			30	
8	箍筋4	10	一级	长度计算公式	$2 \times (660 + 303) + 2 \times 11.9d$	2163			2163		
				根数计算公式	Ceil(700/100) + 1 + Ceil(650/100) + 1 + Ceil(700/100) + Ceil(1500/200) – 1		30			30	

（4）KZ1 – 角柱位置

KZ1 – 角柱位置三层钢筋软件答案见表2.9.46。

表 2.9.46　KZ1 三层角柱钢筋软件答案

构件名称:KZ1 三层角柱钢筋,软件计算单件钢筋重量:337.165kg,根数6根

序号	筋号	直径 d（mm）	级别	公式		手工答案 长度（mm）	根数	搭接	软件答案 长度（mm）	根数	搭接
1	全部纵筋.1	25	二级	长度计算公式	$3600 - 700 - 700 + (1.5 \times 34d)$	3475	5	1	3475	5	1
				长度公式描述	层高 – 本层的露出长度 – 节点高 + 节点设置中的柱顶锚固长度						
2	全部纵筋.2	25	二级	长度计算公式	$3600 - 1575 - 700 + (1.5 \times 34d)$	2600	5	1	2600	5	1
				长度公式描述	层高 – 本层的露出长度 – 节点高 + 节点设置中的柱顶锚固长度						
3	全部纵筋.1	25	二级	长度计算公式	$3600 - 700 - 700 + 700 - 20 \div 12d$	3180	4	1	3180	4	1
				长度公式描述	层高 – 本层的露出长度 – 节点高 + 节点高 – 保护层厚度 + 节点设置中的柱纵筋顶层弯折						
4	全部纵筋.2	25	二级	长度计算公式	$3600 - 1575 - 700 + 700 - 20 + 12d$	2305	4	1	2305	4	1
				长度公式描述	层高 – 本层的露出长度 – 节点高 + 节点高 – 保护层厚度 + 节点设置中的柱纵筋顶层弯折						
5	箍筋1	10	一级	长度计算公式	$2 \times (660 + 560) + 2 \times 11.9d$	2678			2678		
				根数计算公式	$Ceil(700/100) + 1 + Ceil(650/100) + 1 + Ceil(700/100) + Ceil(1500/200) - 1$		30			30	
6	箍筋2	10	一级	长度计算公式	$2 \times (560 + 168) + 2 \times 11.9d$	1694			1694		
				根数计算公式	$Ceil(700/100) + 1 + Ceil(650/100) + 1 + Ceil(700/100) + Ceil(1500/200) - 1$		30			30	
7	箍筋3	10	一级	长度计算公式	$560 + 2 \times 11.9d$	798			798		
				根数计算公式	$Ceil(700/100) + 1 + Ceil(650/100) + 1 + Ceil(700/100) + Ceil(1500/200) - 1$		30			30	
8	箍筋4	10	一级	长度计算公式	$2 \times (660 + 303) + 2 \times 11.9d$	2163			2163		
				根数计算公式	$Ceil(700/100) + 1 + Ceil(650/100) + 1 + Ceil(700/100) + Ceil(1500/200) - 1$		30			30	

2. DZ1 三层钢筋答案软件手工对比

DZ1 三层钢筋软件答案见表2.9.47。

表2.9.47　DZ1 三层钢筋软件答案

构件名称:DZ1,位置:5/A、5/D,软件计算单件钢筋重量:577.251kg,根数2 根

序号	筋号	直径 d（mm）	级别	公式		长度（mm）	根数	搭接	长度（mm）	根数	搭接
				手工答案					手工答案		
1	全部纵筋插筋.1	22	二级	长度计算公式	$3600-500-100+34d$	3748	12		3748	12	
				长度公式描述	层高 – 本层的露出长度 – 节点高 + 锚固长度						
2	全部纵筋插筋.2	22	二级	长度计算公式	$3600-1270-100+34d$	2978	12		2978	12	
				长度公式描述	层高 – 本层的露出长度 – 节点高 + 锚固长度						
3	箍筋.1	10	一级	长度计算公式	$2\times(660+560)+2\times11.9d$	2678			2678		
				根数计算公式	Ceil(1100/100) + 1 + Ceil(1050/100) + 1 + Ceil(100/100) + Ceil(1300/200) – 1		31			31	
4	箍筋.2	10	一级	长度计算公式	$2\times(660+560)+2\times11.9d$	2878			2878		
				根数计算公式	Ceil(1100/100) + 1 + Ceil(1050/100) + 1 + Ceil(100/100) + Ceil(1300/200) – 1		31			31	
5	箍筋.3	10	一级	长度计算公式	$2\times(560+166)+2\times11.9d$	1690			1690		
				根数计算公式	Ceil(1100/100) + 1 + Ceil(1050/100) + 1 + Ceil(100/100) + Ceil(1300/200) – 1		31			31	
6	箍筋.4	10	一级	长度计算公式	$2\times(660+301)+2\times11.9d$	2160			2160		
				根数计算公式	Ceil(1100/100) + 1 + Ceil(1050/100) + 1 + Ceil(100/100) + Ceil(1300/200) – 1		31			31	
7	拉筋.1	10	一级	长度计算公式	$560+2\times11.9d$	798			798	31	
				根数计算公式	Ceil(1100/100) + 1 + Ceil(1050/100) + 1 + Ceil(100/100) + Ceil(1300/200) – 1		31				

3. DZ2 三层钢筋答案软件手工对比

DZ2 三层钢筋软件答案见表2.9.48。

614

表 2.9.48　DZ2 三层钢筋软件答案

构件名称:DZ2,位置:5/A、5/D,软件计算单件钢筋重量:577.251kg,根数 2 根

序号	筋号	直径d(mm)	级别	手工答案		长度(mm)	根数	搭接	手工答案 长度(mm)	根数	搭接
1	全部纵筋插筋.1	22	二级	长度计算公式	$3600-500-100+34d$	3748	9		3748	9	
				长度公式描述	层高 - 本层的露出长度 - 节点高 + 锚固长度						
2	全部纵筋插筋.2	22	二级	长度计算公式	$3600-1270-100+34d$	2978	9		2978	9	
				长度公式描述	层高 - 本层的露出长度 - 节点高 + 锚固长度						
3	箍筋.1	10	一级	长度计算公式	$2\times(660+560)+2\times11.9d$	2678			2678		
				根数计算公式	$Ceil(700/100)+1+Ceil(650/100)+1+Ceil(100/100)+Ceil(2100/200)-1$		27			30	
4	箍筋.2	10	一级	长度计算公式	$560+2\times11.9d$	798			798		
				根数计算公式	$Ceil(700/100)+1+Ceil(650/100)+1+Ceil(100/100)+Ceil(2100/200)-1$		27			30	
5	箍筋.3	10	一级	长度计算公式	$2\times(660+303)+2\times11.9d$	2164			2164		
				根数计算公式	$Ceil(700/100)+1+Ceil(650/100)+1+Ceil(100/100)+Ceil(2100/200)-1$		27			30	
6	箍筋.4	10	一级	长度计算公式	$2\times(560+168)+2\times11.9d$	1694			1694		
				根数计算公式	$Ceil(700/100)+1+Ceil(650/100)+1+Ceil(100/100)+Ceil(2100/200)-1$		27			30	

4. AZ1 三层钢筋答案软件手工对比

AZ1 三层钢筋软件答案见表 2.9.49。

表 2.9.49　AZ1 三层钢筋软件答案

构件名称:AZ1,位置:6/A、6/D,软件计算单构件钢筋重量:280.365kg,数量:2 根

序号	筋号	直径d(mm)	级别	软件答案		长度(mm)	根数	搭接	手工答案 长度(mm)	根数	搭接
1	全部纵筋1	18	二级	长度计算公式	$3600-500-150+34d$	3562	12	1	3562	12	1
				长度公式描述	层高 - 本层的露出长度 - 节点高 + 锚固长度						
2	全部纵筋插筋.2	18	二级	长度计算公式	$3600-1130-150+34d$	2932	12		2932	12	
				长度公式描述	层高 - 本层的露出长度 - 节点高 + 锚固长度						

序号	筋号	直径d（mm）	级别		公式	长度（mm）	根数	搭接	长度（mm）	根数	搭接
									手工答案		
3	箍筋1	10	一级	长度计算公式	$2 \times (600 + 300 + 300 - 2 \times 20 + 300 - 2 \times 20) + 2 \times 11.9d$	3078			3078		
				根数计算公式	Ceil（3550/100）+ 1		37			37	
4	箍筋2	10	一级	长度计算公式	$2 \times (300 + 300 - 2 \times 20 + 300 - 2 \times 20) + 2 \times 11.9d$	1878			1878		
				根数计算公式	Ceil（3550/100）+ 1		37			37	
5	拉筋1	10	一级	长度计算公式	$300 - 2 \times 20 + 2 \times 11.9d$	498			498		
				根数计算公式	Ceil（3550/100）+ 1		37			37	

5. AZ2 三层钢筋答案软件手工对比

AZ2 三层钢筋软件答案见表 2.9.50。

表 2.9.50　AZ2 三层钢筋软件答案

构件名称：AZ2，位置：7/A、7/D，软件计算单构件钢筋重量：183.786kg，数量：2 根

序号	筋号	直径d（mm）	级别		公式	长度（mm）	根数	搭接	长度（mm）	根数	搭接
					软件答案				手工答案		
1	全部纵筋1	18	二级	长度计算公式	$3600 - 500 - 150 + 34d$	3562	8	1	3562	8	1
				长度公式描述	层高 - 本层的露出长度 - 节点高 + 锚固长度						
2	全部纵筋插筋.2	18	二级	长度计算公式	$3600 - 1130 - 150 + 34d$	2932	7		2932	7	
				长度公式描述	层高 - 本层的露出长度 - 节点高 + 锚固长度						
3	箍筋1	10	一级	长度计算公式	$2 \times (300 + 300 - 2 \times 20 + 300 - 2 \times 20) + 2 \times 11.9d$	1878			1878		
				根数计算公式	Ceil（3550/100）+ 1		37			37	
4	箍筋2	10	一级	长度计算公式	$2 \times (300 + 300 - 2 \times 20 + 300 - 2 \times 20) + 2 \times 11.9d$	1878			1878		
				根数计算公式	Ceil（3550/100）+ 1		37			37	

6. A、D、6 轴 AZ3 三层钢筋答案软件手工对比

A、D、6 轴 AZ3 三层钢筋软件答案见表 2.9.51。

表 2.9.51 A、D、6 轴 AZ3 三层钢筋软件答案

构件名称:AZ3,位置:A/6–7 窗两边、D/6–7 窗两边 6/C–D 门一侧,软件计算单构件钢筋重量:103.247kg,数量:5 根

序号	筋号	直径 d (mm)	级别	软件答案		长度 (mm)	根数	搭接	手工答案		
					公式				长度 (mm)	根数	搭接
1	全部纵筋1	18	二级	长度计算公式	$3600 - 500 - 150 + 34d$	3562	5	1	3562	5	1
				长度公式描述	层高 – 本层的露出长度 – 节点高 + 锚固长度						
2	全部纵筋插筋.2	18	二级	长度计算公式	$3600 - 1130 - 150 + 34d$	2932	5		2932	5	
				长度公式描述	层高 – 本层的露出长度 – 节点高 + 锚固长度						
3	箍筋1	10	一级	长度计算公式	$2 \times (500 + 0 - 2 \times 20 + 150 + 150 - 2 \times 20) + 2 \times 11.9d$	1678			1678		
				根数计算公式	$Ceil(3550/100) + 1$		37			37	

7. C 轴 AZ3 三层钢筋答案软件手工对比

C 轴 AZ3 三层钢筋软件答案见表 2.9.52。

表 2.9.52 C 轴 AZ3 三层钢筋软件答案

构件名称:AZ3,位置:C/5–6 门一侧,软件计算单构件钢筋重量:104.247kg,数量:1 根

序号	筋号	直径 d (mm)	级别	软件答案		长度 (mm)	根数	搭接	手工答案		
					公式				长度 (mm)	根数	搭接
1	全部纵筋1	18	二级	长度计算公式	$3600 - 500 - 100 + 34d$	3612	5	1	3612	5	1
				长度公式描述	层高 – 本层的露出长度 – 节点高 + 锚固长度						
2	全部纵筋插筋.2	18	二级	长度计算公式	$3600 - 1130 - 100 + 34d$	2982	5		2932	5	
				长度公式描述	层高 – 本层的露出长度 – 节点高 + 锚固长度						
3	箍筋1	10	一级	长度计算公式	$2 \times (500 + 0 - 2 \times 20 + 150 + 150 - 2 \times 20) + 2 \times 11.9d$	1678			1678		
				根数计算公式	$Ceil(3550/100) + 1$		37			37	

8. AZ4 三层钢筋答案软件手工对比

AZ4 三层钢筋软件答案见表 2.9.53。

表 2.9.53　AZ4 三层钢筋软件答案

构件名称:AZ4,位置:6/A - C 门一侧,软件计算单构件钢筋重量:103.247kg,数量:1 根

序号	筋号	直径 d (mm)	级别	软件答案		长度 (mm)	根数	搭接	手工答案 长度 (mm)	根数	搭接
1	全部纵筋	18	二级	长度计算公式	$3600 - 500 - 150 + 34d$	3562	6	1	3562	6	1
				长度公式描述	层高 - 本层的露出长度 - 节点高 + 锚固长度						
2	全部纵筋插筋.2	18	二级	长度计算公式	$3600 - 1130 - 150 + 34d$	2932	6		2932	6	
				长度公式描述	层高 - 本层的露出长度 - 节点高 + 锚固长度						
3	箍筋1	10	一级	长度计算公式	$2 \times (900 + 0 - 2 \times 20 + 150 + 150 - 2 \times 20) + 2 \times 11.9d$	2478			2478		
				根数计算公式	$\text{Ceil}(3550/100) + 1$		37			37	
4	拉筋1	10	一级	长度计算公式	$150 + 150 - 2 \times 20 + 2 \times 11.9d$	498			498		
				根数计算公式	$\text{Ceil}(3550/100) + 1$		37			37	

9. AZ5 三层钢筋答案软件手工对比

AZ5 三层钢筋软件答案见表 2.9.54。

表 2.9.54　AZ5 三层钢筋软件答案

构件名称:AZ5,位置:6/C,软件计算单构件钢筋重量:268.997kg,数量:1 根

序号	筋号	直径 d (mm)	级别	软件答案		长度 (mm)	根数	搭接	手工答案 长度 (mm)	根数	搭接
1	全部纵筋	18	二级	长度计算公式	$3600 - 500 - 150 + 34d$	3562	12	1	3562	7	1
				长度公式描述	层高 - 本层的露出长度 - 节点高 + 锚固长度				3612	6	1
2	全部纵筋插筋.2	18	二级	长度计算公式	$3600 - 1130 - 150 + 34d$	2932	12		2932	6	
				长度公式描述	层高 - 本层的露出长度 - 节点高 + 锚固长度				2982	5	

618

序号	筋号	直径 d (mm)	级别	手工答案	公式	长度 (mm)	根数	搭接	长度 (mm)	根数	搭接
3	箍筋1	10	一级	长度计算公式	$2 \times (300+300+300-2 \times 20+300-2 \times 20)+2 \times 11.9d$	2478			2478		
				根数计算公式	$\text{Ceil}(3550/100)+1$		37			37	
4	箍筋2	10	一级	长度计算公式	$2 \times (300+300+300-2 \times 20+300-2 \times 20)+2 \times 11.9d$	2478			2478		
				根数计算公式	$\text{Ceil}(3550/100)+1$		37			37	

10. AZ6 三层钢筋答案软件手工对比

AZ6 三层钢筋软件答案见表 2.9.55。

表 2.9.55 AZ6 三层钢筋软件答案

构件名称:AZ6,位置:7/C,软件计算单构件钢筋重量:223.459kg,数量:1 根

序号	筋号	直径 d (mm)	级别	软件答案	公式	长度 (mm)	根数	搭接	手工答案 长度 (mm)	根数	搭接
1	全部纵筋	18	二级	长度计算公式	$3600-500-150+34d$	3562	10	1	3562	10	1
				长度公式描述	层高 – 本层的露出长度 – 节点高 + 锚固长度						
2	全部纵筋插筋.2	18	二级	长度计算公式	$3600-1130-150+34d$	2932	9		2932	9	
				长度公式描述	层高 – 本层的露出长度 – 节点高 + 锚固长度						
3	箍筋1	10	一级	长度计算公式	$2 \times (300+300+300-2 \times 20+300-2 \times 20)+2 \times 11.9d$	2478			2478		
				根数计算公式	$\text{Ceil}(3550/100)+1$		37			37	
4	箍筋2	10	一级	长度计算公式	$2 \times (300+300+300-2 \times 20+300-2 \times 20)+2 \times 11.9d$	1878			1878		
				根数计算公式	$\text{Ceil}(3550/100)+1$		37			37	

11. 三层剪力墙钢筋答案软件手工对比

(1) A、D 轴线

A、D 轴线三层剪力墙钢筋软件答案见表 2.9.56。

表 2.9.56　A、D 轴线三层剪力墙钢筋软件答案

构件名称:顶层剪力墙,位置:A/5-7,D/5-7,软件计算单构件钢筋重量:268.131kg,数量:2 段

序号	筋号	直径 d (mm)	级别	公式		长度 (mm)	根数	搭接	长度 (mm)	根数	搭接
								软件答案		手工答案	
1	墙身水平钢筋.1	12	二级	长度计算公式	$9500-15-15+10d$	9590	8		9590	9	
				长度公式描述	外皮长度-保护层厚度-保护层厚度+设定弯折						
2	墙身水平钢筋.2	12	二级	长度计算公式	$1650-15-15+10d$	1740	11		1740	10	
				长度公式描述	外皮长度-保护层厚度-保护层厚度+设定弯折						
3	墙身水平钢筋.3	12	二级	长度计算公式	$2250-15+10d-15+10d$	2460	22		2460	20	
				长度公式描述	净长-保护层厚度+设定弯折-保护层厚度+设定弯折						
4	墙身水平钢筋.4	12	二级	长度计算公式	$9200+300-15+10d-15+10d$	9770	8		9770	9	
				长度公式描述	净长+支座宽-保护层厚度+设定弯折-保护层厚度+设定弯折						
5	墙身水平钢筋.5	12	二级	长度计算公式	$1350+300-15+10d-15+10d$	1920	11		1920	10	
				长度公式描述	净长+支座宽-保护层厚度+设定弯折-保护层厚度+设定弯折						
6	墙身垂直钢筋.1	12	二级	长度计算公式	$3600-150+150-15+12d$	3729	4		3729		
				长度公式描述	墙实际高度-节点高+节点高-保护层厚度+弯折					6	
7	垂直筋2	12	二级	长度计算公式	$3600-500-(1.2\times34d)-150+150-15+12d$	2739	2		2739		
				长度公式描述	墙实际高度-错开长度-搭接长度-节点高+节点高-保护层厚度+弯折						
8	墙身垂直钢筋.1	12	二级	长度计算公式	$3600-150+150-15+12d$	3729	4		3729		
				长度公式描述	墙实际高度-节点高+节点高-保护层厚度+弯折					6	
9	垂直筋2	12	二级	长度计算公式	$3600-500-(1.2\times34d)-150+150-15+12d$	2739	2		2739		
				长度公式描述	墙实际高度-错开长度-搭接长度-节点高+节点高-保护层厚度+弯折						
10	墙身拉筋.1	6	一级	长度计算公式	$(300-2\times15)+2\times(75+1.9d)+2d$	455			455		
				根数计算公式	$Ceil[1980000/(400\times400)]+1+Ceil[1980000/(400\times400)]+1$		28			28	

将拉筋根数计算方式调整为:向下取整+1,调整方法参考首层。

(2) C 轴线

C 轴线三层剪力墙钢筋软件答案见表 2.9.57。

表 2.9.57　C 轴线三层剪力墙钢筋软件答案

构件名称:顶层剪力墙,位置:C/5－7,软件计算单构件钢筋重量:520.222kg,数量:1 段

序号	筋号	直径 d (mm)	级别	公式		长度 (mm)	根数	搭接	长度 (mm)	根数	搭接
						软件答案			手工答案		
1	墙身水平钢筋.1	12	二级	长度计算公式	$8500+700-15+300-15+15d$	9650	14		9650	14	
				长度公式描述	净长＋伸入相邻构件长度－保护层厚度＋支座宽－保护层厚度＋设定弯折						
2	墙身水平钢筋.2	12	二级	长度计算公式	$1300+700-15-15+15d$	2090	24		2090	24	
				长度公式描述	净长＋伸入相邻构件长度－保护层厚度－保护层厚度＋设定弯折						
3	墙身水平钢筋.3	12	二级	长度计算公式	$6300-15+10d+300-15+15d$	6870	24		6870	24	
				长度公式描述	净长－保护层厚度＋设定弯折＋支座宽－保护层厚度＋设定弯折						
4	墙身垂直钢筋.1	12	二级	长度计算公式	$3600-150+150-15+12d$	3729	13		3729		
				长度公式描述	墙实际高度－节点高＋节点高－保护层厚度＋弯折					26	
5	垂直筋2	12	二级	长度计算公式	$3600-500-(1.2\times34d)-150+150-15+12d$	2739	13		2739		
				长度公式描述	墙实际高度－错开长度－搭接长度－节点高＋节点高－保护层厚度＋弯折						
6	墙身垂直钢筋.1	12	二级	长度计算公式	$3600-150+150-15+12d$	3729	2		3729		
				长度公式描述	墙实际高度－节点高＋节点高－保护层厚度＋弯折					4	
7	垂直筋2	12	二级	长度计算公式	$3600-500-(1.2\times34d)-150+150-15+12d$	2739	2		2739		
				长度公式描述	墙实际高度－错开长度－搭接长度－节点高＋节点高－保护层厚度＋弯折						
8	墙身垂直钢筋.1	12	二级	长度计算公式	$3600-150+150-15+12d$	3729	13		3729		
				长度公式描述	墙实际高度－节点高＋节点高－保护层厚度＋弯折					26	
9	垂直筋2	12	二级	长度计算公式	$3600-500-(1.2\times34d)-150+150-15+12d$	2739	13		2739		
				长度公式描述	墙实际高度－错开长度－搭接长度－节点高＋节点高－保护层厚度＋弯折						
10	墙身垂直钢筋.1	12	二级	长度计算公式	$3600-150+150-15+12d$	3729	2		3729		
				长度公式描述	墙实际高度－节点高＋节点高－保护层厚度＋弯折					4	
11	垂直筋2	12	二级	长度计算公式	$3600-500-(1.2\times34d)-150+150-15+12d$	2739	2		2739		
				长度公式描述	墙实际高度－错开长度－搭接长度－节点高＋节点高－保护层厚度＋弯折						
12	墙身拉筋.1	6	一级	长度计算公式	$(300-2\times15)+2\times(75+1.9d)$	443			443		
				根数计算公式	$Ceil[2880000/(400\times400)]+1+Ceil[18360000/(400\times400)]+1$		135			135	

（3）6 轴线

6 轴线三层剪力墙钢筋软件答案见表 2.9.58。

表 2.9.58　6 轴线三层剪力墙钢筋软件答案

构件名称:顶层剪力墙,位置:6/A－D,软件计算单构件钢筋重量:797.236kg,数量:1 段

序号	筋号	直径 d (mm)	级别	软件答案		长度 (mm)	根数	搭接	手工答案		
				公式					长度 (mm)	根数	搭接
1	墙身水平钢筋.1	12	二级	长度计算公式	$15000 + 300 - 15 + 10d + 300 - 15 + 10d$	15930	10	492	15930	12	492
				长度公式描述	净长 + 支座宽 - 保护层厚度 + 设定弯折 + 支座宽 - 保护层厚度 + 设定弯折						
2	墙身水平钢筋.2	12	二级	长度计算公式	$4650 + 300 - 15 + 10d - 15 + 10d$	5220	24		5220	24	
				长度公式描述	净长 + 支座宽 - 保护层厚度 + 设定弯折 - 保护层厚度 + 设定弯折						
3	墙身水平钢筋.3	12	二级	长度计算公式	$6450 - 15 + 10d + 300 - 15 + 10d$	7020	32		7020	30	
				长度公式描述	净长 - 保护层厚度 + 设定弯折 + 支座宽 - 保护层厚度 + 设定弯折						
4	墙身垂直钢筋.1	12	二级	长度计算公式	$3600 - 150 + 150 - 15 + 12d$	3729	24		3729		
				长度公式描述	墙实际高度 - 节点高 + 节点高 - 保护层厚度 + 弯折					47	
5	垂直筋2	12	二级	长度计算公式	$3600 - 500 - (1.2 \times 34d) - 150 + 150 - 15 + 12d$	2739	23		2739		
				长度公式描述	墙实际高度 - 错开长度 - 搭接长度 - 节点高 + 节点高 - 保护层厚度 + 弯折						
6	墙身垂直钢筋.1	12	二级	长度计算公式	$3600 - 150 + 150 - 15 + 12d$	3729	24		3729		
				长度公式描述	墙实际高度 - 节点高 + 节点高 - 保护层厚度 + 弯折					47	
7	垂直筋2	12	二级	长度计算公式	$3600 - 500 - (1.2 \times 34d) - 150 + 150 - 15 + 12d$	2739	23		2739		
				长度公式描述	墙实际高度 - 错开长度 - 搭接长度 - 节点高 + 节点高 - 保护层厚度 + 弯折						
8	墙身拉筋.1	6	一级	长度计算公式	$(300 - 2 \times 15) + 2 \times (75 + 1.9d)$	443			443		
				根数计算公式	$Ceil[13860000/(400 \times 400)] + 1 + Ceil[18900000/(400 \times 400)] + 1$		208			208	

从表 2.9.58 我们可以看出墙垂直筋的软件和手工计算结果不一致，是由于软件计算墙垂直筋是按照实际下料计算的考虑到了"错开长度"，而手工没有考虑到"错开长度"。

（4）7 轴线

7 轴线三层剪力墙钢筋软件答案见表 2.9.59。

表 2.9.59　7 轴线三层剪力墙钢筋软件答案

构件名称:顶层剪力墙,位置:7/A－D,软件计算单构件钢筋重量:1044.072kg,数量:1 段

序号	筋号	直径 d (mm)	级别		软件答案 公式	长度 (mm)	根数	搭接	手工答案 长度 (mm)	根数	搭接
1	墙身水平钢筋.1	12	二级	长度计算公式	$15600-15-15$	15570	19	492	15570	19	492
				长度公式描述	外皮长度－保护层厚度－保护层厚度						
2	墙身水平钢筋.2	12	二级	长度计算公式	$15000+300-15+15d+300-15+15d$	15930	19	492	15930	19	492
				长度公式描述	净长＋支座宽－保护层厚度＋设定弯折＋支座宽－保护层厚度＋设定弯折						
3	墙身垂直钢筋.1	12	二级	长度计算公式	$3600-150+150-15+12d$	3729	35		3729		
				长度公式描述	墙实际高度－节点高＋节点高－保护层厚度＋弯折					69	
4	垂直筋2	12	二级	长度计算公式	$3600-500-(1.2\times34d)-150+150-15+12d$	2739	34		2739		
				长度公式描述	墙实际高度－错开长度－搭接长度－节点高＋节点高－保护层厚度＋弯折						
5	墙身垂直钢筋.1	12	二级	长度计算公式	$3600-150+150-15+12d$	3729	35		3729		
				长度公式描述	墙实际高度－节点高＋节点高－保护层厚度＋弯折					69	
6	垂直筋2	12	二级	长度计算公式	$3600-500-(1.2\times34d)-150+150-15+12d$	2739	34		2739		
				长度公式描述	墙实际高度－错开长度－搭接长度－节点高＋节点高－保护层厚度＋弯折						
7	墙身拉筋.1	6	一级	长度计算公式	$(300-2\times15)+2\times(75+1.9d)+2d$	455			455		
				根数计算公式	$\text{Ceil}[18900000/(400\times400)]+1+\text{Ceil}[29700000/(400\times400)]+1$		307			307	

从表 2.9.59 我们可以看出墙垂直筋的软件和手工计算结果不一致,是由于软件计算墙垂直筋是按照实际下料计算的考虑到了"错开长度",而手工没有考虑到"错开长度"。

五、楼梯斜跑软件计算方法

1. 一层第 1 斜跑

(1) 楼梯斜跑软件用单构件输入的方法计算钢筋,操作步骤如下:

切换楼层到"首层"(为了方便,我们把一二层楼梯斜跑都在首层计算)→单击"单构件输入"→单击"构件管理"→单击"楼梯"

→单击"添加构件"→修改"构件名称"为"一层斜跑1"→单击"确定"→单击"参数输入"→单击"选择图集"→单击"普通楼梯"前面"+"号将其展开→单击"无休息平台"(与本图楼梯相符)→单击"选择"→填写楼梯钢筋信息,如图2.9.1所示→单击"计算退出"。

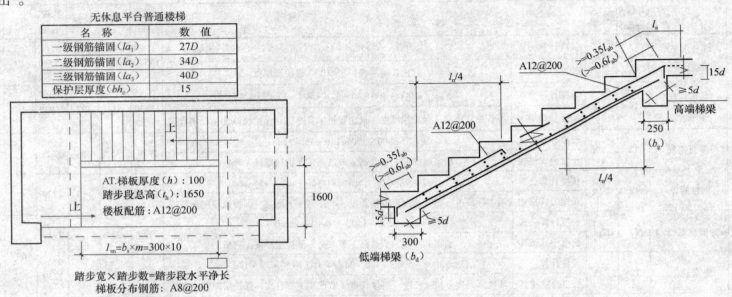

无休息平台普通楼梯

名 称	数 值
一级钢筋锚固(la_1)	27D
二级钢筋锚固(la_2)	34D
三级钢筋锚固(la_3)	40D
保护层厚度(bh_c)	15

AT.梯板厚度(h):100
踏步段总高(t_h):1650
楼板配筋:A12@200

$l_{sn}=b_s×m=300×10$

踏步宽×踏步数=踏步段水平净长
梯板分布钢筋:A8@200

图2.9.1

注:楼梯板钢筋信息也可在下表中直接输入

(2)计算结果见表2.9.60。

表2.9.60　一层楼梯第1斜跑钢筋软件计算结果

序号	筋号	直径 d(mm)	级别	软件答案 公式	长度(mm)	根数	重量	手工答案 长度(mm)	根数	重量
1	梯板下部纵筋	12	一级	长度计算公式	$3629+12.5d$	3779	9	29.596	3779	9	29.596
2	下梯梁端上部纵筋	12	一级	长度计算公式	$1232+6.25d$	1308	9	10.446	1308	9	11.261
3	上梯梁端上部纵筋	12	一级	长度计算公式	$1570+6.25d$	1308	9	10.446	1409	9	11.261
4	梯板分布钢筋	8	一级	长度计算公式	$1570+12.5d$	1670	28	18.47	1670	27	17.811

注解:这里上梯梁端上部钢筋对不上,主要是因为软件是按伸入梁内"一个锚固长度+弯钩"计算的,而手工是按下式计算的:伸入梁内的长度=(梁宽-保护层厚度)×斜度系数+15d+弯钩。

624

2. 一层第 2 斜跑以及二层的 1、2 斜跑

（1）用同样的方法建立一层第 2 斜跑，如图 2.9.2 所示。

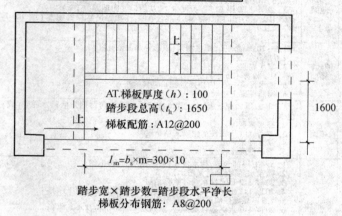

无休息平台普通楼梯

名　称	数　值
一级钢筋锚固（la_1）	27D
二级钢筋锚固（la_2）	34D
三级钢筋锚固（la_3）	40D
保护层厚度（bh_c）	15

AT.梯板厚度（h）：100
踏步段总高（t_h）：1650
梯板配筋：A12@200

1600

$l_{sn}=b_s×m=300×10$

踏步宽×踏步数=踏步段水平净长
梯板分布钢筋：A8@200

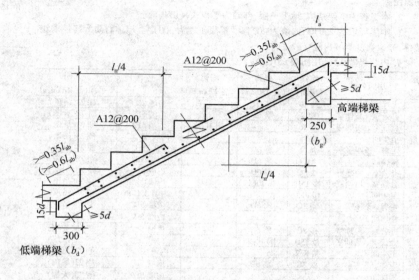

图 2.9.2

注：楼梯板钢筋信息也可在下表中直接输入。

（2）软件计算结果见表 2.9.61。

表 2.9.61　一层第 2 斜跑以及二层的 1、2 斜跑钢筋软件计算结果

序号	筋号	直径 d(mm)	级别	软件答案					手工答案		
				公式		长度(mm)	根数	重量	长度(mm)	根数	重量
1	梯板下部纵筋	12	一级	长度计算公式	$3939+12.5d$	4089	9	32.679	4089	9	32.679
2	下梯梁端上部纵筋	12	一级	长度计算公式	$1316+6.25d$	1391	9	11.117	1493	9	11.932
3	上梯梁端上部纵筋	12	一级	长度计算公式	$1316+6.25d$	1391	9	11.117	1493	9	11.117
4	梯板分布钢筋	8	一级	长度计算公式	$1570+12.5d$	1670	31	20.449	1670	31	20.449

625

附录 工程实例图

建筑设计说明

1. 本工程专门为初学者自学钢筋抽样和工程量计算而设计，在构思时更多考虑到手工计算和软件最基本的知识点，从结构上分析可能存在的不妥之处，非实际工程，勿照图施工。

2. 本工程为框架结构，地上三层，基础为平板式筏形基础。

3. 本工程墙为250厚，内墙为200厚，混凝土墙为300厚。墙体材质为陶粒砌块墙体，砂浆强度等级为混合砂浆 M5。

4. 内装修做法（选用图集88J1-1）：

层号	房间名称	地面（楼面）	踢脚（高 120mm）	墙裙（高 1200mm）	墙面	天棚 吊顶（高 2700mm）
一层	大厅	地 19	踢 11C		内墙 26D	棚 23(吊顶)
	办公室、经理室	地 9	踢 6D		内墙 5D2	棚 7B(天棚)
	会议室、培训室	地 16		裙 10D2	内墙 5D2	棚 23(吊顶)
	卫生间	地 9F			内墙 38C-F	棚 23(吊顶)
	走廊、茶座室	地 9	踢 6D		内墙 5D2	棚 23(吊顶)
	楼梯间	地 9	踢 6D		内墙 5D2	棚 7B(天棚)
二层	办公室、经理室	楼 8C	踢 6D		内墙 5D2	棚 7B(天棚)
	会议室、培训室	楼 15D	踢 10C1		内墙 26D	棚 23(吊顶)
	卫生间	楼 8F2			内墙 38C-F	棚 23(吊顶)
	走廊、茶座室	楼 8C	踢 6D		内墙 5D2	棚 23(吊顶)
	楼梯间				内墙 5D2	棚 7B(天棚)
三层	办公室、经理室	楼 8C	踢 6D		内墙 5D2	棚 7B(天棚)
	会议室、培训室	楼 15D	踢 10C1		内墙 26D	棚 23(吊顶)
	卫生间	楼 8F2			内墙 38C-F	棚 23(吊顶)
	走廊、茶座室	楼 8C	踢 6D		内墙 5D2	棚 23(吊顶)
	楼梯间				内墙 5D2	棚 7B(天棚)

88J1-1 图集做法明细如下：

编号	装修名称	用 料 及 分 层 做 法
地 19	花岗石楼面	1. 20厚磨光花岗石板(正、背面及四周边满涂防污剂)，灌稀水泥浆(或掺色)擦缝 2. 撒素水泥面(洒适量清水) 3. 30 厚 1:3 干硬性水泥砂浆粘结层 4. 素水泥浆一道(内掺建筑胶) 5. 50 厚 C10 混凝土 6. 150 厚 5～32 卵石灌 M2.5 混合砂浆，平板振捣器振捣密实(或100 厚 3:7 灰土) 7. 素土夯实，压实系数 0.90
地 9	铺地砖地面	1. 5～10 厚铺地砖，稀水泥浆 (或彩色水泥浆)擦缝 2. 6厚建筑胶水泥砂浆粘结层 3. 20厚 1:3 水泥砂浆找平 4. 素水泥结合层一道 5. 50 厚 C10 混凝土 6. 150 厚 5～32 卵石灌 M2.5 混合砂浆，平板振捣器振捣密实 (或100 厚 3:7 灰土) 7. 素土夯实，压实系数 0.90

续表

编号	装修名称	用 料 及 分 层 做 法
地 16	大理石地面	1. 20厚大理石板(正、背面及四周边满涂防污剂)，灌稀水泥浆(或彩色水泥浆)擦缝 2. 撒素水泥面(洒适量清水) 3. 30 厚 1:3 干硬性水泥砂浆粘结层 4. 素水泥浆一道(内掺建筑胶) 5. 50 厚 C10 混凝土 6. 150 厚 5～32 卵石灌 M2.5 混合砂浆，平板振捣器振捣密实(或 100 厚 3:7 灰土) 7. 素土夯实，压实系数 0.90
地 9F	铺地砖地面	1. 5～10 厚铺地砖，稀水泥浆(或彩色水泥浆)擦缝 2. 6厚建筑胶水泥砂浆粘结层 3. 35 厚 C15 细石混凝土随打随抹 4. 3厚高聚物改性沥青涂膜防水层(材料或按工程设计) 5. 最薄处 30 厚 C15 细石混凝土，从门口处向地漏找 1%坡 6. 150 厚 5～32 卵石灌 M2.5 混合砂浆，平板振捣器振捣密实 (或 100 厚 3:7 灰土) 7. 素土夯实，压实系数 0.90
楼 8C	铺地砖楼面	1. 5～10 厚铺地砖，稀水泥浆(或彩色水泥浆)擦缝 2. 6厚建筑胶水泥砂浆粘结层 3. 素水泥浆一道(内掺建筑胶) 4. 34～39 厚 C15 细石混凝土找平层 5. 素水泥浆一道(内掺建筑胶) 6. 钢筋混凝土楼板
楼 15D	大理石楼面	1. 铺 20 厚大理石板(正、背面及四周边满涂防污剂)，灌稀水泥浆(或彩色水泥浆)擦缝 2. 撒素水泥面 3. 30 厚 1:3 干硬性水泥砂浆粘结层 4. 素水泥浆一道 5. 钢筋混凝土楼板
楼 8F2	铺地砖楼面	1. 5～10 厚铺地砖，稀水泥浆(或彩色水泥浆)擦缝 2. 撒素水泥面(洒适量清水) 3. 20 厚 1:2干硬性水泥砂浆粘结层 4. 20 厚 1:3 水泥砂浆保护层(装修一步到位时无此道工序) 5. 1.5 厚聚氨酯涂膜防水层(材料或按工程设计) 6. 20 厚 1:3 水泥砂浆找平层，四周及竖管根部位抹小八字角 7. 素水泥浆一道(内掺建筑胶) 8. 最薄处 30 厚 C15 细石混凝土从门口处向地漏找 1%坡 9. 防水砂浆填堵预制楼板板缝(现浇钢筋混凝土楼板时无此道工序)，板缝上铺 200 宽聚酯布，涂刷防水涂料两遍 10. 现浇(或预制)钢筋混凝土楼板
踢 11C	花岗石踢脚板	1. 10～15 厚花岗石板，正、背面及四周边满涂防污剂，稀水泥浆(或彩色水泥浆)擦缝 2. 12 厚 1:2 水泥砂浆(内掺建筑胶)粘结层 3. 素水泥浆一道(内掺建筑胶)
踢 10C1	大理石板踢脚	1. 10～15 厚大理石板，正、背面及四周边满涂防污剂，稀水泥浆(或彩色水泥浆)擦缝 2. 12 厚 1:2 水泥砂浆(内掺建筑胶)粘结层 3. 素水泥浆一道(内掺建筑胶)
踢 6D	铺地砖踢脚	1. 5～10 厚铺地砖踢脚，稀水泥浆(或彩色水泥浆)擦缝 2. 10 厚 1:2 水泥砂浆(内掺建筑胶)粘结层 3. 界面剂一道甩毛(甩前先将墙面用水润湿)

工程名称	1号写字楼
图 名	建筑设计说明1
图 号	建施1 设计 张向荣

626

续表

编号	装修名称	用料及分层做法
裙10D2	胶合板墙裙	1. 刷油漆 2. 钉5厚胶合板面层 3. 25×30松木龙骨中距450(正面抛光,满涂氟化钠防腐剂) 4. 刷高聚物改性沥青涂膜防潮层(材料或按工程设计) 5. 墙缝原浆抹平,聚合物水泥砂浆修补墙面 6. 扩孔钻扩孔,预埋木砖,孔内满填聚合物水泥砂浆将木砖卧牢,中距450
内墙5D2	水泥砂浆墙面	1. 喷(刷、辊)面浆饰面 2. 5厚1:2.5水泥砂浆找平 3. 8厚1:1:6水泥石灰砂浆打底扫毛或划出底道 4. 3厚外加剂专用砂浆抹基面刮糙或界面一道甩毛(抹前先将墙面用水湿润) 5. 聚合物水泥砂浆修补墙面
内墙38C-F	釉面砖(陶瓷砖)防水墙面	1. 白水泥擦缝(或1:1彩色水泥细砂砂浆勾缝) 2. 5厚釉面砖面层(粘贴前先将釉面砖浸水2h以上) 3. 4厚强力胶粉泥粘结层,揉挤压实 4. 1.5厚聚合物水泥基复合防水涂料防水层(防水层材料或按工程设计) 5. 9厚1:3水泥砂浆打底压实抹平 6. 素水泥浆一道甩毛(内掺建筑胶)
内墙26D	软木墙面	1. 钉边框、装饰分格条 2. 5厚软木装饰面层,建筑胶粘贴 3. 6厚1:0.5:2.5水泥石灰膏砂浆压实抹平 4. 9厚1:0.5:3水泥石灰膏砂浆打底扫毛或划出纹道 5. 3厚外加剂专用砂浆抹基面刮糙或界面剂一道甩毛(抹前先将墙面用水湿润) 6. 聚合物水泥砂浆修补墙面
棚7B	板底抹水泥砂浆顶棚	1. 喷(刷、辊)面浆饰面 2. 3厚1:2.5水泥砂浆找平 3. 5厚1:3水泥砂浆打底扫毛或划出纹道 4. 素水泥浆一道甩毛(内掺建筑胶)
棚23	胶合板吊顶	1. 钉装饰条(材质由设计人定) 2. 刷无光油漆(由设计人定) 3. 5厚胶合板面层4.50×50木次龙骨(正面刨光),中距450~600(或根据纤维板尺寸确定),与主龙骨固定,并用12号镀锌低碳钢丝每隔一道绑牢一道 4. 50×70木主龙骨找平用8号镀锌低碳钢丝(或φ6钢筋)吊顶与上部预留钢筋吊环固定 5. 现浇钢筋混凝土板预留φ8钢筋吊环(勾),双向中距900~1200(预留混凝土板可在板缝内预留吊环)

5. 门窗表

类别	名称	宽度(mm)	高度(mm)	离地高(mm)	材质	数量 首层	二层	三层	总数
门	M1	4200	2900	0	全玻门	1	0	0	1
	M2	900	2400	0	胶合板门	6	7	7	20
	M3	750	2100	0	胶合板门	2	2	2	6
	M4	2100	2700	0	胶合板门	1	1	1	3
窗	C1	1500	2000	900	塑钢窗	6	6	6	18
	C2	3000	2000	900	塑钢窗	3	3	3	9
	C3	3300	2000	900	塑钢窗	1	2	2	5
窗台板	卫生间和楼梯间窗台做法同墙面,其余窗台用20厚的大理石,长度=窗宽−20mm,宽度=200mm								

6. 过梁表

类别	洞口名称	洞口宽度(mm)	过梁高度(mm)	过梁宽度(mm)	过梁长度(mm)	过梁配筋
门	M1	4200	无			
	M2	900	120	同墙宽	洞口宽+250	
	M3	750	120	同墙宽	洞口宽+250	
	M3	2100	无			
窗	C1	1500	无			
	C2	3000	无			
	C3	3300	无			

同墙宽
120
3φ12
φ6@200

结构设计说明

1. 本工程结构类型为框架剪力墙结构,设防烈度为8度,抗震等级为二级抗震。
2. 混凝土强度等级:剪力墙、框架梁、现浇板、框架柱为C30。楼梯、过梁、构造柱、压顶为C25。
3. 混凝土保护层厚度板:
   板:15mm;梁:20mm;柱:20mm;基础底板:40mm,其他(圈梁、过梁、构造柱)压顶为20mm。
4. 钢筋接头形式:
   钢筋直径≥18mm采用机械连接,钢筋直径<18mm采用绑扎连接。
5. 未注明的分布筋均为φ8@200。
6. 砌块墙与框架柱及构造柱连接处均设置连接筋,须每隔500mm高度配2根φ6拉接筋,并伸进墙内1000mm。

工程名称	1号写字楼	
图 名	建筑设计说明2	
图 号	建施2	设计 张向荣

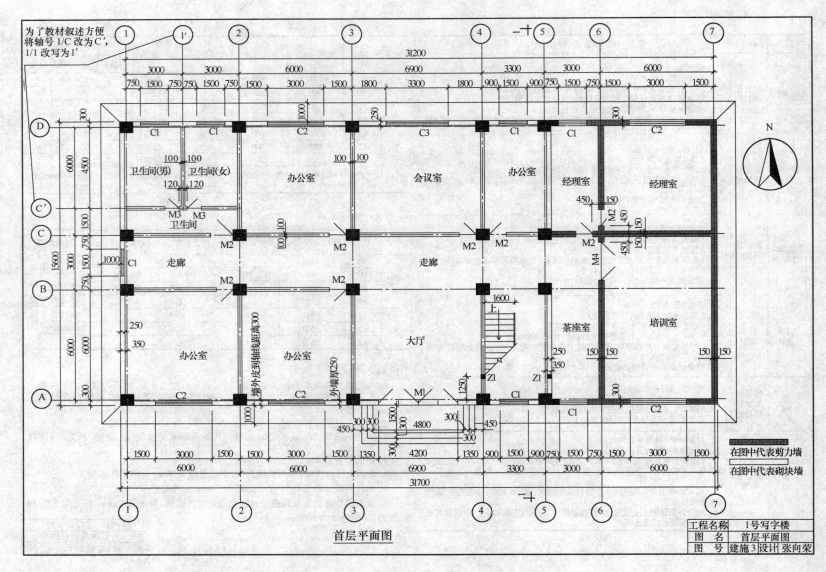

首层平面图

为了教材叙述方便将轴号 1/C 改为 C′，1/1 改写为 1′

在图中代表剪力墙
在图中代表砌块墙

工程名称	1号写字楼
图 名	首层平面图
图 号 建施3	设计 张向荣

628

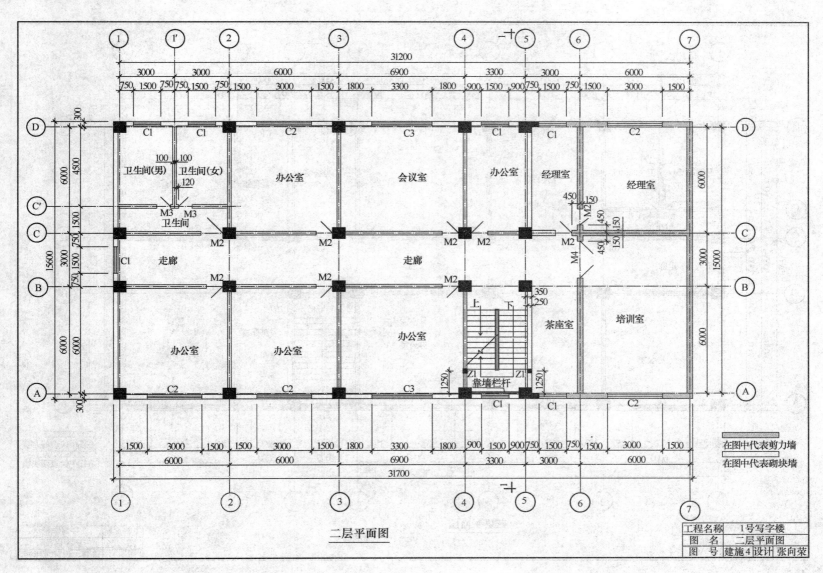

二层平面图

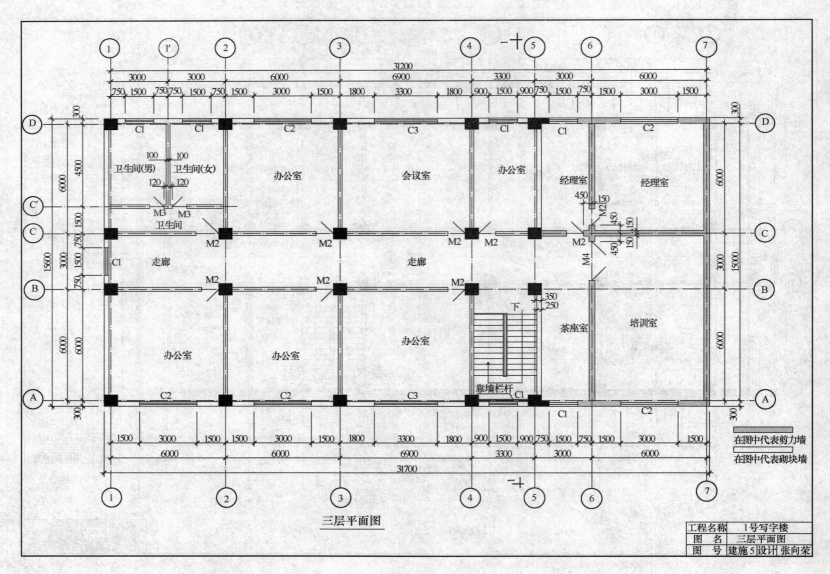

三层平面图

工程名称	1号写字楼
图 名	三层平面图
图 号	建施5 设计 张向荣

630

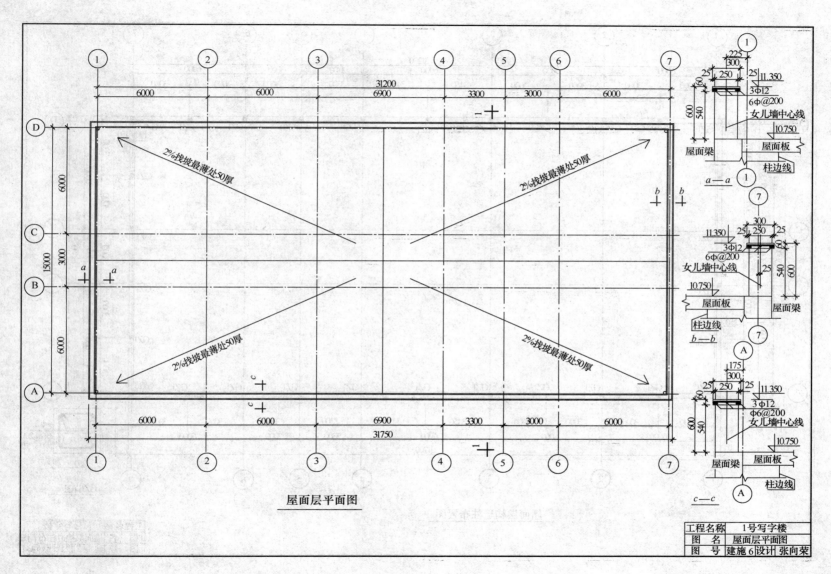

屋面层平面图

工程名称	1号写字楼		
图　名	屋面层平面图		
图　号	建施6	设计	张向荣

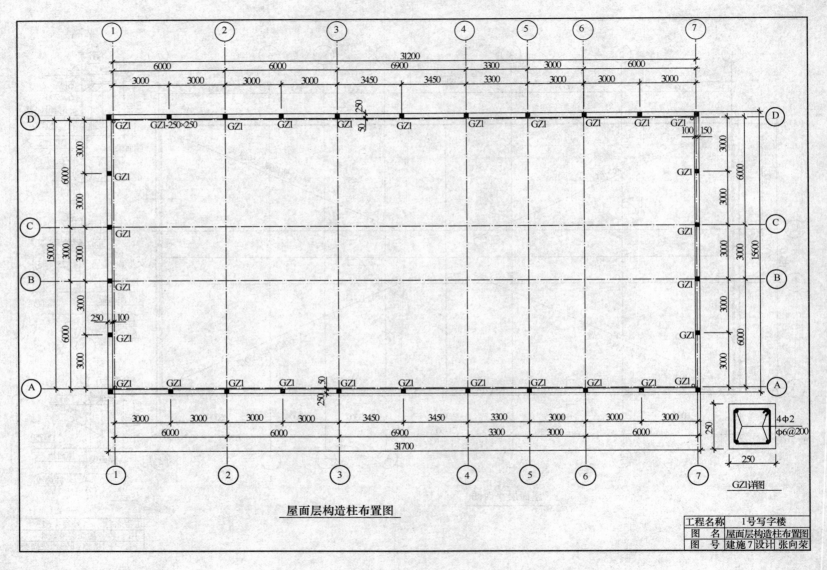

屋面层构造柱布置图

GZ1详图

4Φ2
Φ6@200

工程名称	1号写字楼		
图　名	屋面层构造柱布置图		
图　号	建施7	设计	张向荣

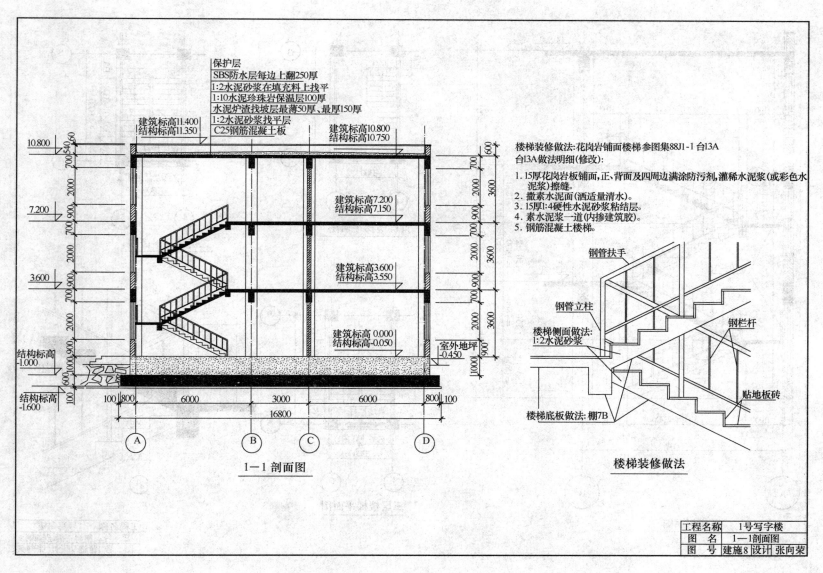

保护层
SBS防水层每边上翻250厚
1:2水泥砂浆在填充料上找平
1:10水泥珍珠岩保温层100厚
水泥炉渣找坡层最薄50厚、最厚150厚
1:2水泥砂浆找平层
C25钢筋混凝土板

建筑标高11.400
结构标高11.350

建筑标高10.800
结构标高10.750

10.800

建筑标高7.200
结构标高7.150

7.200

建筑标高3.600
结构标高3.550

3.600

建筑标高 0.000
结构标高-0.050

结构标高
-1.000

室外地坪
-0.450

结构标高
-1.600

A   B   C   D

100 800   6000   3000   6000   800 100
16800

1—1 剖面图

楼梯装修做法:花岗岩铺面楼梯参图集88J1-1 台13A
台13A做法明细(修改):

1. 15厚花岗岩板铺面,正、背面及四周边满涂防污剂,灌稀水泥浆(或彩色水泥浆)擦缝。
2. 撒素水泥面(洒适量清水)。
3. 15厚1:4硬性水泥砂浆粘结层。
4. 素水泥浆一道(内掺建筑胶)。
5. 钢筋混凝土楼梯。

钢管扶手

钢管立柱

钢栏杆

楼梯侧面做法:
1:2水泥砂浆

贴地板砖

楼梯底板做法:棚7B

楼梯装修做法

工程名称	1号写字楼
图 名	1—1剖面图
图 号	建施8	设计	张向荣

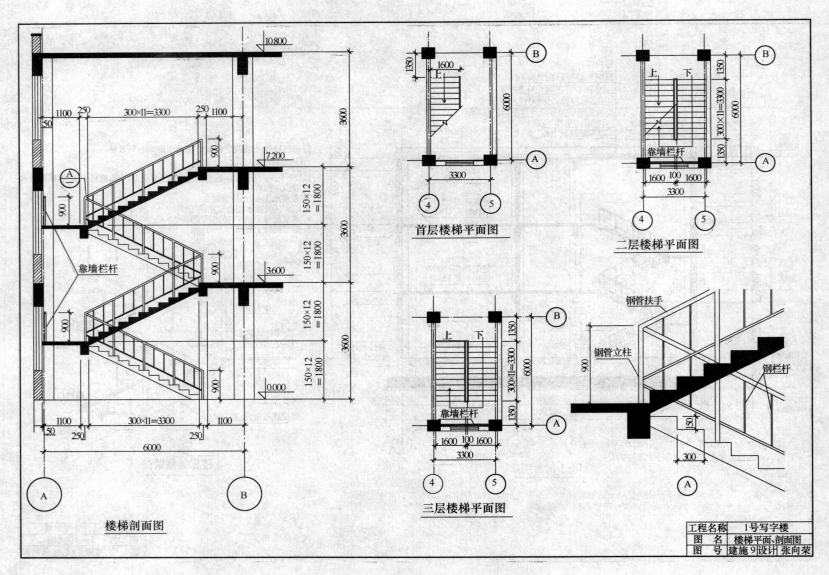

10.800

300×11=3300

1100 250 ... 250 1100

50

900

7.200

3600

900

150×12=1800

靠墙栏杆

3600

3.600

150×12=1800

900

150×12=1800

900

3600

150×12=1800

0.000

900

1100 250 ... 300×11=3300 ... 250 1100

50

6000

Ⓐ Ⓑ

楼梯剖面图

B

1350

1600

上 下

6000

3300

④ ⑤

首层楼梯平面图

B

1350

上 下

300×11=3300

6000

1350

靠墙栏杆

1600 100 1600

3300

A

④ ⑤

二层楼梯平面图

B

1350

上 下

300×11=3300

6000

1350

靠墙栏杆

1600 100 1600

3300

A

④ ⑤

三层楼梯平面图

钢管扶手

钢管立柱

900

钢栏杆

150

300

A

工程名称	1号写字楼
图　名	楼梯平面、剖面图
图　号	建施9　设计 张向荣

634

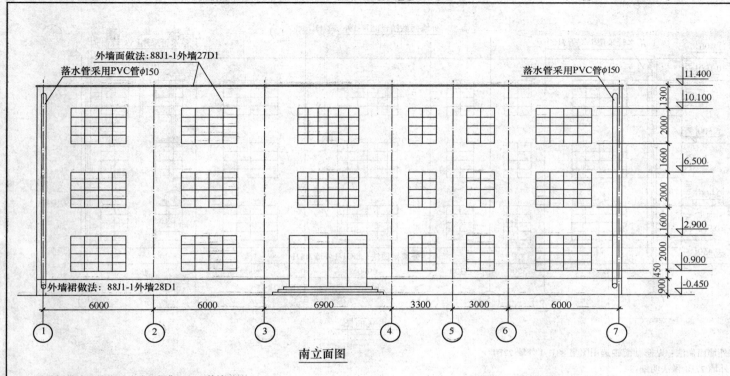

南立面图

外墙面做法：88J1-1外墙27D1

落水管采用PVC管φ150

落水管采用PVC管φ150

外墙裙做法：88J1-1外墙28D1

11.400
1300
10.100
2000
1600
6.500
2000
1600
2.900
2000
0.900
450
900
-0.450

6000 6000 6900 3300 3000 6000

① ② ③ ④ ⑤ ⑥ ⑦

外墙裙做法：贴仿石砖选用图集88J1-1外墙28D1
外墙28D1做法明细：
1．1：1水泥（或白水泥掺色）砂浆（细砂）勾缝。
2．贴6-10厚仿石砖，在砖粘贴面上随贴随涂刷一遍。
　　YJ-302混凝土界面处理剂增强粘结力。
3．6厚1：0.3：1.5水泥石灰膏砂浆（掺建筑胶）。
4．刷素水泥浆一道。
5．9厚1：1：6水泥石灰膏砂浆中层刮平扫毛或划出纹道。
6．3厚外加剂专用砂浆底面刮缝，或专用界面剂甩毛。
7．喷湿墙面。

工程名称	1号写字楼
图　名	南立面图
图　号	建施10设计　张向荣

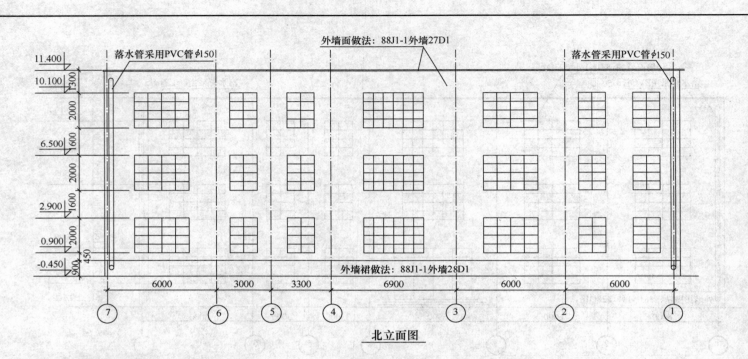

北立面图

外墙面做法：贴彩釉面砖选用图集 88J1-1 外墙 27D1

外墙 27D1 做法明细：

1．1:1 水泥（或白水泥掺色）砂浆（细砂）勾缝。

2．贴 6-10 厚彩釉面砖在砖粘贴面上随贴随涂刷一遍。
　YJ-302 混凝土界面处理剂增强粘结力。

3．6 厚 1:0.3:1.5 水泥石灰膏砂浆（掺建筑胶）。

4．刷素水泥浆一道。

5．9 厚 1:1:6 水泥石灰膏砂浆中层刮平扫毛或划出纹道。

6．3 厚外加剂专用砂浆底面刮缝，或专用界面剂甩毛。

7．喷湿墙面。

工程名称	1号写字楼	
图　名	北立面图	
图　号	建施11	设计 张向荣

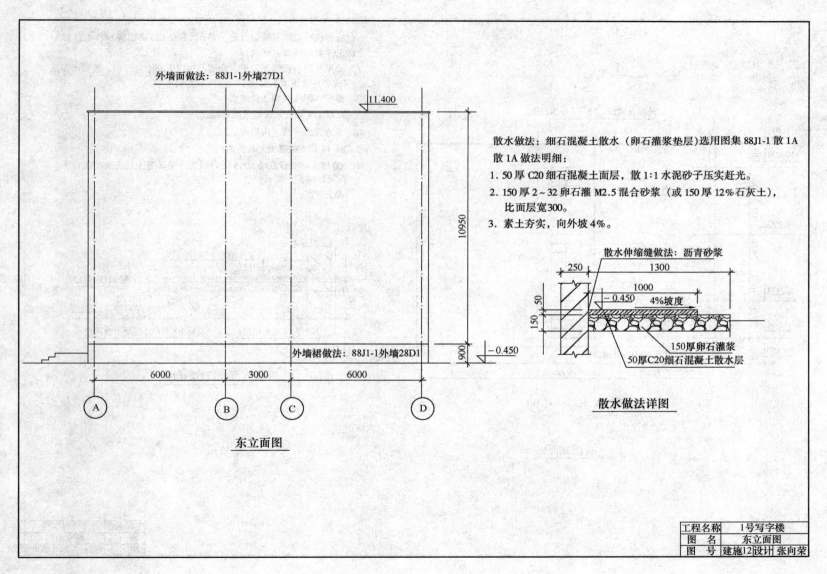

外墙面做法：88J1-1外墙27D1

11.400

散水做法：细石混凝土散水（卵石灌浆垫层)选用图集 88J1-1 散 1A
散 1A 做法明细：
1. 50 厚 C20 细石混凝土面层，散 1:1 水泥砂子压实赶光。
2. 150 厚 2～32 卵石灌 M2.5 混合砂浆（或 150 厚 12％石灰土），
   比面层宽300。
3. 素土夯实，向外坡 4%。

10950

散水伸缩缝做法：沥青砂浆

250   1300
       1000
50   -0.450   4%坡度
150

150厚卵石灌浆
50厚C20细石混凝土散水层

散水做法详图

外墙裙做法：88J1-1外墙28D1

900

-0.450

6000   3000   6000

Ⓐ   Ⓑ   Ⓒ   Ⓓ

东立面图

工程名称	1号写字楼	
图　名	东立面图	
图　号	建施12	设计 张向荣

637

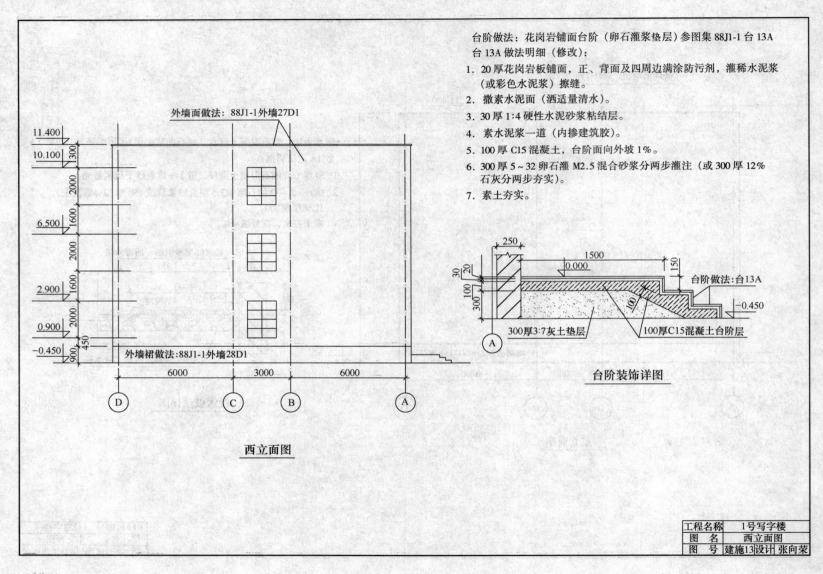

台阶做法：花岗岩铺面台阶（卵石灌浆垫层）参图集 88J1-1 台 13A
台 13A 做法明细（修改）：

1. 20 厚花岗岩板铺面，正、背面及四周边满涂防污剂，灌稀水泥浆
   （或彩色水泥浆）擦缝。
2. 撒素水泥面（洒适量清水）。
3. 30 厚 1:4 硬性水泥砂浆粘结层。
4. 素水泥浆一道（内掺建筑胶）。
5. 100 厚 C15 混凝土，台阶面向外坡 1%。
6. 300 厚 5～32 卵石灌 M2.5 混合砂浆分两步灌注（或 300 厚 12%
   石灰分两步夯实）。
7. 素土夯实。

外墙面做法：88J1-1外墙27D1

11.400
10.100
300
2000
6.500
1600
2000
2.900
1600
0.900
2000
450
−0.450
900

外墙裙做法：88J1-1外墙28D1

6000 3000 6000

D C B A

西立面图

250
1500
150
0.000
30
20
100
300
台阶做法：台13A
−0.450

100

300厚3:7灰土垫层   100厚C15混凝土台阶层

A

台阶装饰详图

工程名称	1号写字楼	
图　名	西立面图	
图　号	建施13	设计　张向荣

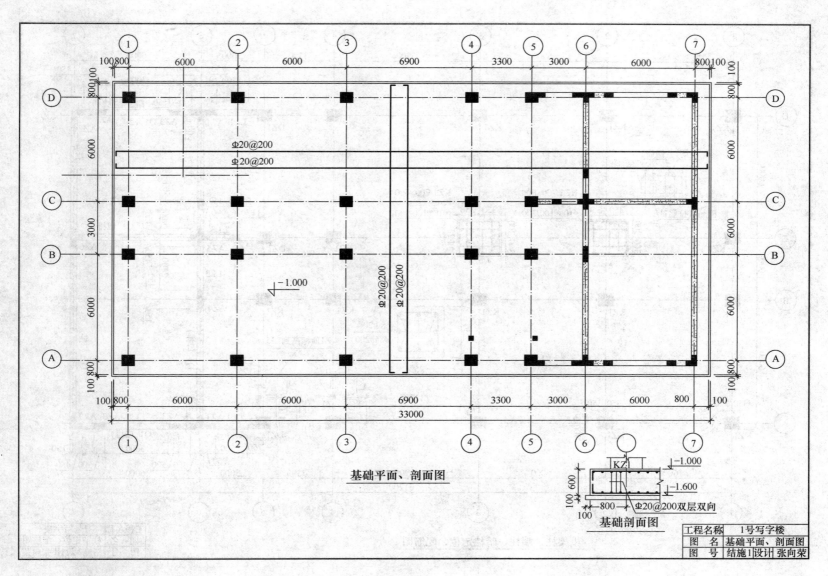

基础平面、剖面图

KZ1

−1.000

−1.600

800 Φ20@200双层双向

100

基础剖面图

工程名称	1号写字楼
图 名	基础平面、剖面图
图 号	结施1设计 张向荣

Φ20@200
Φ20@200

Φ20@200
Φ20@200

−1.000

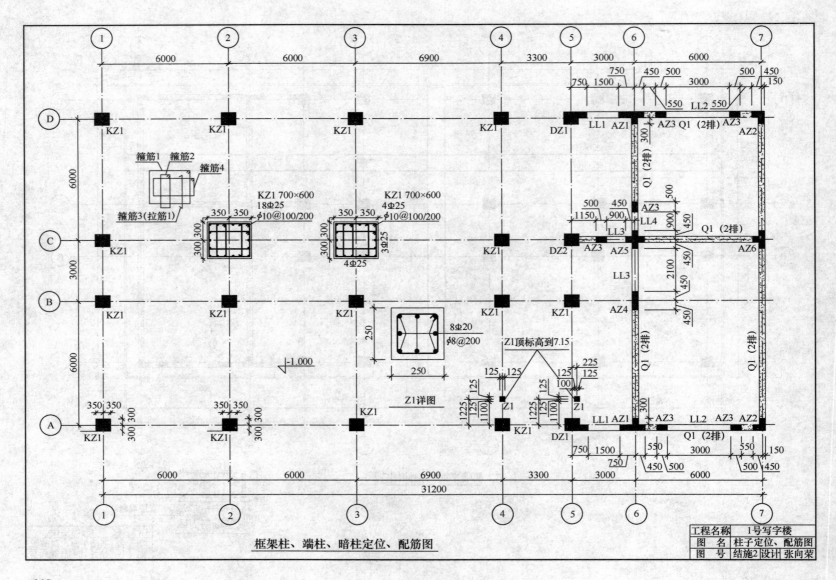

框架柱、端柱、暗柱定位、配筋图

工程名称	1号写字楼	
图　名	柱子定位、配筋图	
图　号	结施2	设计 张向荣

640

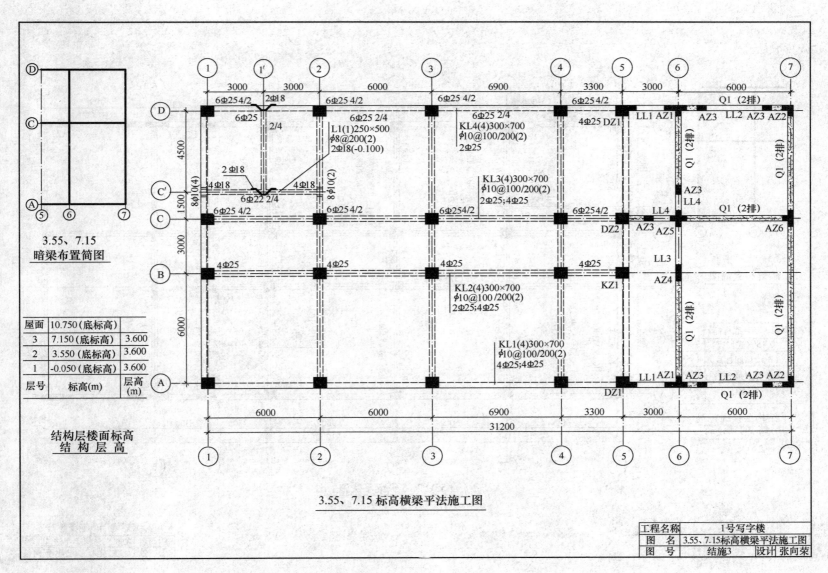

3.55、7.15 标高横梁平法施工图

3.55、7.15
暗梁布置简图

结构层楼面标高
结 构 层 高

屋面	10.750（底标高）	
3	7.150（底标高）	3.600
2	3.550（底标高）	3.600
1	-0.050（底标高）	3.600
层号	标高(m)	层高(m)

工程名称	1号写字楼	
图 名	3.55、7.15标高横梁平法施工图	
图 号	结施3	设计 张向荣

641

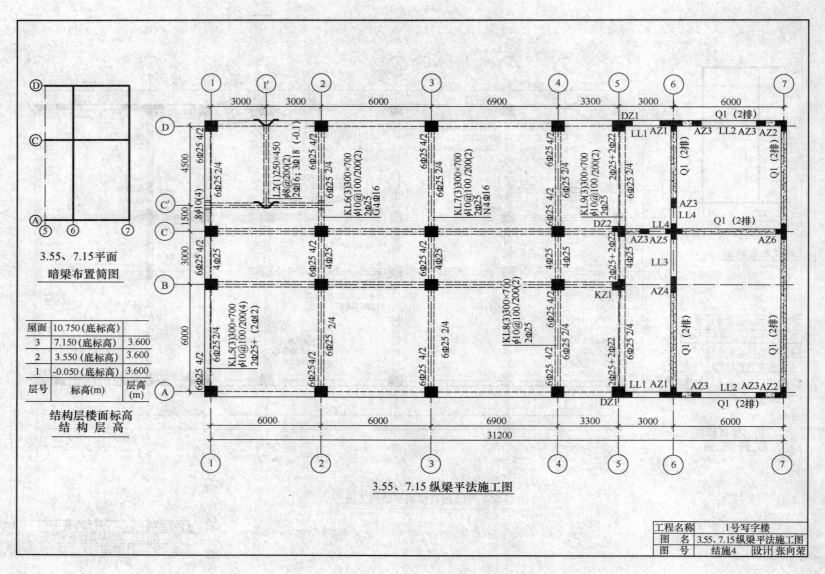

3.55、7.15平面
暗梁布置简图

屋面	10.750（底标高）	
3	7.150（底标高）	3.600
2	3.550（底标高）	3.600
1	-0.050（底标高）	3.600
层号	标高(m)	层高(m)

结构层楼面标高
结 构 层 高

3.55、7.15纵梁平法施工图

工程名称	1号写字楼	
图　名	3.55、7.15纵梁平法施工图	
图　号	结施4	设计 张向荣

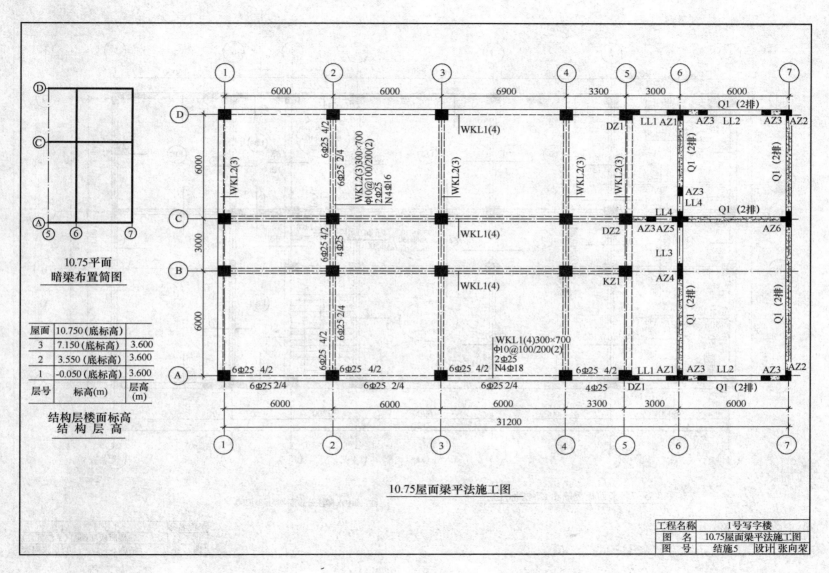

10.75平面
暗梁布置简图

屋面	10.750（底标高）	
3	7.150（底标高）	3.600
2	3.550（底标高）	3.600
1	-0.050（底标高）	3.600
层号	标高(m)	层高(m)

结构层楼面标高
结构层高

10.75屋面梁平法施工图

工程名称	1号写字楼
图　名	10.75屋面梁平法施工图
图　号	结施5　设计 张向荣

643

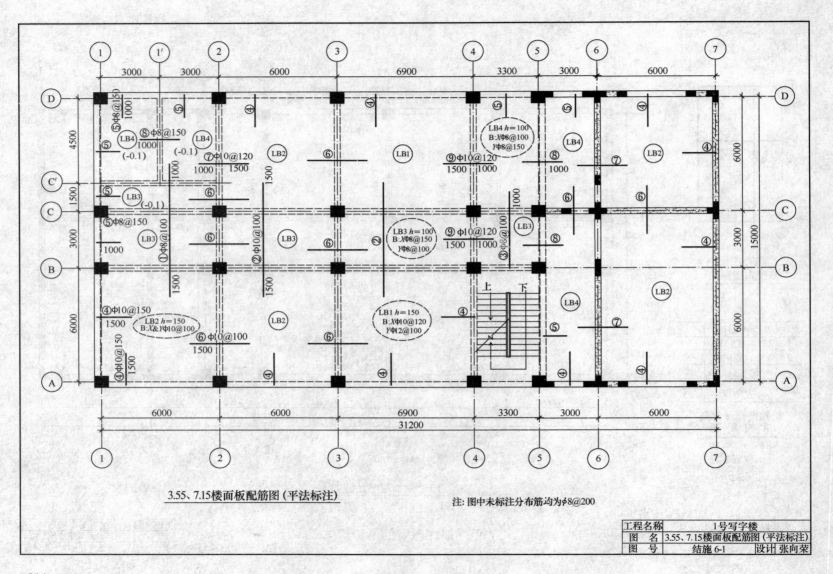

3.55、7.15楼面板配筋图（平法标注）

注：图中未标注分布筋均为φ8@200

工程名称	1号写字楼
图 名	3.55、7.15楼面板配筋图（平法标注）
图 号	结施 6-1　　设计 张向荣

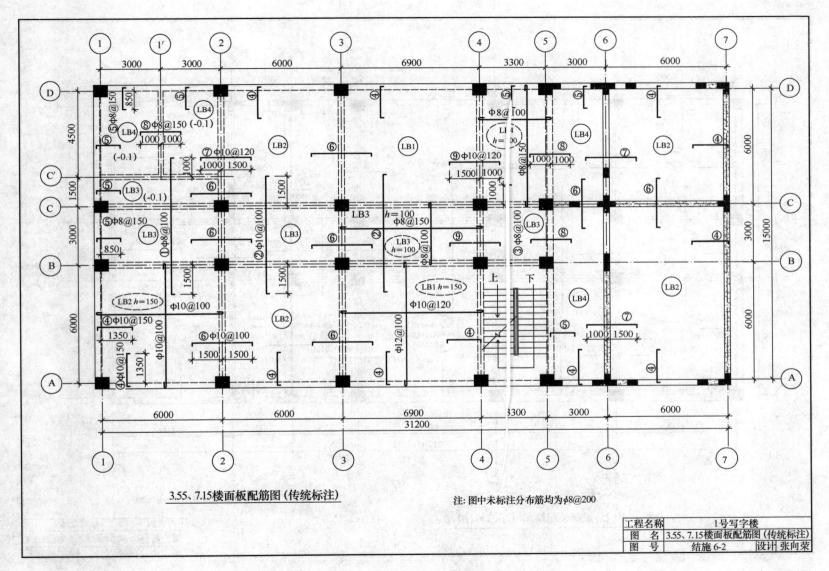

3.55、7.15楼面板配筋图(传统标注)

注: 图中未标注分布筋均为φ8@200

工程名称	1号写字楼	
图 名	3.55、7.15楼面板配筋图 (传统标注)	
图 号	结施 6-2	设计 张向荣

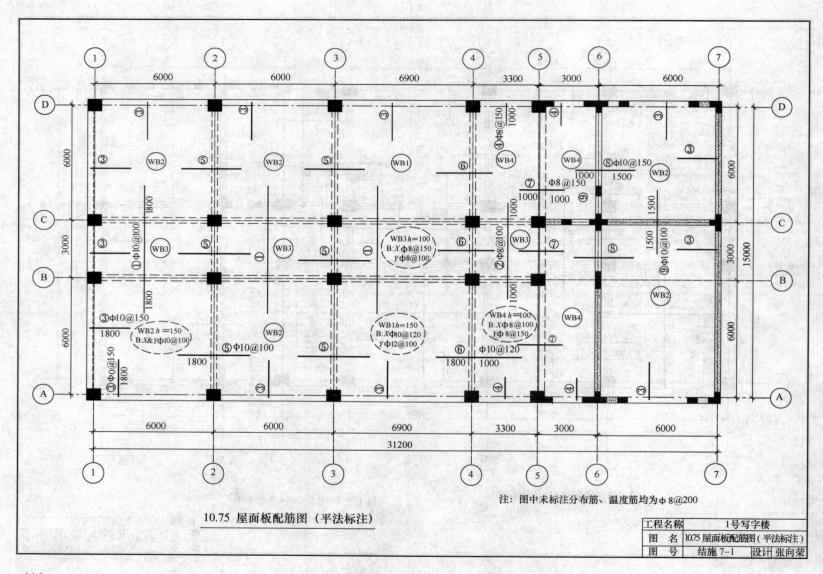

注：图中未标注分布筋、温度筋均为φ8@200

10.75 屋面板配筋图（平法标注）

工程名称	1号写字楼	
图　名	10.75屋面板配筋图(平法标注)	
图　号	结施7-1	设计 张向荣

646

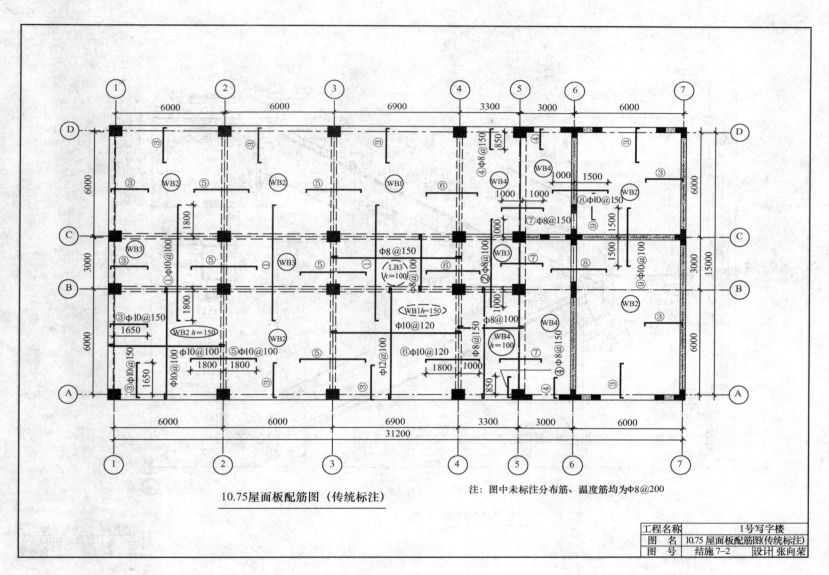

10.75屋面板配筋图（传统标注）

注：图中未标注分布筋、温度筋均为Φ8@200

工程名称	1号写字楼	
图 名	10.75屋面板配筋图(传统标注)	
图 号	结施7-2	设计 张向荣

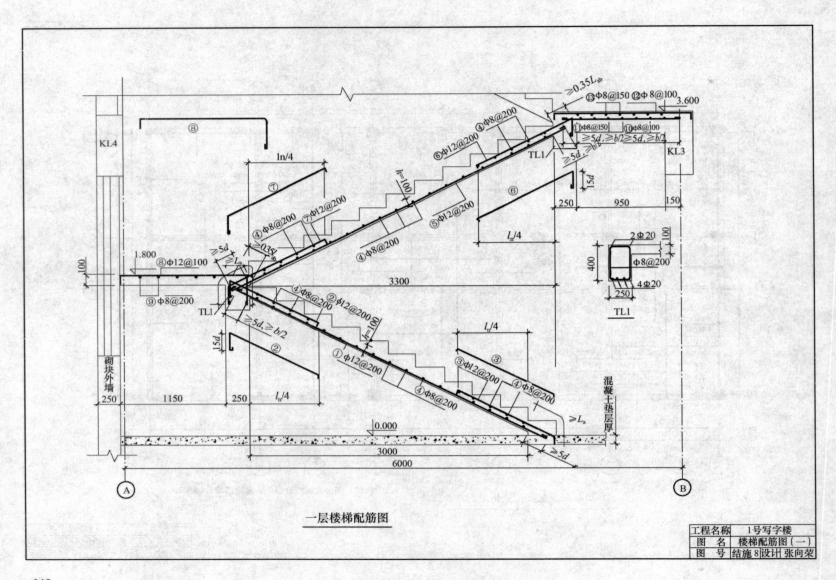

一层楼梯配筋图

工程名称		1号写字楼
图 名		楼梯配筋图（一）
图 号	结施 8	设计 张向荣

648

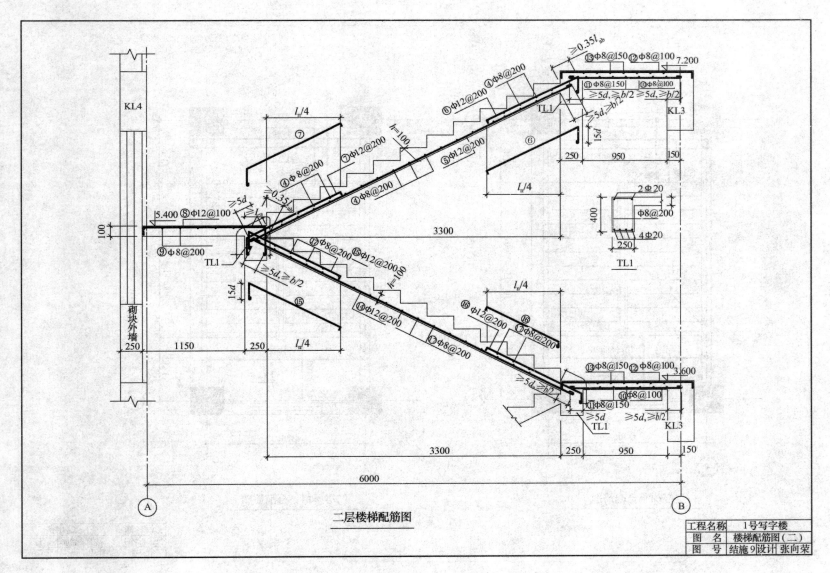

二层楼梯配筋图

工程名称	1号写字楼
图　名	楼梯配筋图（二）
图　号	结施9　设计　张向荣

649

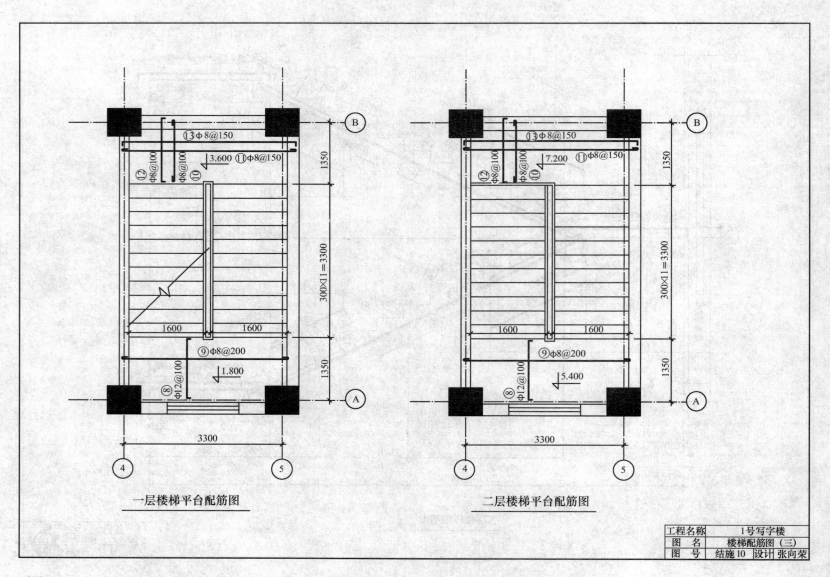

一层楼梯平台配筋图

二层楼梯平台配筋图

工程名称	1号写字楼
图　名	楼梯配筋图（三）
图　号	结施10　设计 张向荣

剪力墙柱表

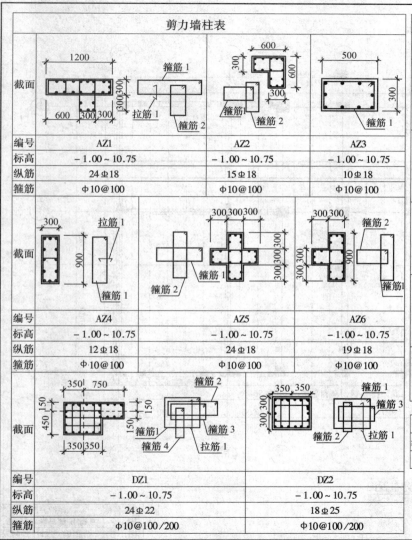

编号	AZ1	AZ2	AZ3
标高	−1.00 ~ 10.75	−1.00 ~ 10.75	−1.00 ~ 10.75
纵筋	24Φ18	15Φ18	10Φ18
箍筋	Φ10@100	Φ10@100	Φ10@100

编号	AZ4	AZ5	AZ6
标高	−1.00 ~ 10.75	−1.00 ~ 10.75	−1.00 ~ 10.75
纵筋	12Φ18	24Φ18	19Φ18
箍筋	Φ10@100	Φ10@100	Φ10@100

编号	DZ1	DZ2
标高	−1.00 ~ 10.75	−1.00 ~ 10.75
纵筋	24Φ22	18Φ25
箍筋	Φ10@100/200	Φ10@100/200

连梁、暗梁表

编号	所在楼层号	梁顶相对结构标高高差	梁截面 b×h	上部纵筋	下部纵筋	箍筋
LL1	1	相对结构标高 − 0.05：+ 0.900	300×500	4Φ22	4Φ22	Φ10@150(2)
	2/1	相对结构标高 + 3.55：+ 0.900	300×1600	4Φ22	4Φ22	Φ10@100(2)
	2/3	相对结构标高 + 7.15：+ 0.900	300×1600	4Φ22	4Φ22	Φ10@100(2)
	3	相对结构标高 + 10.75：+ 0.000	300×700	4Φ22	4Φ22	Φ10@100(2)
LL2	1	相对结构标高 − 0.05：+ 0.900	300×500	4Φ22	4Φ22	Φ10@150(2)
	2/1	相对结构标高 + 3.55：+ 0.900	300×1600	4Φ22	4Φ22	Φ10@100(2)
	2/3	相对结构标高 + 7.15：+ 0.900	300×1600	4Φ22	4Φ22	Φ10@100(2)
	3	相对结构标高 + 10.75：+ 0.000	300×700	4Φ22	4Φ22	Φ10@100(2)
LL3	1	相对结构标高 − 0.05：+ 0.000	300×500	4Φ22	4Φ22	Φ10@150(2)
	1	相对结构标高 + 3.55：+ 0.000	300×900	4Φ22	4Φ22	Φ10@100(2)
	2	相对结构标高 + 7.15：+ 0.000	300×900	4Φ22	4Φ22	Φ10@100(2)
	3	相对结构标高 + 10.75：+ 0.000	300×900	4Φ22	4Φ22	Φ10@100(2)
LL4	1	相对结构标高 − 0.05：+ 0.000	300×500	4Φ22	4Φ22	Φ10@150(2)
	1	相对结构标高 + 3.55：+ 0.000	300×1200	4Φ22	4Φ22	Φ10@100(2)
	2	相对结构标高 + 7.15：+ 0.000	300×1200	4Φ22	4Φ22	Φ10@100(2)
	3	相对结构标高 + 10.75：+ 0.000	300×1200	4Φ22	4Φ22	Φ10@100(2)
AL1	1	相对结构标高 + 3.55：+ 0.000	300×500	4Φ20	4Φ20	Φ10@150(2)
	2	相对结构标高 + 7.15：+ 0.000	300×500	4Φ20	4Φ20	Φ10@150(2)
	3	相对结构标高 + 10.75：+ 0.000	300×500	4Φ20	4Φ20	Φ10@150(2)

剪力墙身表

编号	标高	墙厚	水平分布筋	垂直分布筋	拉筋
Q1	−1.00 ~ 10.75	300	Φ12@200	Φ12@200	Φ6@400×400

工程名称	1号写字楼	
图 名	剪力墙暗柱、连梁、暗梁、墙身表	
图 号	结施11	设计 张向荣

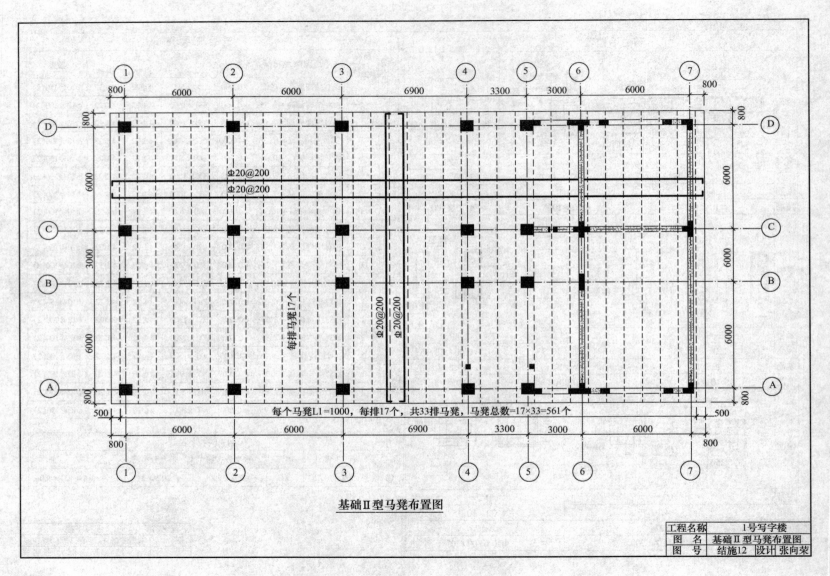

基础Ⅱ型马凳布置图

工程名称	1号写字楼
图　名	基础Ⅱ型马凳布置图
图　号	结施12　设计　张向荣

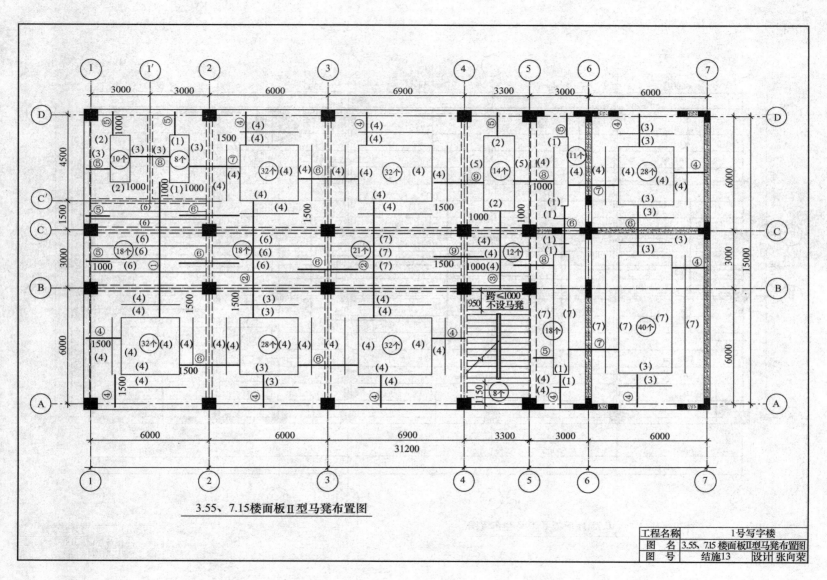

3.55、7.15楼面板Ⅱ型马凳布置图

工程名称	1号写字楼
图　名	3.55、7.15 楼面板Ⅱ型马凳布置图
图　号	结施13　设计 张向荣

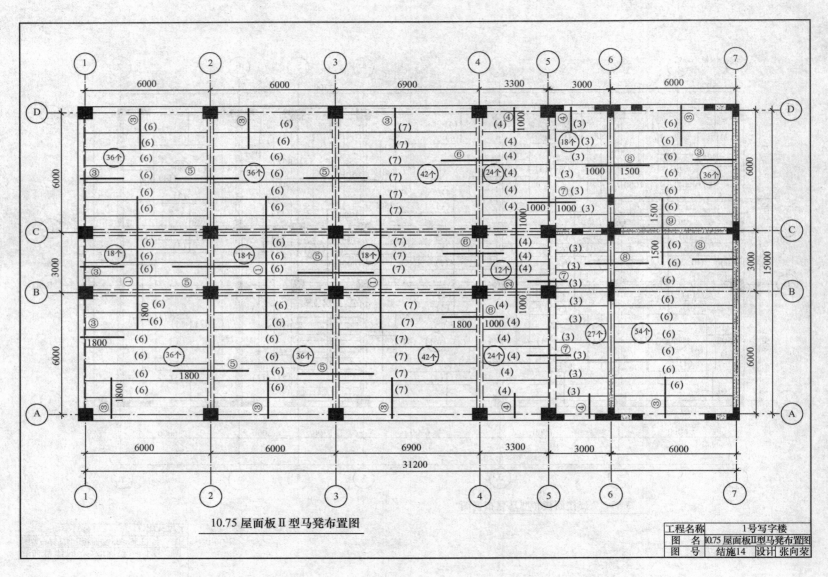

10.75 屋面板II型马凳布置图

工程名称	1号写字楼		
图　名	10.75屋面板II型马凳布置图		
图　号	结施14	设计	张向荣